Mystères des chiffres

"Nous n'héritons pas de la terre de nos ancêtres,
nous l'empruntons à nos enfants."
Antoine de Saint-Exupéry

Ainsi, je dédie ce livre à
Gaddiël,
Sivane,
Shamgar et
Nin-Gal.

Couverture : Les proportions de l'homme
et leurs nombres occultes (Cornelius Agrippa :
De Occulta Philosophia Libri II, 1533).

26-28, rue Danielle-Casanova, 75002 Paris, France
Tél. : 01 42 60 33 84 Fax : 01 42 60 33 85
www.assouline.com

Dépôt légal : 2e semestre 2003

ISBN : 2 84323 530 8

Photogravure : GEGM (France)
Imprimé par Clerc (France)

Achevé d'imprimer : novembre 2003

Marc-Alain Ouaknin

Mystères des chiffres

ASSOULINE

SOMMAIRE

DEUXIÈME LIVRE : NOMBRES

La grande famille

TROISIÈME LIVRE : FORMES

Les carrés magiques et autres talismans

QUATRIÈME LIVRE : LETTRES

Hébreux, Grecs et Arabes : les chiffres et les lettres

CINQUIÈME LIVRE : ANNEXES

Des idées et des hommes

INTRODUCTION

Ô que le monde est petit
Ô que les cerises sont grandes…
Jean Arp

"Nombres" et "chiffres"

La première question qui vous vient à l'esprit est sans doute la même que je me suis posée pendant des années : quelle différence existe-t-il en français entre "chiffres" et "nombres" ? Souvent, nous employons de manière indifférenciée l'un ou l'autre des termes. Et pour compliquer l'affaire, nous parlons aussi de "numéros".

Le chiffre est une façon de noter, de marquer un nombre. Le chiffre est un fait de langage et d'écriture. Par ailleurs, les nombres existent indépendamment des chiffres ! Soit l'image suivante :

Ci-dessus : dignitaires et scribes face au roi, relevé d'une peinture murale du palais Till Barsip (Assyrie).
Ci-contre : main extraite d'un manuel de comput digital, publié au XVe siècle.

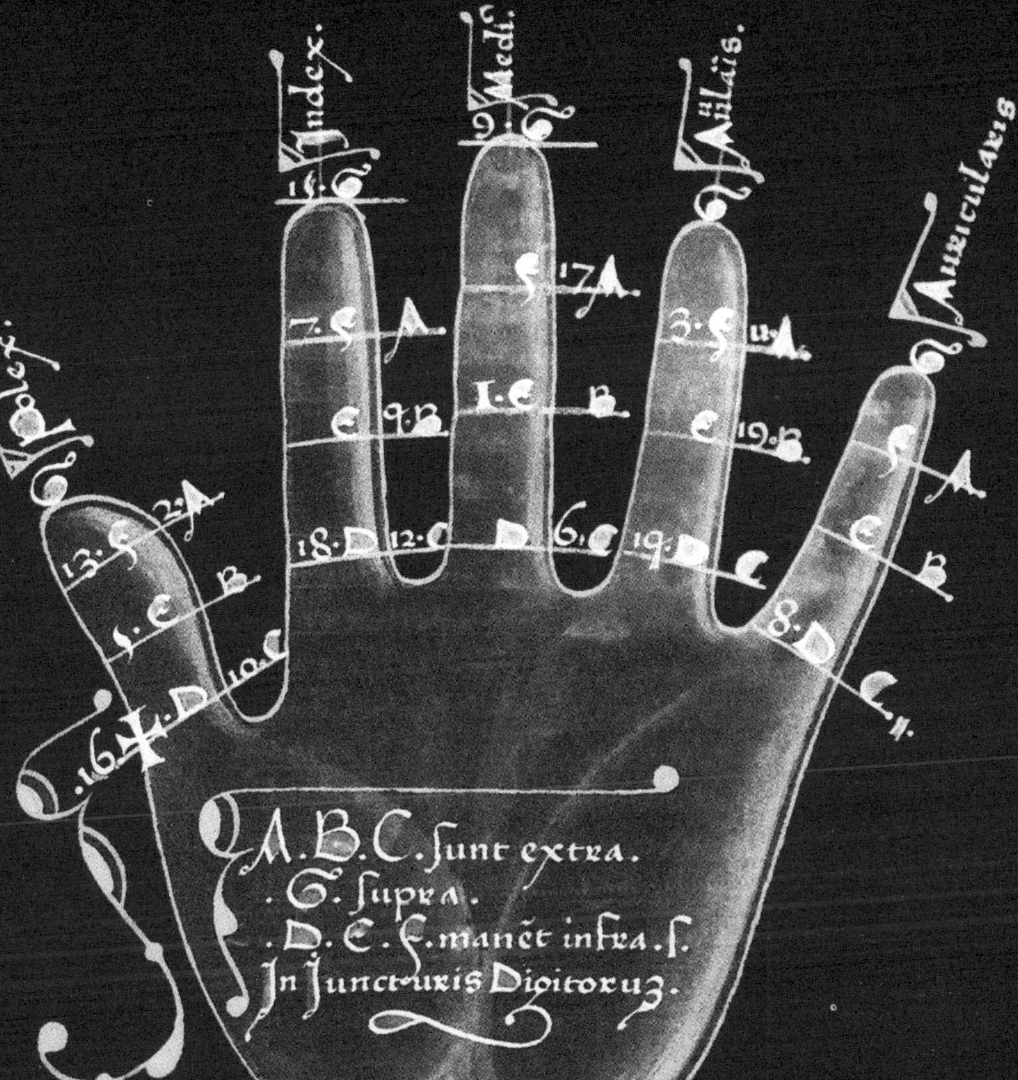
Pollex.
Index.
Medi.
Auricularis
A.B.C. sunt extra.
.G. supra.
.D.E.F. manet infra. .S.
In juncturis Digitoruz.

Elle représente une certaine réalité qui sera traduite de façon différente par les personnes qui la percevront. Le fait qu'il y ait quatre personnages est sans doute clair pour tout observateur. Mais la façon dont chacun en prendra note par écrit dépendra de sa culture, de sa langue et de son époque.
Que ce soit "4", "IV" ou "Δ", il s'agit du même nombre de personnages. Seuls les signes utilisés pour les noter sont différents. Ce sont ces notations ou signes que l'on appelle des chiffres.

On comprend dès lors qu'il puisse y avoir une infinité d'écritures de chiffres. L'histoire nous apprend que chaque grande civilisation proposa ses propres chiffres, c'est-à-dire ses propres notations, ses propres marques, ses propres signes. Il existe ainsi des chiffres babyloniens, égyptiens, chinois, grecs, hébreux, mayas, des chiffres indiens, des chiffres arabes et des chiffres modernes.

Les divers systèmes de numération

On distingue trois grands systèmes de numération selon les époques et la symbolisation utilisée pour noter les nombres.

- la numération primitive

Elle se borne à répéter un signe que l'on fait correspondre à un objet. Aujourd'hui, on se sert encore d'une numération primitive pour les dés, les dominos et les cartes. La répétition par les horloges d'un même son pour les heures constitue aussi une numération primitive.
Cette numération primitive n'utilise pas de symboles mais divers objets ou tout simplement des numérations restées à une symbolisation purement orale.

Balle-enveloppe et *calculi* de suze vers 3300 avant J. -C.

- la numération ancienne

Elle utilise soit des signes et des symboles bien précis (et l'on parle alors de numération symbolique, comme chez les Babyloniens, les Égyptiens ou les Mayas), soit des lettres de l'alphabet et on l'appelle dans ce cas la numération alphabétique, comme chez les Grecs et les Hébreux. Pour souligner qu'il ne s'agit pas encore de chiffres modernes, on peut utiliser l'expression de "signes numériques".

- la numération moderne

Nous appelons "chiffres modernes" les signes numériques utilisés aujourd'hui dans le monde entier comme un acquis culturel universel.

0 1 2 3 4 5 6 7 8 9

Soulignons au passage la très grande résistance qui s'opposa à l'accueil du zéro, créature énigmatique et diabolique, qui aurait prétendu que le "rien" et le vide existent ! Quelle prétention ! Quelle insolence ! Comment le zéro serait-il possible, puisque Dieu est partout et emplit l'univers de sa gloire infinie ?

La numération moderne possède trois caractéristiques qui en font une numération supérieure à toutes celles qui l'ont précédée et expliquent pourquoi elle s'est imposée dans le monde entier comme numération usuelle.

- l'existence des dix signes numériques 0, 1, 2, 3, 4, 5, 6, 7, 8, 9 ;
- un principe de position selon la base 10 ;
- le concept de zéro.

La "numération de position" ou "numération positionnelle" signifie que la valeur d'un chiffre dépend de la position qu'il occupe dans l'écriture d'un nombre. La troisième caractéristique de la numération décimale moderne est l'utilisation du zéro, à la fois chiffre et nombre pouvant intervenir à part entière dans les calculs.

Donnons un exemple de son importance et de sa fonction. Comment écrire le nombre 6 milliers + 7 dizaines + 1 unité ? Réponse des premiers Indiens : 671. Et comment écrire le nombre 6 milliers + 7 centaines + 1 unité ? (Ce que nous écririons aujourd'hui 6701). Réponse des premiers Indiens : 671.

Chiffres romains.

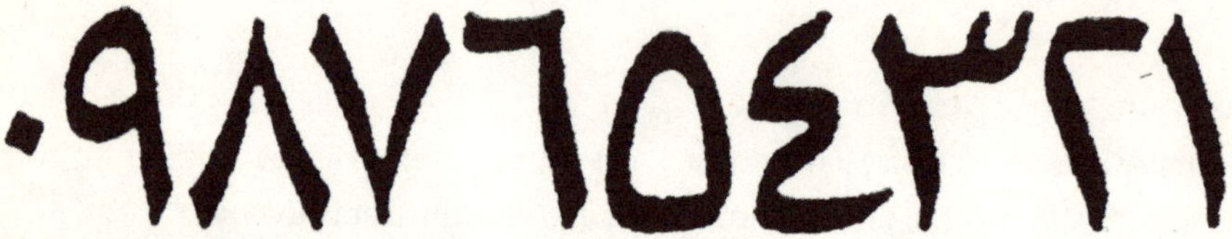

Chiffres arabes modernes, type oriental.

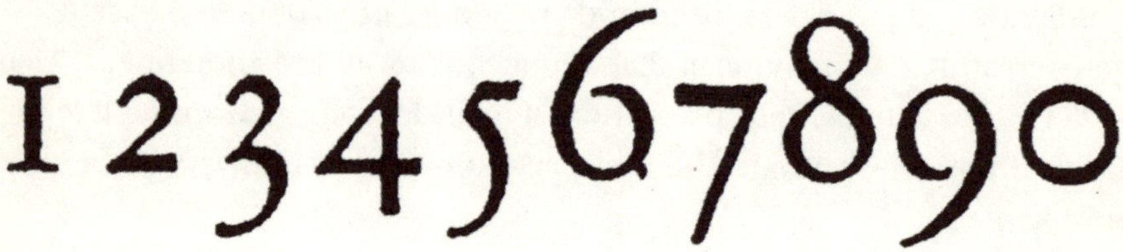

Chiffres modernes.

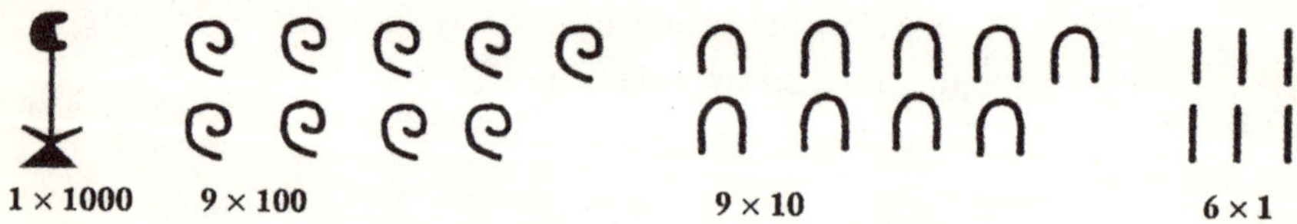

Chiffres égyptiens représentant ici le nombre 1996.

Chiffres maya, variante du chiffre 19.

Bâtons à encoches des Aborigènes d'Australie :
aide-mémoire numériques en usage depuis les temps préhistoriques.

Voilà bien une ambiguïté !
Au commencement des mathématiques indiennes, les savants contournaient cette ambiguïté, soit en s'appuyant sur le contexte, soit en réservant un "blanc" au bon endroit. Ainsi, le premier nombre s'écrivit "6 71" et le second, "67 1". Plus tard, beaucoup plus tard, Brahmagupta, un mathématicien indien du VIe siècle, eut l'idée qu'après tout ce "blanc" était un nombre comme les autres, à savoir le nombre correspondant à la quantité "rien". Il proposa de le représenter par un petit cercle. Ainsi grâce à la présence du signe "zéro", on ne confondit plus 6o71 et 67o1.

La notion de base

Toutes les numérations ont en commun d'utiliser, pour noter les nombres, une quantité limitée de symboles qu'on appelle les chiffres, et de faire appel au "principe du groupement par paquets". C'est ce que l'on nomme une base. La base la plus utilisée dans le monde est la base dix.
Il existe des numérations où l'on procède à des groupements successifs par puissances d'un nombre autre que dix, comme les bases 12 et 60 utilisées par les Babyloniens et dont nous nous servons encore aujourd'hui pour compter le temps.

La révolution mathématique

Le présent ouvrage est consacré aux chiffres et aux nombres, aux liens qu'ils entretiennent entre eux et avec le monde. Ces liens déterminent la théorie des nombres, la géométrie et tout ce qui a trait de manière directe et indirecte à ces deux sciences. Mais celles-ci évoluent dans un univers plus général encore, qui porte le nom de "mathématique".
Le mot "mathématique" vient du grec *ta mathémata* – "ce qui peut être appris" et donc aussi "ce qui peut être enseigné". *Manthanein* signifie "apprendre" ; *mathésis* signifie "leçon", dans le double sens de "ce dont on s'instruit" et de "ce que l'on enseigne".
En réalité, les mathématiques commencent quand elles ne proposent plus un simple résultat numérique établi à partir d'un objet singulier et concret, comme c'était le cas pour les Égyptiens ou les Babyloniens, mais bien des vérités concernant une classe entière d'êtres.

Classification et harmonie

Cette naissance des mathématiques poussa les mathématiciens philosophes à classer les nombres selon divers critères et liens particuliers qu'ils entretenaient entre eux. C'est surtout Pythagore et son école qui inaugurèrent cette recherche. Ainsi naquirent les différentes classes des nombres parfaits, amicaux, pairs et impairs, triangulaires, carrés, cubiques, rationnels et irrationnels, etc., et celle un peu étrange des nombres incommensurables.

Les "nombres entiers", cela vous rappelle quelque chose ? Et les "rationnels" ? Vous ne vous souvenez plus ?! Rassurez-vous, c'était aussi mon cas. C'est en écrivant ce livre que les choses sont devenues claires et passionnantes. Et ce sont les "nombres rationnels et irrationnels" qui m'ont le plus surpris. En les découvrant (ou redécouvrant), j'ai senti une véritable fascination.

Les nombres irrationnels : une métaphore philosophique

Les irrationnels sont philosophiquement très intéressants : l'irrationnel, c'est l'imprévisible ! "Je ne connais pas le jour de ma mort", dit Isaac dans un célèbre verset de la Genèse (27, 3). L'irrationnel, c'est avancer dans la vie avec l'assurance que rien n'est assuré.

Ce que nous disent aussi les irrationnels, c'est "qu'une pratique millénaire de rites, une transmission millénaire de croyances n'apportent aucune certitude sur l'existence des esprits, la toute-puissance de Dieu, l'efficacité opérationnelle de la prière. Qu'en tout état de cause, il demeure une vaste zone d'ambiguïté, une brèche indécidable entre le cerveau et le monde phénoménal que comblent les croyances, les 'doubles', les esprits, les dieux, les magies et leurs héritières, les théories rationalisatrices". (E. Morin, *Le Paradigme perdu.*)

Nombres et psychanalyse

Je n'avais jamais pensé découvrir un lien quelconque entre les nombres et le sexe ou, pour le dire de manière plus *soft*, entre les nombres et la sexualité. Et pourtant ! Déjà les pythagoriciens sentirent, pensèrent et décidèrent que les nombres pairs étaient féminins et les impairs masculins, ce qui donna cette équation sexuelle étonnante ; 2 plus 3 égalent 5, ce dernier devenant un nombre dit "nuptial" dont la symbolique nous touche jusqu'à aujourd'hui. Ainsi, les irrationnels nous invitent à jeter un pont entre le monde des nombres et la psychanalyse.

"Il n'y a pas de rapport sexuel !", dit Lacan, phrase dans laquelle "rapport" a le sens de "faire un rapport". Ainsi, cette énigmatique expression peut signifier que l'on ne peut faire aucun rapport sur ce rapport car celui-ci excède toujours la possibilité qu'on puisse en dire avec justesse le propos. Toute parole serait réductrice. Aucune parole ne pourrait jamais rapporter l'infinie complexité de cet événement.

> "Infinité en acte de l'acte même en tant qu'il est l'acte de s'excéder. Le sexe s'excède par essence, et c'est pourquoi, par essence encore, il s'excite. Aussi bien le désir, lorsqu'il s'apaise, ne s'éteint pas pour autant. Le plaisir prétendu 'terminal' ne termine qu'une séquence dans un mouvement qui est proprement sans terme. L'acte se consomme en ne cessant pas, il ne fait ni un, ni deux, il n'a pas de résultat, il ne cesse pas de commencer et il ne cesse pas de finir."
>
> Jean-Luc Nancy, *L'il y a du rapport sexuel.*

Si j'ai tenu à articuler les nombres à des domaines extérieurs aux mathématiques, c'est que l'expérience de la présente recherche m'a fait sentir et comprendre, plus que jamais, que la pensée ne peut s'enfermer dans un univers clos, mais que toute pensée digne de ce nom est une passerelle vers d'autres mondes, intellectuels et spirituels.

C'est pour souligner cet aspect transversal que j'ai pris plaisir à placer en exergue des chapitres et différentes parties des citations poétiques ou philosophiques qui illustrent, directement ou non, les propos dans leurs différents contextes. Une manière peut-être de faire résonner, au sein même de l'"amour de la sagesse", un peu de la "sagesse de l'amour".

Ce livre est la suite logique de mes recherches sur la naissance et l'évolution de l'alphabet et de la kabbale. Tel un archéologue à la recherche des formes originaires et fondatrices de la culture de l'humanité, j'ai rencontré le monde des chiffres qui s'est imposé de manière évidente et incontournable.

Je formulerai, pour conclure, le souhait que les lecteurs puissent grâce au présent ouvrage, qui mériterait bien évidemment de plus amples développements, par ses illustrations et ses exemples, ses histoires, ses jeux et parfois son humour ("mathématiques" ne voulant pas dire "triste") retrouver à la fois l'un des fondements essentiels de l'intelligence humaine, et les plaisirs de l'esprit.

Quelques formules au cœur d'un enseignement sur la théorie de distribution découverte par Laurent Schwartz.

Premier livre

Chiffres

Naissance et évolution des chiffres modernes

Première partie

Une naissance indienne

(du IIIe siècle avant Jésus-Christ
au IXe après Jésus-Christ)

1

"Échecs et maths"

Les livres sont comme le printemps :
ils fleurissent en douce,
juste pour quelqu'un, juste quand il faut.
Philippe Sollers

Commençons par une histoire…

Pour prouver à ses contemporains qu'un monarque, aussi puissant soit-il, n'est rien sans ses sujets, un brahmane indien, dont le nom varie selon les versions de la légende, inventa un jour le jeu des échecs.
Certains situent cette histoire sous le règne du roi indien Balhit qui vécut cent vingt ans après le roi Poros, battu par Alexandre le Grand sur les rives du fleuve Hidaspe.

"Quand ce jeu fut présenté au roi des Indes, celui-ci fut tellement émerveillé de son ingéniosité et de la variété considérable de ses combinaisons possibles qu'il fit venir le brahmane pour le récompenser en personne.
– 'Pour ta remarquable invention, dit le roi, je veux te récompenser. Choisis toi-même la récompense et tu la recevras aussitôt. Je suis suffisamment riche et puissant pour exaucer ton désir le plus fou.'
Le brahmane demanda au roi de lui laisser un peu de temps pour méditer sa réponse. Et, le lendemain, il étonna tout le monde par l'incroyable modestie de sa requête :
– 'Mon bon souverain, dit-il, je voudrais que tu me fasses donner autant de grains de blé qu'il en faudrait pour remplir les soixante-quatre cases de mon échiquier. Un grain de blé pour la première case, deux pour la seconde, quatre pour la troisième, huit pour la quatrième, seize pour la cinquième, et ainsi de suite. Bref, je voudrais qu'on mette dans chaque case deux fois plus de grains de blé que dans la précédente.'

– 'Serais-tu assez fou pour formuler une demande aussi modeste ! s'exclama le roi tout surpris. Tu pourrais me blesser par un vœu si indigne de ma bienveillance et si négligeable en comparaison de ce que je pourrais t'offrir. Mais va ! Puisque tel est ton souhait, mes serviteurs t'apporteront ton sac de blé avant la tombée de la nuit.'

Le brahmane esquissa un sourire et quitta le palais.
Le soir, le souverain se souvint de sa promesse et s'enquit auprès de son ministre pour savoir si ce fou de brahmane avait pris possession de sa bien maigre récompense

À droite : les figurines indiennes du jeu d'échecs étaient sculptées dans les matériaux nobles, tels l'ivoire et les bois précieux. Aux XVIIIe et XIXe siècles, les adversaires prenaient la forme d'*Indiensen* (habit traditionnel) avec leur char de guerre, d'une part, et les troupes de la compagnie britannique des Indes orientales, d'autre part.

– 'Souverain, dit le haut fonctionnaire, tes ordres s'exécutent. Les mathématiciens attachés à ton auguste cour sont en train de déterminer le nombre de grains à donner au brahmane.'
Le visage du roi s'assombrit. Il n'était guère habitué à une exécution aussi lente de ses ordres.
La nuit, avant de se coucher, le roi insista une fois de plus pour savoir si le brahmane avait bien reçu son sac.

À gauche : le roi des échecs par l'artiste Sami Briss.

– 'Ô roi, dit le ministre hésitant, tes mathématiciens ne sont pas encore au terme de leurs opérations. Ils y travaillent sans relâche et espèrent finir leur tâche avant l'aube.'

Il faut dire que les calculs s'étaient avérés beaucoup plus longs qu'on ne l'avait d'abord pensé. Mais le roi ne voulut rien savoir et ordonna que le problème fût résolu avant son réveil.

Cependant, le lendemain, cet ordre demeura encore sans effet, ce qui incita le monarque courroucé à congédier les calculateurs.

L'un des conseillers du roi intervint alors :

– 'Ô souverain, tu as eu bien raison de renvoyer ces opérateurs incompétents. Ils utilisaient de bien trop vieilles méthodes ! Ils en étaient encore à déployer les possibilités numériques de leurs doigts et à utiliser les colonnes successives d'une planche à compter.

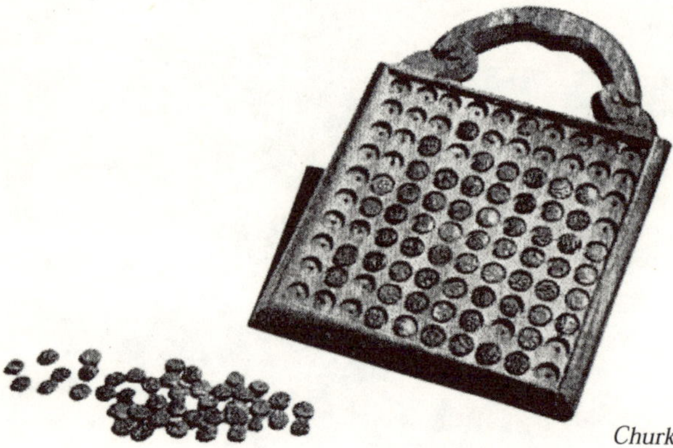

Churkrum ou planche à compter.

'Je me suis laissé dire que les calculateurs de la province du nord-ouest du royaume, dit le conseiller, emploient depuis quelque temps une méthode bien supérieure et plus rapide que la leur. C'est, paraît-il, la plus expéditive et la plus facile à retenir. Et des opérations qui demanderaient à tes mathématiciens plusieurs journées de travail difficile ne représenteraient pour ceux dont je te parle qu'une affaire de quelques heures !'

Sur ces conseils, on fit donc venir l'un de ces ingénieux arithméticiens qui, après avoir résolu le problème en un temps record, se présenta au roi pour lui communiquer le résultat :

– 'La quantité de blé qui t'a été demandée, dit-il d'un ton grave, est énorme.'

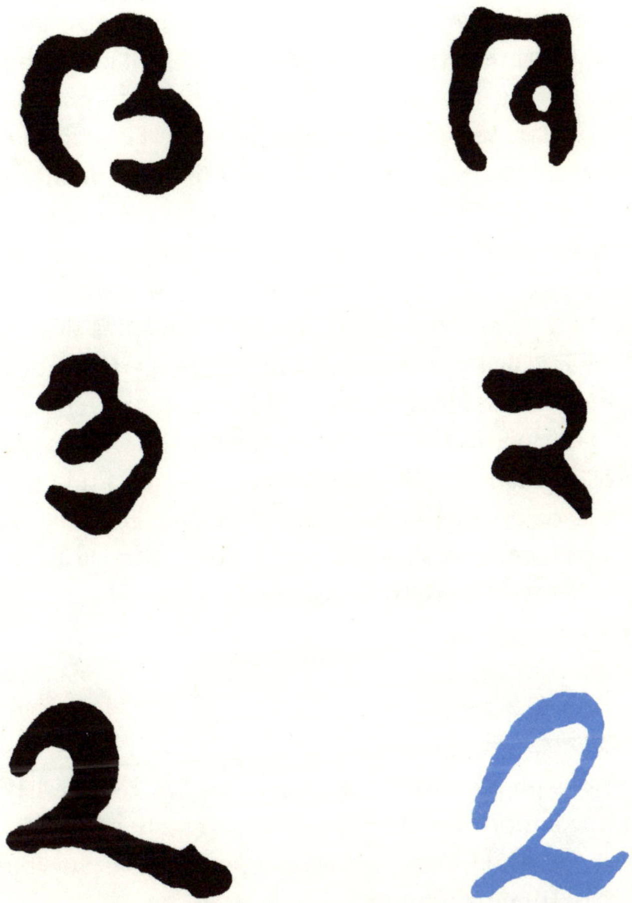

Variations du chiffre 2 selon différentes écritures indiennes.

Mais le roi rétorqua que, si grande fût cette quantité, ses greniers ne se videraient sûrement pas.
Il entendit alors avec stupéfaction les paroles du savant :
– 'Ô souverain, malgré toute ta puissance et ta richesse, il n'est guère en ton pouvoir de fournir une telle quantité de blé. Celle-ci est bien au-delà de la connaissance et de l'usage que nous avons des nombres. Sache que même si tu vidais tous les greniers de ton royaume, le résultat que tu pourrais en obtenir serait négligeable en comparaison de cette énorme quantité. D'ailleurs, celle-ci ne se trouverait même pas dans l'ensemble des greniers de tous les royaumes de la Terre. Si tu désirais absolument donner cette récompense, il te faudrait alors commencer par faire assécher les fleuves, les lacs, les mers et les océans, puis faire fondre les neiges et les glaces qui recouvrent les montagnes et certaines régions du monde, et faire enfin transformer le tout en champs de blé. Et c'est après avoir ensemencé soixante-treize fois de suite l'ensemble de cette superficie que tu pourrais alors t'acquitter de cette lourde dette. Mais, pour une telle quantité, il te faudrait emmagasiner le blé dans un volume de près de douze billions et trois milliards de mètres cubes et construire pour cela un grenier de cinq mètres de large, de dix mètres de long et de… 300 000 000 km de profondeur (soit d'une hauteur égale à deux fois la distance de la Terre au Soleil) !
En fait, ajouta le sage, les grains de blé que ce brahmane t'a demandés sont exactement au nombre de :

18 446 744 073 709 551 615

Le calculateur expliqua ensuite au souverain les caractéristiques de la numération révolutionnaire des savants de sa région natale. Après quoi, il lui enseigna les méthodes de calcul correspondantes et lui fournit en ces termes la justification de ses propres calculs :
– 'Selon la demande du brahmane, il faudrait mettre :

1 grain de blé sur la première case ;
2 grains sur la seconde ;
4 grains (soit 2 fois 2) sur la troisième ;
8 grains (soit 2 fois 2 fois 2) sur la quatrième ;
16 grains (soit 2 fois 2 fois 2 fois 2) sur la cinquième,

Les nombres dans chaque case représentent la progression mathématique du nombre de grains qui, s'ajoutant les uns aux autres, donnent le montant du salaire de l'inventeur du jeu d'échecs.

1	2	4	8	16	32	64	128
256	512	1024	2048	4096	8192	16384	32768
65536	131072	262144	524288	1048576	2097152	4194204	8388608
1677 7216	3355 4432	6710 8864	1342 17728	2684 35456	5368 70912	1073 741824	2147 483648
4294 967296	8589 934592	1717 9869184	3435 9738368	6871 9476736	1374389 53472	2748779 06944	5497558 13888
1099511 627776	2199023 255552	4398046 511104	8796093 022208	1759218 6044416	3518437 2088832	7036874 4177664	14073 74883 55328
28147 49767 10656	56294 99534 21312	11258 99906 842624	22517 99813 685248	45035 99627 370496	90071 99254 740992	18014 3985094 81984	3602879 7001896 3968
720575 940379 27936	144115 188075 855872	288230 376151 711744	576460 752303 423488	115292 1504606 846976	230584 3009213 693952	461168 6018427 387904	9223372 0368547 75808

et ainsi de suite en doublant à chaque fois d'une case à la suivante. À la 64ᵉ case, il faudrait donc placer autant de grains qu'il y a d'unités dans le résultat de 63 multiplications successives par 2 (c'est-à-dire 2 puissance 63 grains). La quantité demandée est donc égale à la somme de ces 64 nombres soit :

$$1 + 2 + 2^2 + ... + 2^{63} = 18\ 446\ 744\ 073\ 709\ 551\ 615$$

Et, conclut le conseiller, comme ce nombre a été obtenu en ajoutant une unité à la quantité cherchée, le total des grains est donc égal à celui-ci diminué d'un grain. En effectuant alors les opérations précédentes selon la méthode que je t'ai enseignée, tu peux toi-même t'assurer, ô souverain, que la quantité de grains demandée est exactement de dix-huit trillions, quatre cent quarante-six billiards, sept cent quarante-quatre billions, soixante-treize milliards, sept cent neuf millions, cinq cent cinquante et un mille six cent quinze

– 'Décidément, répondit le roi fort impressionné, le jeu que ce brahmane a inventé est aussi ingénieux que sa demande est subtile ! Quant à tes méthodes de calcul, leur simplicité n'a d'égale que leur efficacité ! Dis-moi maintenant, savant homme, quelle est la récompense que tu désires pour ces conseils ?'

Cette légende du jeu d'échecs, qui en sanskrit se disait *chaturanga* (*chatur*, "quatre", et *anga*, "partie") – car le jeu initial se jouait à quatre –, souligne d'une part la connaissance de méthodes de calcul rapides, d'un système décimal et d'un système logarithmique, et témoigne d'autre part d'un grand développement des sciences mathématiques de haut niveau. C'est dans cet univers scientifique que sont nés les chiffres modernes. Cela ne s'est pas fait en une fois et n'a certainement pas été l'œuvre d'une seule personne. Ce sont ces connaissances scientifiques que nous allons esquisser dans le chapitre suivant (une façon de planter le décor), avant d'aborder l'histoire proprement dite de l'évolution de la forme graphique des lettres et des chiffres dans l'écriture indienne, et par la suite de leur voyage hors de cette sphère géographique et culturelle.

2

Les mathématiques indiennes

Être vivant, c'est être fait de mémoire.
Si un homme n'est pas fait de mémoire,
il n'est fait de rien.
Philip Roth

Sortir d'un préjugé

Nous savons peu de choses sur les mathématiques indiennes. Il y a plusieurs raisons à cela. La principale est sans doute que les historiens des sciences ont longtemps pensé que la science indienne manquait d'originalité, et qu'elle se fondait sur des emprunts à la Grèce, puis à la science arabe. Quant aux spécialistes de l'Inde, ils s'intéressaient surtout aux aspects culturels, aux religions, aux philosophies, et ils ont contribué à véhiculer dans le grand public l'idée selon laquelle l'Inde ne serait après tout qu'une nation de philosophes, de grammairiens et de contemplatifs. Bref, l'Inde aurait été grande par ses philosophies et ses religions bien plus que par sa science. Les recherches les plus récentes dans le domaine de l'histoire des sciences et des techniques indiennes montrent qu'elles étaient en fait dès l'Antiquité d'un développement très avancé.

Il existe une masse d'ouvrages, de manuscrits rédigés en sanskrit et autres langues de l'Inde qui dorment dans les bibliothèques indiennes. Ce sont des centaines et des centaines de documents qui attendent que l'on vienne les dépouiller dans le cadre d'une étude philologique, philosophique, psychologique, et bien sûr scientifique.

Des mathématiques rituelles et liturgiques

Les premiers éléments d'une histoire des mathématiques en Inde nous sont fournis par les *Veda* (recueils, collections d'hymnes, de chants liturgiques, de formules sacrificielles), dont les plus anciens fragments remonteraient aux alentours de 1500 avant notre ère. Les connaissances attestées dans cette littérature védique présentent un caractère élémentaire, pragmatique : il s'agit essentiellement des éléments de géométrie servant à la construction des édifices nécessaires au rituel védique.

À l'instar des mathématiques grecques, dont on peut dire qu'elles sont issues de la philosophie, on peut considérer que les mathématiques indiennes trouvent leurs racines dans la linguistique.

Les premiers textes védiques ont essentiellement trait à religion et au cérémonial. Les plus importants du point de vue mathématique sont les appendices aux principaux *Veda*, les *Vedangas*. Ils sont écrits sous forme de *sûtra* – brefs aphorismes poétiques, propres au sanskrit, qui s'efforcent de traduire l'essence d'un raisonnement de la manière la plus concise et la plus mnémotechnique possible. Les *Vedanga* abordent six sujets : la phonétique, la grammaire, l'étymologie, la poésie, l'astronomie et les rituels. Seuls ces deux derniers nous renseignent véritablement sur les mathématiques de l'époque. Le *Vedanga* de l'astronomie s'appelle le *Jyotisûtra*, tandis que le *Vedanga* des rituels est le *Kalpasûtra*, dont une partie, les *sulvasutra*, concerne la construction des autels sacrificiels.

Une géométrie empirique

Les premiers *sulvasutra* (certains auteurs écrivent *sulbasutra*, le "v" et le "b" étant interchangeables, comme dans *bindu* et *vindu*, le "point" qui note le zéro – voir plus loin le chapitre sur le zéro) furent rédigés vers 800-600 avant notre ère, avant la codification du sanskrit par Panini.

Le plus ancien de ces *sulvasutra*, celui attribué à un certain Baudhâyana, énonce le théorème dit "de Pythagore". Baudhâyana donne même une valeur approchée de la racine carrée de 2, correcte jusqu'à la cinquième décimale. Il nous renseigne aussi sur la construction de polygones simples, comme le carré, le rectangle, le triangle, et fournit en outre différentes méthodes de transformation d'une figure géométrique donnée en une autre.

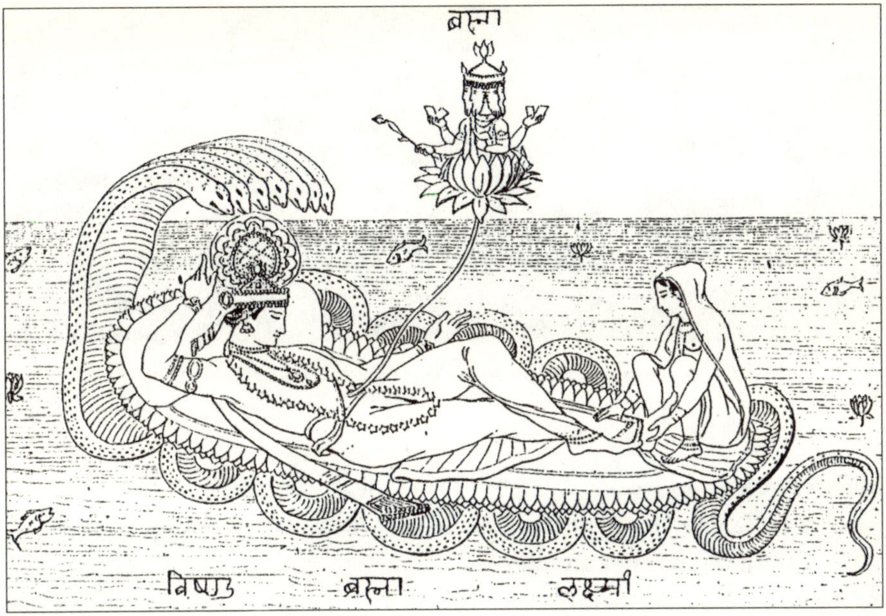

Vishnu avec Lahshmi sur le serpent Ananta
tandis que Brahma sort sur une fleur de lotus du nombril de Vishnu.

Ces textes nous donnent également des informations sur les instruments utilisés par les géomètres : cordes de différentes longueurs, règles et compas de bambou, ou morceaux de bois taillés qui servaient à délimiter, à tracer des traits sur le sol. Mais cette géométrie n'évolua guère après l'époque des *sulvasûtra* et, de nature intuitive, elle resta fondée sur des règles empiriques, contrairement à celle des Grecs qui dépassa le stade expérimental pour des formules géométriques abstraites et générales.

L'œuvre d'Âryabhata

Les mathématiciens de l'Inde ancienne se sont particulièrement illustrés dans les domaines de l'arithmétique, de l'algèbre et de la trigonométrie, parvenant assez tôt à des résultats étonnamment proches des conceptions modernes.

Le premier en date de tous les traités d'astronomie parvenus jusqu'à nous est celui d'un savant indien resté célèbre, Âryabhata (476-550).

$$e^{i\pi} = -1$$

Une des formules les plus importantes et influentes des mathématiques, qui s'écrit aussi $1 + e^{i\pi} = 0$.

Son œuvre remonte donc au début du VIe siècle. Les observations astronomiques réelles sur lesquelles repose le canon astronomique qu'il a mis au point datent d'environ l'an 500.

Âryabhata fit école et toute l'astronomie indienne, pendant les siècles suivants, a essentiellement reposé sur le canon qu'il a établi.

D'autres noms célèbres sont restés dans l'histoire des mathématiques indiennes ; on peut citer ceux de Brahmagupta, commentateur d'Âryabhata, et d'un autre grand savant, Bhâskara.

C'est aussi chez Âryabhata que l'on trouve une valeur approchée de π égale à environ 3,1416. Neuf siècles plus tard, l'astronome et mathématicien Mâdhava (Mâdhava de Sangamagramma, 1340-1425) aboutira, pour le calcul d'une circonférence, à la valeur suivante de π : 3,14159265359.

Au siècle suivant, un mathématicien du nom de Nilakantha, utilisera la fraction 355/113, qui est l'une des valeurs relativement juste de π :

3,1415929203539823008849557522124

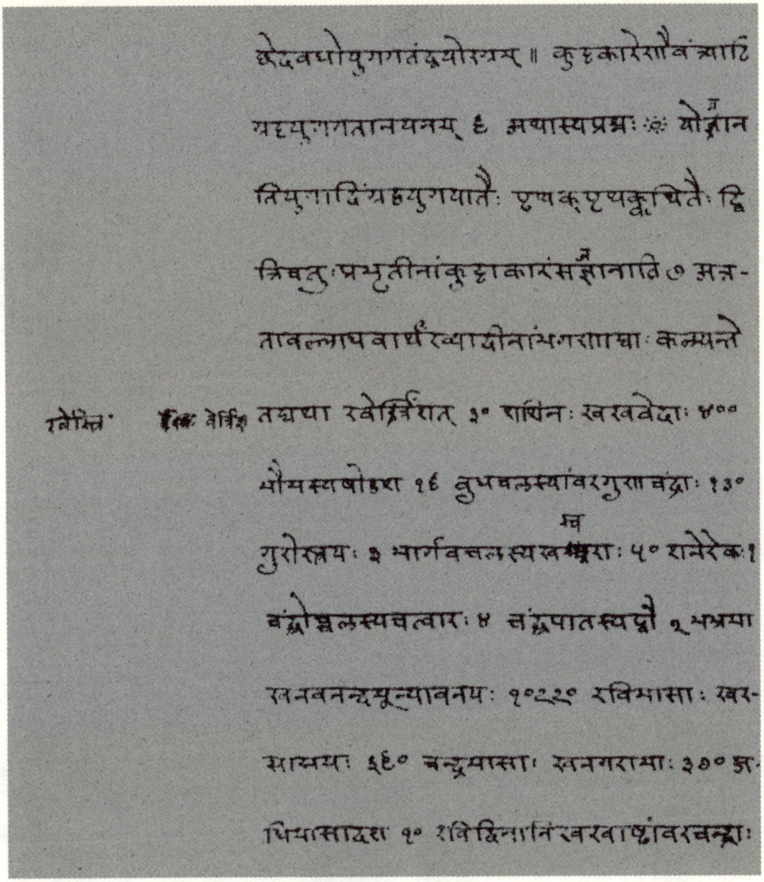

Manuscrit sanskrit.

La grande révolution des mathématiques indiennes

En dehors de ce savoir mathématique, géométrique et astronomique, ce qui reste la véritable révolution des mathématiciens indiens demeure la numération décimale de position avec utilisation des neuf chiffres unités de 1 à 9 et l'emploi du zéro, à la fois comme séparateur dans la numération de position mais aussi comme nombre. Les chapitres suivants seront consacrés à l'évolution de ces chiffres et de cette numération.

Variations du chiffre 3 selon différentes écritures indiennes.

3

L'évolution de l'écriture indienne

Le livre dont on se souvient est
le livre que l'on souhaitait écrire.
Edmond Jabès

Il existe un parallèle entre l'évolution des lettres de l'écriture indienne et celle des chiffres indiens dans les mêmes lieux et périodes.
Il est important pour la compréhension générale de la naissance des chiffres de tout d'abord connaître et comprendre l'histoire de l'écriture indienne.

Première écriture du IIIe millénaire avant notre ère

La plus ancienne écriture connue du sous-continent indien est celle qui apparaît sur des sceaux et des plaquettes de la civilisation de l'Indus (vers 2500-1500 avant notre ère), mis au jour notamment dans les ruines des antiques cités de Mohenjo-Daro et Harappâ. Mais cette écriture n'étant pas déchiffrée, la langue correspondante demeure impénétrable. On ne sait donc pas combler le large fossé qui sépare ces inscriptions des premiers textes connus en écriture et en langue proprement indiennes, si tant est qu'une filiation ait existé entre les deux systèmes.

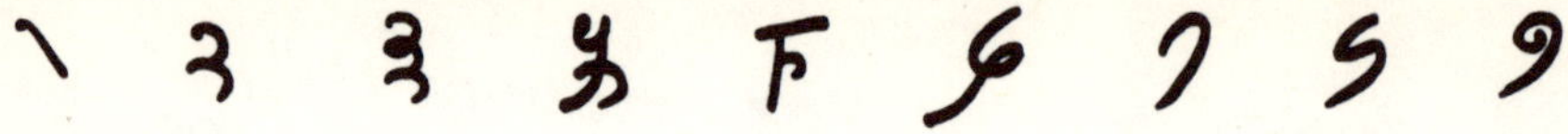

1 2 3 4 5 6 7 8 9

Les inscriptions d'Ashoka (vers 260 avant notre ère)

Notre connaissance des écritures indiennes ne commence réellement qu'avec les édits de l'empereur Ashoka. Les dates concernant le règne de ce monarque sont fixées avec une précision qui, pour n'être pas absolue, est du moins suffisante pour cette étude non-exhaustive. C'est ainsi que l'année de son sacre est placée selon F. W. Thomas en - 270, selon V. Smith en - 269 et selon Hultzach en - 264. Le troisième édit sur roc de ce prince mentionne divers princes grecs, en particulier Ptolémée (Philadelphe, 285-247) et Antigone (Gonatas, 278-239). Ashoka se situe donc à l'époque des successeurs d'Alexandre, plus d'un demi-siècle après que le grand conquérant eut porté ses armes dans la vallée de l'Indus.

Ces données chronologiques ne sont pas inutiles : les écritures indiennes apparaissent à un moment où le pays est largement ouvert aux influences étrangères.

À l'époque d'Ashoka, deux écritures sont en usage en Inde : le *brâhmi* et le *kharoshti*. C'est en *brâhmi* que sont gravés les célèbres édits d'Ashoka dont le déchiffrement est dû à J. Prinsep, en 1837. Quant au *kharosthi*, elle reste cantonnée au nord-ouest de l'Inde. Elle figure d'une part sur les monnaies des rois grecs (de Bactriane) et scythes, à partir de - 250 environ, et d'autre part sur quelques inscriptions lapidaires, dont la plus célèbre reproduit les édits d'Ashoka. Les derniers spécimens de l'écriture *kharosthi* sont à placer vers 450 de notre ère. Elle disparaît ensuite sans laisser de traces. Le *brâhmi* et le *kharosthi* sont l'une et l'autre des écritures syllabiques.

Syllabaire brâhmi

Ces inscriptions d'Ashoka sont principalement des édits gravés sur des rochers ou des colonnes, pour lesquels diverses écritures ont été utilisées : grec et araméen à Kandahar et Jalalabad en Afghanistan, système kharoshthi à Manshera, Shahbazgarhi dans le nord de l'Indus, et écriture *brâhmi* pour toutes les autres régions de l'empire.

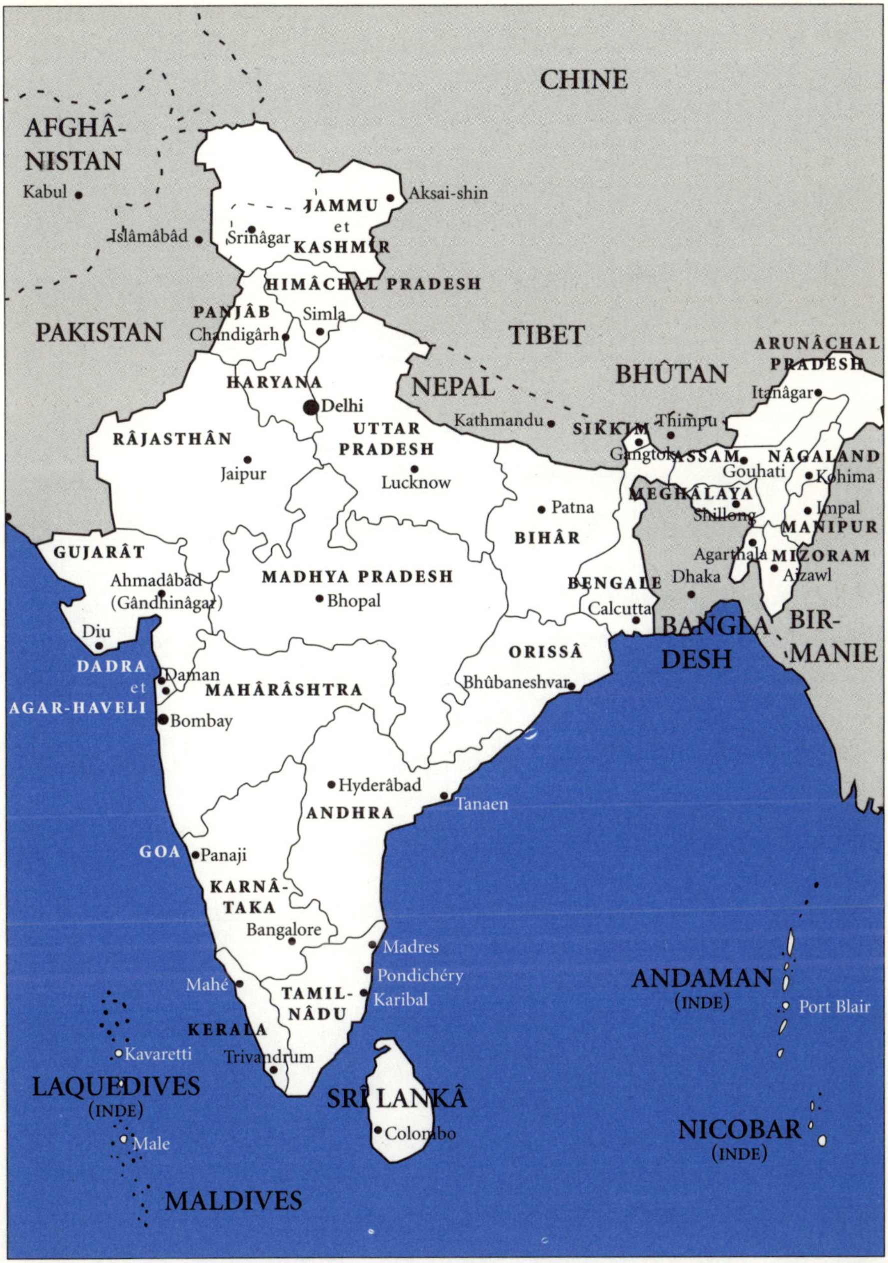

Le berceau de la numération moderne.

Voyelles	*Consonnes*					*Consonnes + voyelles*	*Ligatures*
a	ka	ǰa	ṅa	pa	ra	ka	kra
i	kha	ña	ta	pha	la	ki	bra
u	ga	ṭa	tha	ba	va	ku	rva
e	gha	ṭha	da	bha	sa	ke	sta
o	ča	ḍa	dha	ma	ša	ko	etc.
aṃ	čha	ḍha	na	ya	sa	kaṃ	
					ha		

Syllabaire kharoshthi.

Le *kharoshthi* et le *brâhmi*

L'écriture kharoshthi dérive directement de l'ancien alphabet araméen, le cananéen-phénicien, et s'écrit comme lui de droite à gauche. C'est pourquoi on lui donne aussi le nom d'écriture araméo-indienne.

Probablement introduite au IVᵉ siècle avant notre ère, elle restera en usage dans le nord-ouest de l'Inde jusqu'à la fin du IVᵉ siècle de notre ère.

Quant à l'écriture brâhmi, elle s'écrivait de gauche à droite et servait à noter les sons du sanskrit.

Le brâhmi dérive du cananéen-phénicien. On remarque dans le tableau suivant une identité du shin et du sa, du guimel et du ga et du aleph et du a.

prototypes phéniciens	*valeurs*	*caractères brahmi de base*	*caractères brahmi dérivés*
	b	ba	bha
	g	ga	
	d	dha	da ḍa ḍha

Prototypes phéniciens de trois caractères brâhmi.

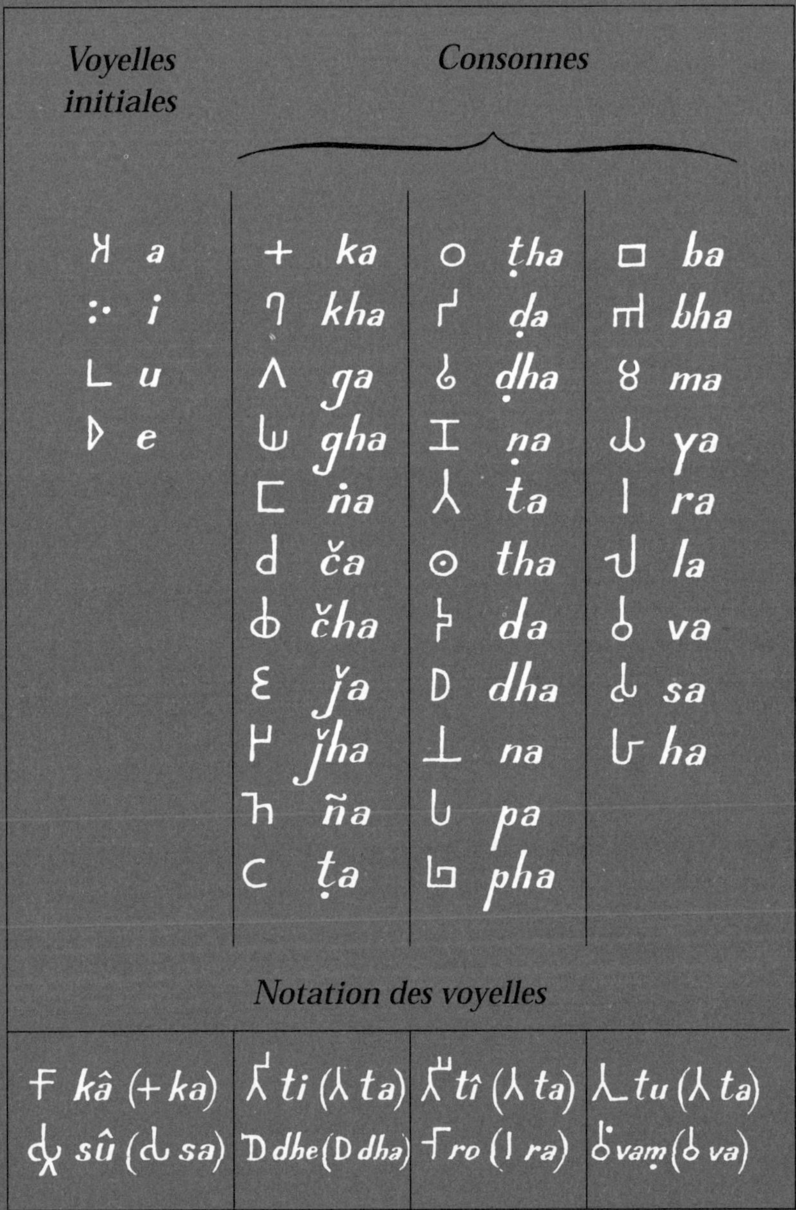

Syllabaire brâhmi.

Dès la seconde moitié du Ier millénaire avant notre ère, l'Inde est déjà largement ouverte aux influences étrangères, des contacts étant établis depuis longtemps avec les Perses et les commerçants d'origine araméenne qui empruntaient les routes allant de la Syrie et de la Mésopotamie jusqu'à la vallée de l'Indus.

Cependant, l'apparition de l'écriture brâhmi est vraisemblablement antérieure à l'époque d'Ashoka, où elle était déjà parfaitement élaborée et répandue à travers les différentes contrées du sous-continent indien.

L'écriture brâhmi survivra à toutes les autres, devenant dès lors l'unique source de toutes les écritures qui se développeront par la suite en Inde et dans les pays voisins. Au point qu'on lui attribuera le nom même de *brâhmi*, donné par l'hindouisme à l'une des sept *mâtrikâ* ou "mères du monde" : l'une de ces énergies féminines (*shakti*) que les divinités hindoues sont censées incarner. Représentée assise sur une oie, celle qui nous intéresse symbolisait la puissance de Brahma, l'"Incommensurable", le dieu du Ciel et des Horizons, celui qui "donne sans cesse naissance à la Création" et qui aurait un jour inventé l'écriture brâhmi pour le bonheur et la diversité des hommes.

Sarasvati, la déesse du savoir et de la musique,
d'après *Moaris Hindu Pantheon.*

Évolution du *brâhmi*

Au terme de plusieurs modifications successives plus ou moins importantes, l'écriture brâhmi aboutira finalement au développement de divers types d'écriture très nettement individualisés, à partir desquels se constitueront les principaux groupes actuellement en usage.

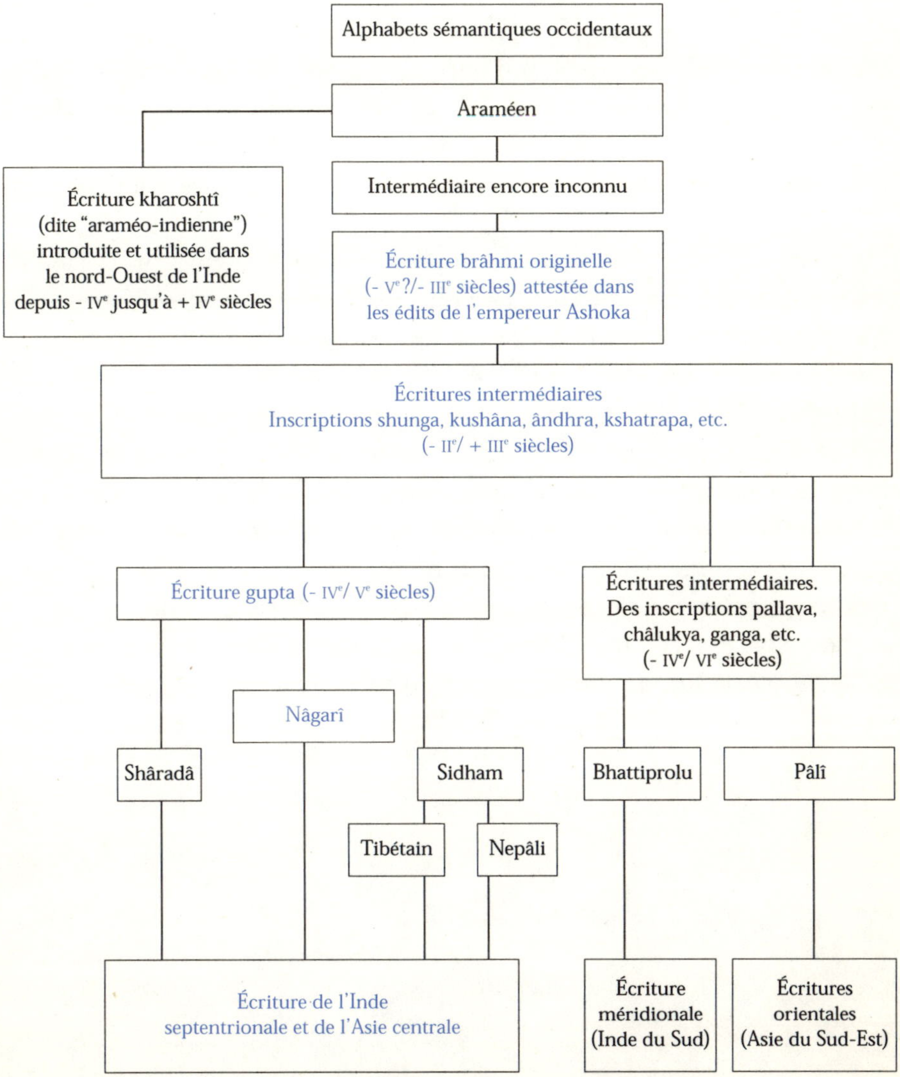

Tableau de l'évolution des écritures indiennes.

Les différences apparemment considérables que les écritures de ces divers groupes présenteront ultérieurement tiendront en fait soit au caractère spécifique des langues et traditions auxquelles elles auront été adaptées, soit aux habitudes scribales régionales et à la nature des matériels scripturaires employés.

Une place privilégiée pour l'écriture nâgari ou devanâgari

Entre toutes les écritures indiennes dérivées de l'écriture brâhmi, le devanâgari mérite une place à part. D'abord en raison de sa perfection : si l'abondance des ligatures est, comme pour toutes les écritures indiennes, une cause de complication et multiplie les possibilités de confusion, sa notation phonétique est en revanche très précise. Depuis l'apparition de l'imprimerie, elle est devenue l'écriture principale du sanskrit, la langue religieuse et savante de l'Inde. Le nom même de *devanâgari*, "nagari des dieux", semble lui avoir été donné par les Européens, tandis que les Indiens l'appellent simplement *nâgari*, " (l'écriture) des citadins".

Actuellement, elle sert à noter le hindi, la grande langue de l'Inde centrale, qui se répand largement. Sa caractéristique la plus visible est la grande barre horizontale, la "potence", dite *matra*, qui suit la ligne, presque sans interruption – en réunissant non seulement les syllabes, mais souvent les mots –, et au-dessous de laquelle sont attachés les caractères, exception faite pour quelques signes de voyelles qui s'inscrivent au-dessus. (Il est remarquable que l'écriture hébraïque traditionnelle s'écrive aussi sous une ligne tutrice, le *sirtout*, tracée au poinçon sec.)

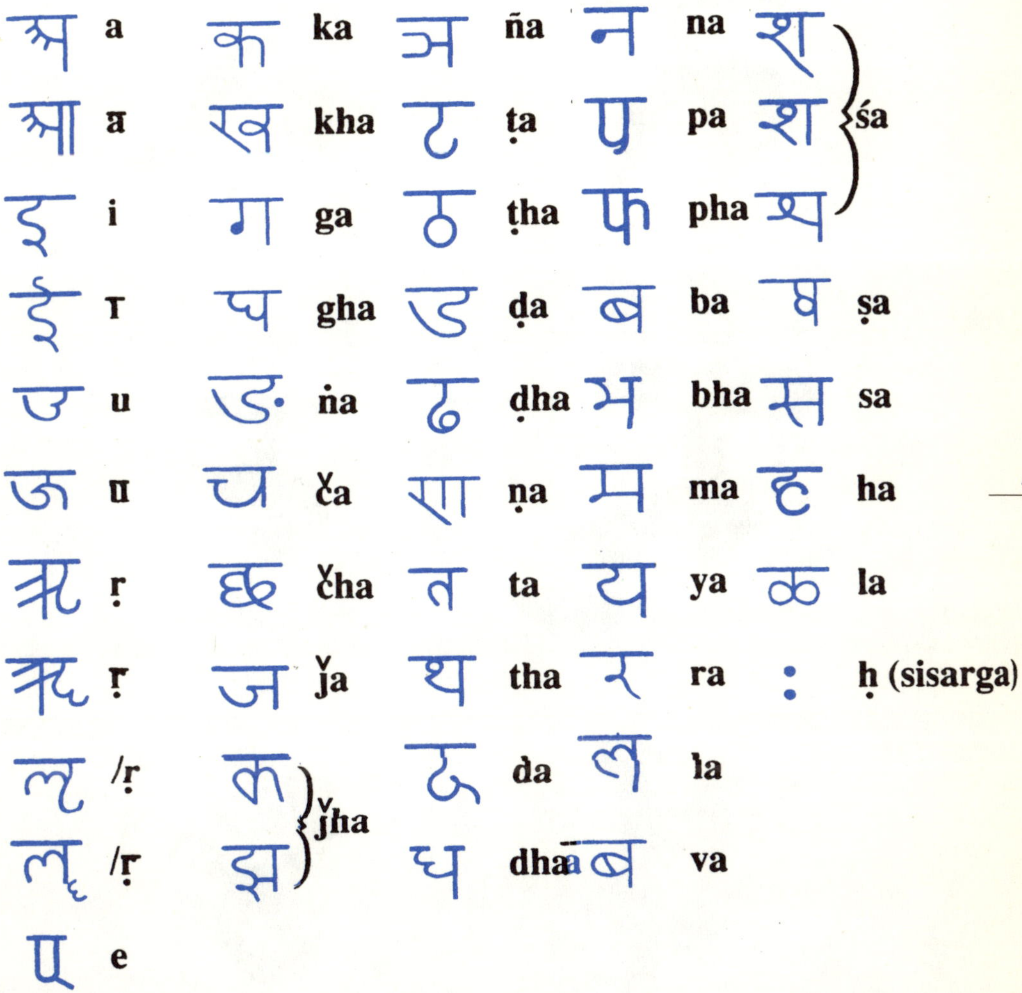

L'écriture devanâgari, la forme du sanscrit demeurée usuelle.

Variations du chiffre 4 selon différentes écritures indiennes.

4

Les cinq étapes de l'évolution des chiffres indiens

En vain nous poussons le vivant
dans tel ou tel de nos cadres.
Tous les cadres craquent.
Henri Bergson

Première étape : du IIIe siècle avant notre ère au Ier siècle après

Les chiffres de la notation brâhmi originelle

Selon le même mouvement des écritures auxquelles elles se rattachent, les diverses séries de chiffres de 1 à 9 autrefois ou actuellement en usage en Inde, en Asie centrale et en Asie du Sud-Est dérivent toutes plus ou moins directement de l'ancienne notation *brâhmî* des nombres correspondants.

Deuxième étape : du Ier aux IIIe-IVe siècles

La notation dite "intermédiaire"

Après cette première période, on repère des notations de signes numériques plus complètes datant du Ier et du IIe siècles sur des inscriptions bouddhiques, dans des grottes de Nasik.

En se répandant dans les diverses contrées de l'Inde et des régions avoisinantes, ces notations intermédiaires, comme les lettres des écritures correspondantes, vont subir au cours des siècles des modifications graphiques plus ou moins importantes, pour acquérir en fin de compte des formes cursives extrêmement variées, chacune appropriée à un style local.

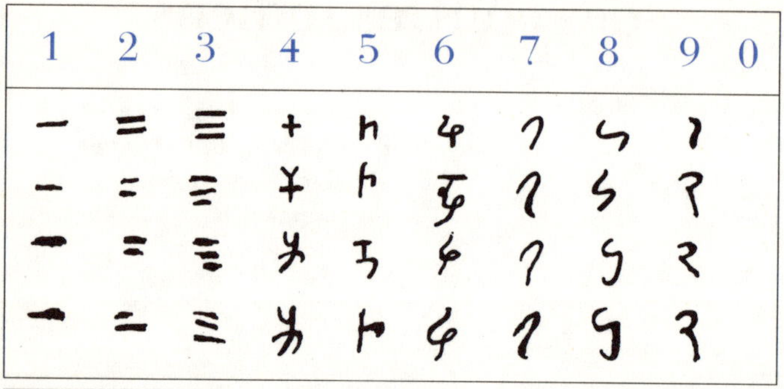

Date : Ier ou IIe siècle.
Source : grottes bouddhiques de Nâsik (dans le Mahârâshtra, à moins de 200 km au nord de Bombay).

Troisième étape : du IIIe au VIe siècle

La notation numérique de l'écriture *gupta*

L'une des premières notations individualisées fut celle de l'écriture gupta, utilisée à l'époque de la dynastie du même nom dont les souverains régnèrent sur toute la vallée du Gange et de ses affluents (entre 240 et 535 environ). C'est la notation de l'Inde du Nord et du Centre.
Cette notation a été à l'origine de toutes les séries de chiffres usitées en Inde septentrionale et en Asie centrale.

Quatrième étape : du VIIe au XIIe siècle

La notation *nâgari*

En s'affinant, l'écriture gupta a donné naissance, dès le VIIe siècle, à l'écriture du style nâgari (écriture "citadine"), dont la magnifique régularité ultérieure lui fit prendre le nom de *devanâgari* ou "*nâgari* des dieux" (voir illustration dans le précédent chapitre).

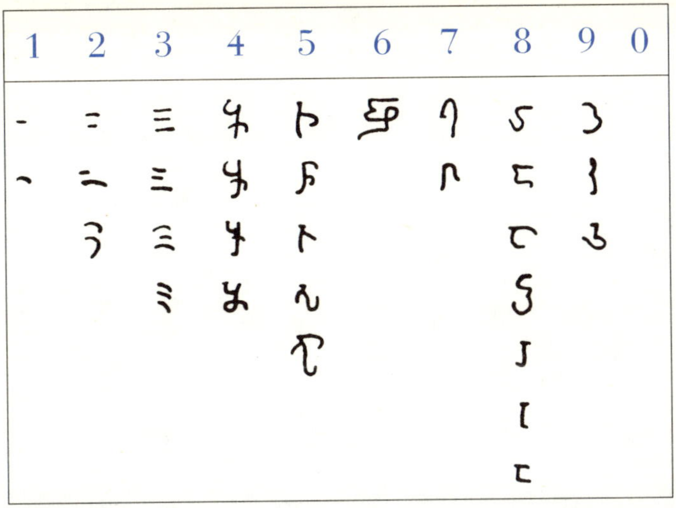

Date : IVe-VIe siècle.
Source : inscriptions de Parivrâjaka.

On le sait, l'écriture nâgari acquit par la suite une importance extrême, en devenant non seulement l'écriture principale du sanskrit, mais aussi celle du hindi, la grande langue de l'Inde centrale actuelle.

La notation numérique ayant suivi une évolution parallèle, les chiffres du style gupta ont engendré des chiffres de style nâgari, dans une première forme dite “nâgari ancien”.

Diverses inscriptions sur cuivre
provenant de l'Inde du Centre et du Nord, VIIe-XIIe siècles.

8 9 4

Dans ces tableaux, on peut déjà reconnaître certains de nos chiffres actuels comme le 2, le 6, le 3 et le 9, et bien sûr le 0.

L'évolution formelle conduit aux chiffres modernes de forme "nâgari moderne".

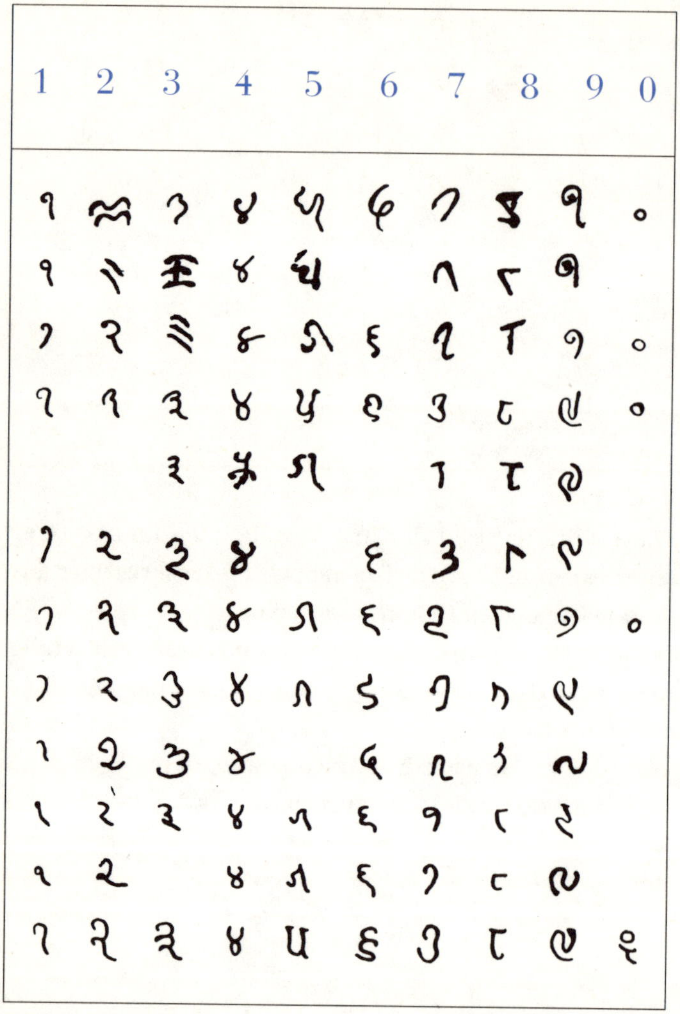

Date : IVe-VIe siècle.
Source : inscriptions de Parivrâjaka.

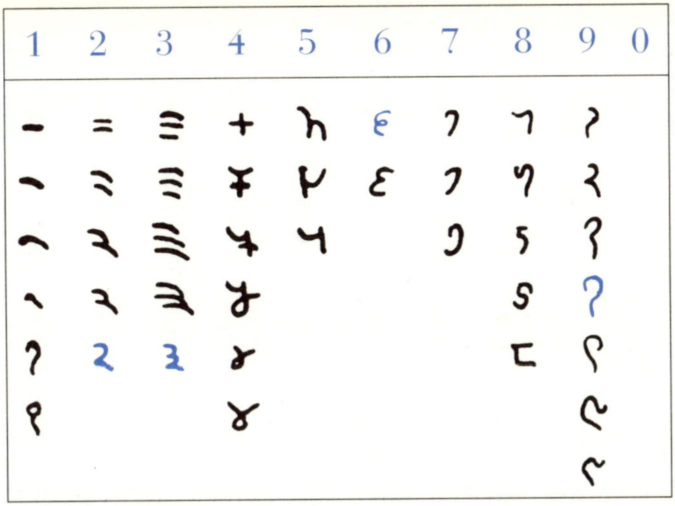

Date : VIIIe-XIIe siècle.
Source : divers manuscrits indiens provenant du Centre et du Nord (dont la notation, non positionnelle, ne comporte pas le zéro).

Inscription de Gwâlior

Les premiers documents lapidaires connus proprement indiens sont deux inscriptions sur pierre, contemporaines du règne de Bhojadeva et découvertes au siècle dernier dans le temple de Vâillabhasvâmin consacré à Vishnu, près de la ville de Gwâlior (capitale de l'ancien État princier de Madhyabhârat, située à environ 120 kilomètres d'Agra et à un peu plus de 300 kilomètres au sud de Delhi).

La première inscription est datée en toutes lettres de l'année 932 de l'ère Vikrama, soit en 875 de notre ère. Il s'agit d'une pièce versifiée en langue sanskrite, dont les stances ont été numérotées de la manière suivante au moyen des chiffres du type nâgari.

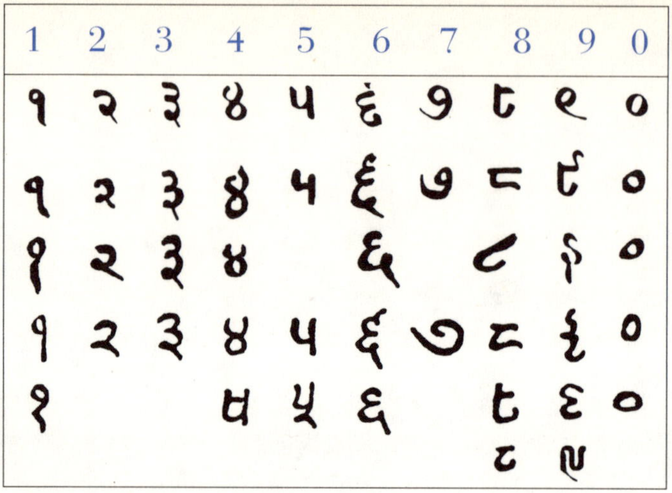

En usage dans les états indiens du Madhya Pradesh (Province centrale), de l'Uttar Pradesh (province du Nord), du Rajasthan, de l'Hiryana, de l'Himâchal Pradesh (monts de l'himâlaya) et dans le territoire de Delhi.

La seconde inscription est, elle, datée en chiffres de l'année 933 Vikrama (876 de notre ère). Rédigée en prose sanskrite, celle-ci constitue l'acte des donations faites par les habitants de la ville de Gwâlior au temple de Vishnu. Elle fait état notamment de la donation d'un terrain de 270 *hasta* de long sur 187 *hasta* de large, destiné à devenir un jardin de fleurs, ainsi que des cinquante guirlandes de fleurs saisonnières que les jardiniers de la cité de Gwâlior doivent apporter comme contribution quotidienne au temple. Or, le nombre correspondant à la date (933) et les autres mentions numériques sont représentés au moyen des chiffres nâgari suivants :

Mentions numériques extraites de la première inscription de Gwâlior.

Parfaitement authentiques, ces deux inscriptions montrent donc à quel point les habitants de la région étaient familiarisés, durant la seconde moitié du IXe siècle, avec l'usage du zéro et des neuf chiffres soumis au principe de position.

Cinquième étape : les dérivés du *nâgari* (à partir du IXe siècle)

En route vers la notation moderne

Alors que les notations *gupta* et les notations d'inscriptions intermédiaires vont se développer et se déployer en des dizaines de formes différentes (cf. tableau), le style nâgari va se ramifier en six branches différentes, dont l'une va donner les chiffres arabes d'Orient (style dit "hindi") et l'autre, les chiffres arabes du Maghreb (style dit "ghubar").

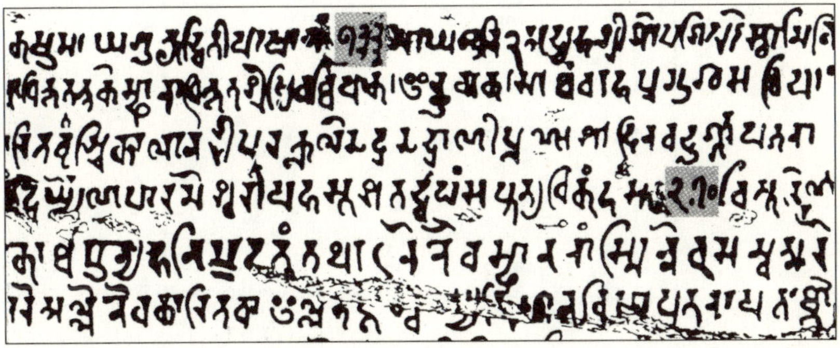

Détail de la deuxième inscription de Gwâlior.

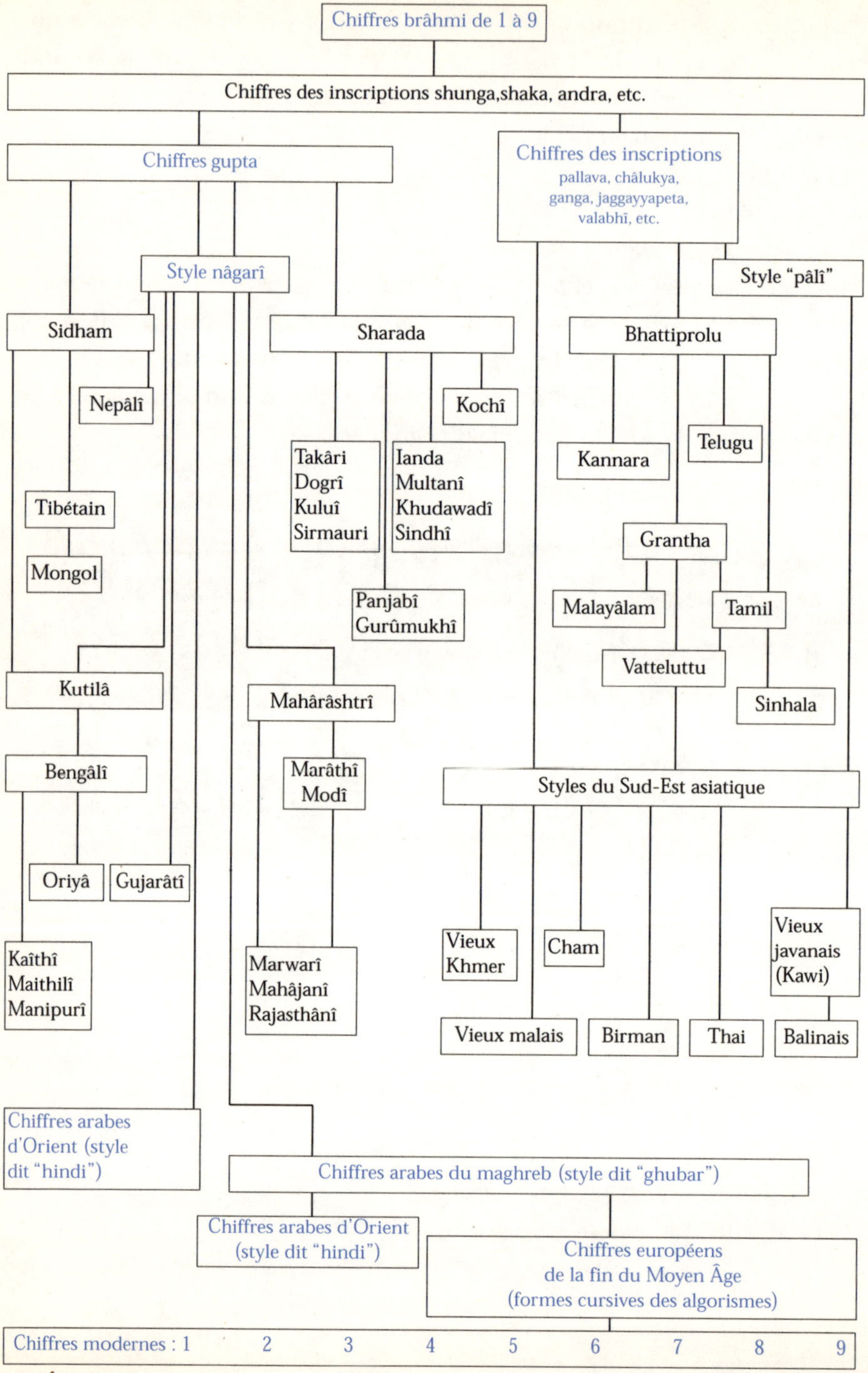
Chiffres brâhmi de 1 à 9
Chiffres des inscriptions shunga,shaka, andra, etc.
Chiffres gupta
Chiffres des inscriptions pallava, châlukya, ganga, jaggayyapeta, valabhî, etc.
Style nâgarî
Style "pâlî"
Sidham
Sharada
Bhattiprolu
Nepâlî
Kochî
Takâri Dogrî Kuluî Sirmauri
Ianda Multanî Khudawadî Sindhî
Kannara
Telugu
Tibétain
Mongol
Grantha
Panjabî Gurûmukhî
Malayâlam
Tamil
Vatteluttu
Kutilâ
Mahârâshtrî
Sinhala
Bengâlî
Marâthî Modî
Styles du Sud-Est asiatique
Oriyâ
Gujarâtî
Kaîthî Maithilî Manipurî
Marwarî Mahâjanî Rajasthânî
Vieux Khmer
Cham
Vieux javanais (Kawi)
Vieux malais
Birman
Thai
Balinais
Chiffres arabes d'Orient (style dit "hindi")
Chiffres arabes du maghreb (style dit "ghubar")
Chiffres arabes d'Orient (style dit "hindi")
Chiffres européens de la fin du Moyen Âge (formes cursives des algorismes)
Chiffres modernes : 1 2 3 4 5 6 7 8 9

5

Le nom des chiffres indiens

La pluie et la lumière se battent
comme des enfants dans le ciel,
et leurs épées parfois heurtent ma fenêtre.
Christian Bobin

L'orientation de l'écriture des nombres

Au commencement, les nombres composés de chiffres étaient écrits de gauche à droite, dans l'ordre des puissances descendantes, c'est-à-dire depuis les plus grandes unités jusqu'aux plus petites, suivant ainsi le sens de l'écriture indienne.

2 5 4 1

Deux mille cinq cent quarante et un

Mais à partir du IIe siècle avant l'ère chrétienne, ce sens s'inverse, en particulier dans les textes savants et les écrits officiels. L'énumération se fait dans le sens de puissances décroissantes ; on lit alors :

1 4 5 2

Deux mille cinq cent quarante et un

Les noms des chiffres

Les chiffres indiens possèdent au moins deux noms. Tout d'abord orale, cette numération donna, dans un deuxième temps, à chacune des neuf unités simples un nom particulier dans la langue écrite alors utilisée, le sanskrit.

Eka = *Un*
Dwi = *Deux*
Tri = *Trois*
Chatur = *Quatre*
Pancha = *Cinq*
Shat = *Six*
Sapta = *Sept*
Ashta = *Huit*
Nava = *Neuf*

Influences et échanges culturels

On remarquera les influences à la fois en amont et en aval de ces noms. En amont, ce sont certainement des influences sémitiques, via l'araméen, langue vernaculaire de l'époque – nous sommes dans les quelques siècles qui précédèrent notre ère.

On peut ainsi noter les proximités phonétiques de :

Eka et ehad, qui signifie "un" en hébreu ;
Shat et shit, qui signifie "six" en araméen (shèch en hébreu) ;
Sapta et shabbat, qui est le "septième" jour dans le calendrier hébraïque et qui d'ailleurs se dit *sabatû* en araméen (le "sept" français d'origine latine rappelle bien cette origine sanskrite).

Le rapport entre le sanskrit et le grec et ses dérivés latins est encore plus évident : par exemple, *tri* (sanskrit), *treis* (grec) et *tres* (latin), que l'on entend dans trois ; ou encore *pancha* (sanskrit) et *penta* (grec), que l'on retrouve dans le nom d'objets et de termes techniques où il est question de cinq, comme "pentagone" ou "pentacle", etc.

Mathématiques et poètes

Lorsque l'on a commencé à utiliser ces nombres, on ne rencontrait aucune difficulté lorsque les chiffres qui composent le nombre sont différents les uns des autres. Ainsi, dire quatre mille sept cent soixante-neuf se dit en numération croissante :

Nava shashti saptachata cha chatursahasra

(Neuf soixante-sept cent et quatre mille)

9 67 100 4 000

Mais, dès que le nombre est composé du même chiffre plusieurs fois répété se pose alors un problème de compréhension et de difficulté phonétique. On imagine un grand nombre astronomique, tel que :

3 3 3 3 3 3 3 3 3 3

Il se prononcerait :

tri tri tri tri tri tri tri tri tri tri

Cette expression qui devrait compter dix fois le mot *tri* ne serait commode ni pour la compréhension, ni pour la mémorisation, ni pour la beauté phonétique du nombre. Les savants indiens décidèrent de contourner le problème en utilisant la richesse de la langue sanskrite. Ils créèrent dans cette langue de nombreuses métaphores et synonymes pour chaque chiffre en faisant appel à la mythologie, la philosophie, et à toute la littérature savante et populaire de la culture indienne. Par un subtil jeu d'associations d'idées, chaque chiffre reçut de nombreux synonymes, souvent d'une grande poésie.

De fait, le nombre de l'exemple précédent fut représenté par une succession de mots différents qui pourraient se traduire par :

Feu Forme Qualité Monde Yeux Temps Voix

etc.

Quelques exemples de nombres et de leurs synonymes :

Eka est le nom ordinaire du nombre 1.

On a aussi :

Pitâmaha : le premier père ;
Adi : le commencement ;
Tanu : le corps ;
Kshiti, go… : mots signifiant la Terre ;
Abja, indu, soma… : mots signifiant la Lune.

Dvi est le nom ordinaire du nombre 2.

On a aussi :

Ashvi (n) : les cavaliers ;
Yama : le couple primordial ;
Yamala, yugala… : jumeaux ou couples ;
Netra : les yeux ;
Bâhu : les bras ;
Gulpha : les chevilles ;
Paksha : les ailes.

Tri est le nom ordinaire du nombre 3.

On a aussi :

Guna : les propriétés primordiales ;
Loka : les [trois] mondes ;
Kâla : le temps ;
Agni, vahni… : le feu ;
Haranetra : les yeux de Hara.

Chatur est le nom ordinaire du nombre 4.

On a aussi :

Dish : les [quatre] points cardinaux ;
Abdhi, sindhu… : les [quatre] océans ;
Yuga : les [quatre] cycles cosmiques ;
Iryâ : les positions [du corps humain] ;
Haribâhu : les bras de Vishnu ;
Brahmâsya : les visages de Brahma.

Ashta est le nom ordinaire du nombre 8.
On a aussi :

Gaja : les [huit] éléphants ;
Nâga : le serpent ;
Mûrti : les formes.

Ainsi, avec cette poétique numérale, le nombre 4 823 s'écrira selon l'écriture croissante des unités aux milliers :

Agni Ashvin Gaja Yuga
3 2 8 4
Feu Cavaliers Éléphants Cycles

On comprend dès lors que chaque nombre devient une petite phrase, une sorte de *haïku*, un petit poème qui peut être à la fois déclamé, mémorisé et interprété littérairement et philosophiquement.

Georges Ifrah, dans son *Histoire universelle des chiffres*, cite deux beaux exemples de cette poésie numérique :

Un collier s'est brisé au cours d'ébats amoureux.
Un rang de perles s'en est alors échappé.
Le sixième d'entre elles sur le sol est tombé.
Le cinquième sur la couche est resté.
Le tiers par la jeune femme en a été sauvé.
Le dixième a été retenu par le bien-aimé.
Et six perles au cordon sont restées attachées.
Dis-moi combien de perles comptait le collier
des bienheureux.

Il s'agit-là de l'énoncé d'un problème d'arithmétique tel qu'il est posé dans la *Lîlâvatî*, célèbre traité de mathématiques en forme de poèmes dû à Bhâskarâchârya (en 1150), dont le titre n'est autre que le nom de la fille du mathématicien.

En voici un autre exemple :

D'une touffe de fleurs de lotus,
un tiers a été offert à Shiva,
un cinquième à Vishnu,
et un sixième à Sûrya.
Un quart a été présenté à Bhâvanî.
Les six fleurs restantes
ont été données au vénérable précepteur.
Dis-moi vite quel était le nombre de fleurs.

Par la suite, l'amour du jeu et de la spéculation sur les nombres tant appréciés par les Indiens devint une pratique d'une grande beauté et d'une grande richesse. Les mathématiciens respectaient dans l'écriture de ces poèmes numériques une logique du sens dans laquelle on ne trouvait jamais l'addition de "flèches" et de "feu", de "planètes" et de "serpents", ni la soustraction d'océans et d'éléphants.

6

Le zéro

L'homme n'est rien en lui-même.
Il n'est qu'une chance infinie.
Mais il est le responsable infini
de cette chance.
Albert Camus

Une légende babylonienne

En Babylonie, un roi décida un jour de construire une nouvelle ville et en choisit le site. Il demanda l'avis des astrologues de son pays, qui consultèrent les astres et approuvèrent son choix. Ils ajoutèrent cependant une condition : il fallait, pour porter bonheur à la nouvelle ville, qu'un enfant, amené volontairement par sa mère, soit emmuré vivant lors de la construction. Personne ne se présenta. Mais, au bout de trois ans, une vieille femme arriva, accompagnée d'un jeune garçon d'une dizaine d'années.

Au moment d'entrer dans le mur, l'enfant demanda au roi :

- "Ô roi, permets-moi de poser trois énigmes à tes astrologues. S'ils trouvent les réponses justes, cela signifie qu'ils ont bien interprété les signes ; sinon, c'est qu'ils se sont trompés." Le roi acquiesça.

- "Qu'y a-t-il de plus léger, qu'y a-t-il de plus doux, et qu'y a-t-il de plus dur au monde ?", interrogea l'enfant.

Les astrologues cherchèrent pendant trois jours et dirent :

- "Ce qui est le plus léger, c'est la plume ; le plus doux, c'est le miel ; et le plus dur, c'est la pierre."

Sans méchanceté, l'enfant se moqua d'eux :
- “N'importe qui aurait pu donner cette réponse ! Non, ce qu'il y a de plus léger au monde, c'est l'enfant dans les bras de sa mère : pour elle, il n'est jamais lourd ; ce qui est le plus doux, c'est le lait de sa mère ; et ce qui est le plus dur au monde, c'est, pour une mère, d'amener elle-même son enfant afin qu'il soit emmuré vivant.”
Les astrologues furent confondus et reconnurent avoir mal compris la leçon des étoiles.
Ainsi l'enfant eut la vie sauve…

Le lecteur se demandera peut-être pourquoi nous avons tenu à placer cette légende babylonienne en exergue du chapitre sur le zéro. Tout d'abord pour rappeler que, même si ce sont bien les Indiens qui inventèrent et propagèrent le zéro, celui-ci était déjà présent sous une forme et selon une philosophie différentes dans la culture mathématique babylonienne. (Cf. Georges Ifrah, *op. cit.*, tome I, p. 354.)
Cependant, le zéro babylonien n'est pas encore le signe philosophique du vide comme chez les Indiens, ni un nombre à part entière qui entre dans différents calculs, permettant une légèreté opératoire qui révolutionnera l'arithmétique et les mathématiques dans leur ensemble.

La numération indienne

La révolution apportée par la numération indienne repose sur trois éléments : la numération décimale, la numération de position et l'existence du zéro.

La numération décimale consiste en l'utilisation d'une base 10 et des neuf chiffres 1, 2, 3, 4, 5, 6, 7, 8, 9.

La numération de position détermine la valeur des chiffres par leur position dans l'écriture des nombres.
C'est cette numération de position qui donna naissance au zéro, d'abord comme le signe qui indiquait une place vide, pour les unités, les dizaines, centaines, milliers, etc.

Exemple :

0	2	4
2	0	4
2	4	0

Zéro et philosophie

Pour découvrir le zéro, il fallut une pensée capable d'accepter l'idée de vide. Or, depuis longtemps, la langue sanskrite possédait le mot *shûnya* pour exprimer le "vide" et l'"absence". Synonyme de "vacuité", celui-ci constituait en effet depuis plusieurs siècles l'élément central d'une véritable philosophie mystique et religieuse érigée en mode de pensée.

Le vide : un vaste champ conceptuel

Car, dès le Ve siècle de notre ère, le zéro indien, sous ses diverses désignations symboliques en langue sanskrite, surpassait déjà, et de loin, les notions hétérogènes de vacuité, de nihilisme, de nullité, d'insignifiance, d'absence et de non-être des philosophies gréco-latines. Le *shûnya* regroupait en effet toutes ces notions à la fois, suivant une parfaite homogénéité : il signifiait alors non seulement le vide, l'espace, l'atmosphère et l'"éther", mais aussi le non-créé, le non-produit, le non-être, la non-existence, le non-formé, la non-pensée, le non-présent, l'absent, le néant, la non-substantialité, le peu de chose, l'insignifiance, le négligeable, l'insignifiant, le rien, le nul, la nullité, la non-valeur, le peu de valeur, le sans-valeur et le rien-qui-vaille.

Du vide au zéro

Nul ne fut donc besoin d'inventer un vocable nouveau pour exprimer la notion mathématique qui venait de naître : il suffit d'adapter l'entité *shûnya* ("vide") à la valeur zéro. C'est ainsi que ce mot en est venu à faire véritablement office de zéro au sein de cette numération parlée, puis écrite, de position. D'où, pour un nombre tel que 205, une représentation du type :

Cinq	Vide	Deux
5	0	2
Pancha	*Shûnya*	*Dvi*

(Nous rappelons que la lecture des nombres se faisait de manière croissante de l'unité vers les dizaines, centaines, etc.)

Un zéro venu du ciel

Nous avons vu que les neuf chiffres existants possédaient de multiples synonymes qui permettaient de pallier toute ambiguïté et offraient une esthétique verbale du nombre. Le zéro se vit attribuer lui aussi toute une panoplie de synonymes.

Ainsi, les mots *abhra, ambara, antariksha, gagana, kha, nabha, vyant* ou *vyoman*, qui désignaient littéralement le ciel, l'espace, l'atmosphère, le firmament ou la voûte céleste, en vinrent à signifier non seulement le vide, mais aussi le zéro.

Ananta, l'"infini", *jaladharapatha*, "voyage sur l'eau", *vishnupada*, "pied de Vishnu", *pûrna*, "plénitude, totalité, intégrité, achèvement", etc., sont aussi des termes qui évoquent le zéro dans cette belle poétique du sanskrit.

Âkâsha : l'éther

Il en a été de même pour le mot *âkâsha*, qui désignait principalement l'"éther", le dernier et le plus subtil des "cinq éléments" de la philosophie hindoue, l'essence de tout ce qui est supposé increéé et éternel, l'élément qui pénètre l'immensité de l'espace, voire l'espace lui-même.

Dans la pensée indienne, l'espace était considéré comme "vide", excluant tout mélange avec des choses matérielles, et comme élément immuable et éternel se dérobant à toute description.

Le caractère insaisissable et la nature très différente de ce concept d'avec les chiffres et les nombres ordinaires offrirent une immédiate association d'idées avec le zéro. Quant à l'identification de l'éther au vide, elle ne posa aucune difficulté du fait que, dans l'esprit indien, l'*âkâsha*, certes dépourvu de substance, n'en est pas moins considéré comme la condition de toute extension corporelle et le réceptacle de toute matière se manifestant sous la forme de l'un des quatre autres éléments (la terre, l'eau, le feu et l'air). Autrement dit, une fois que le zéro a été inventé et expérimenté, on a pris conscience que l'âkâsha lui était identifiable et qu'il remplissait dans l'existence un rôle majeur comparable à celui tenu par le zéro dans la numération de position, le calcul, les mathématiques, les sciences et les techniques.

La liste des mots sanskrits symbolisant le zéro est étonnamment longue et souligne l'importance de cette notion dans l'esprit indien.

Symboles	Significations
Abhra	atmosphère
Âkâsha	éther
Ambara	atmosphère
Ananta	immensité de l'espace
Antariksha	atmosphère
Bindu	point
Gagana	voûte céleste
Jaladharapatha	voyage sur l'eau
Kha	espace
Nabha(s)	ciel, atmosphère
Pûrna	entier, complet
Randhra (rare)	trou
Shûnya	vide
Vindu	point
Vishnupada	pied de Vishnu
Vyant	ciel
Vyoman	ciel, espace

Les deux formes graphiques du zéro

Le cercle fut la première représentation graphique du zéro. On l'a vu, les mots-symboles que la langue sanskrite mettait à contribution pour la désignation du concept du zéro exprimaient principalement les idées de ciel, d'espace, d'atmosphère ou de firmament.

Or, dans les dessins et les pictogrammes des hommes, la voûte céleste est presque universellement représentée soit par un demi-cercle, soit par un diagramme circulaire, soit encore par un cercle entier...
C'est ainsi que le petit cercle en est venu, par simple transposition et association d'idées, à symboliser graphiquement, chez les Indiens, le concept du zéro.
Le point, seconde représentation graphique du zéro, reste l'objet zéro-dimensionnel. Dans l'espace géométrique à trois dimensions, la réduction successive des dimensions conduit à concevoir un objet zéro-dimensionnel qui est point ! Ce point, dit *bindu*, fut très tôt une des représentations graphiques principales du zéro.

Le "zéro-cercle" reçut le nom de *shûnya-châkrâ*.
Il est en usage actuellement dans presque toutes les notations de l'Inde et de l'Asie du Sud-Est (nâgari, marâthi, panjâbi, sindhi, gujarâtî, bengâli, oriyâ, nepâli, telugu, kannara, thai, birman, javanais, etc.) et est attesté depuis longtemps dans presque tous ces systèmes.

Le "zéro-point" reçut le nom de *shûnya-bindu*. Cette forme était autrefois en usage dans les régions du Kashmîr (chiffres *shâradâ*). Également attestée dans les inscriptions khmer du Cambodge ancien et dans les inscriptions vernaculaires de l'Asie du Sud-Est.

Le point causal

Au-delà de son aspect purement géométrique, le bindu était pour les Hindous le symbole de l'univers dans sa forme non manifestée, et donc une représentation de l'univers avant sa transformation en monde des apparences (*rûpadhâtu*). Or, selon les philosophies indiennes, cet univers incréé est doté d'une énergie créatrice capable de tout engendrer : le point causal.
D'où, naturellement, cette association d'idées avec une figure géométrique qui est certes la plus élémentaire de toutes, mais qui est susceptible d'engendrer toutes les lignes et toutes les formes (*rûpa*) possibles. D'où aussi ce rapprochement symbolique avec le zéro, qui sera considéré par la suite non seulement comme la quantité la plus négligeable, mais aussi et surtout comme le concept primordial de toutes les mathématiques abstraites.

Le zéro *châkrâ* (le cercle) et le zéro *bindu* (le point).

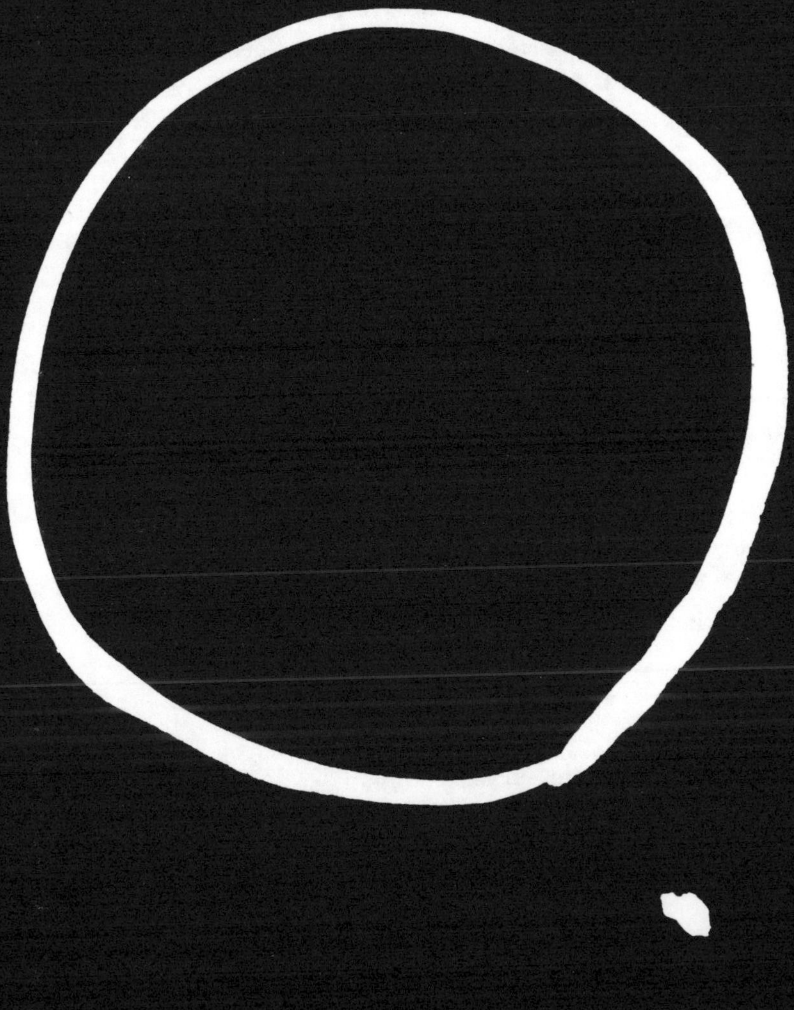

Le mot *shûnya* et ses divers synonymes servirent ainsi à marquer oralement l'absence des unités d'un certain ordre décimal, alors que graphiquement, le point (*shûnya-bindu*) ou le cercle (*shûnya-châkrâ*) en furent les représentations.

Le zéro comme nombre

Une économie du zéro : le paiement de la dette

Malgré les progrès apportés par le zéro, il restait cependant aux savants indiens à franchir l'ultime étape : parfaire le concept du zéro et l'enrichir de sa signification numérique actuelle.

Jusque-là, en effet, le *shûnya*, en tant que symbole numérique ou signe graphique, ne servait qu'à marquer l'absence des unités d'un certain ordre (dans le cadre de la numération de position sur laquelle nous avons beaucoup insisté).

Mais ils donnèrent au zéro un sens plus ample et celui-ci devint ce que l'on appelle aujourd'hui le "nombre zéro" ou la "quantité nulle". C'est alors que le *shûnya* fut rangé dans la catégorie des *samkhyâ*, c'est-à-dire des "nombres".

Vers 575, l'astronome Varâhamihira, dans sa *Panchasiddhântikâ*, en mentionne l'emploi dans les opérations arithmétiques, et Bhâskara en fait de même en 629 dans son commentaire sur l'Âryabhatîya.

En 628, dans son *Brâhmasphutasiddhânta*, Brahmagupta le définit comme le résultat de la soustraction d'un nombre par lui-même :

$$N - N = 0$$

Il en décrit les propriétés en ces termes :

– lorsque le zéro (*shûnya*) est ajouté à un nombre ou soustrait d'un nombre, celui-ci demeure inchangé :

$$N + 0 = N$$

$$N - 0 = N$$

– un nombre multiplié par zéro devient zéro :

$$N \times 0 = 0$$

Brahmagupta donnera d'ailleurs, dans le même ouvrage, les règles suivantes à propos des opérations à effectuer sur ce qu'il appellera les "biens" (*dhana*), les "dettes" (*rina*) et le "nul" (*kham*).

Une dette moins zéro est une dette.
Un bien moins zéro est un bien.
Zéro (*shûnya*) moins zéro est nul (*kham*).
Une dette retranchée de zéro est un bien.
Un bien retranché de zéro est une dette.
Le produit de zéro par une dette ou par un bien est zéro.
Le produit de zéro par lui-même est nul.
Le produit ou le quotient de deux biens est un bien.
Le produit ou le quotient de deux dettes est un bien.
Le produit ou le quotient d'une dette par un bien est une dette.
Le produit ou le quotient d'un bien par une dette est une dette.

Si l'on remplace ci-dessus le "bien" et la "dette" respectivement par le "nombre positif" et le "nombre négatif", nous pouvons dire que l'algèbre moderne était née, et que les règles de base en ont été alors formulées. Ainsi, à cette époque, les mathématiciens indiens connaissaient fort bien la fameuse "règle des signes" ainsi que toutes les règles algébriques fondamentales.

"En ouvrant la voie à l'idée généralisatrice du nombre, les savants indiens ont permis l'essor de l'algèbre, et joué par conséquent un rôle essentiel dans le développement des mathématiques et des sciences exactes.
On mesure dès lors l'apport fondamental de cette brillante civilisation, qui ne s'est pas limité au seul domaine de l'arithmétique. Il aura sans doute fallu beaucoup de temps et d'imagination, et

surtout une grande faculté d'abstraction, pour en arriver là. Ces découvertes capitales ont fleuri et ont été réalisées dans un environnement à la fois mystique, philosophique, religieux, cosmologique, mythologique et métaphysique. Mais n'est-ce pas là justement l'un des traits les plus caractéristiques du génie inventif indien ?"

Georges Ifrah, *op. cit.*, p. 977.

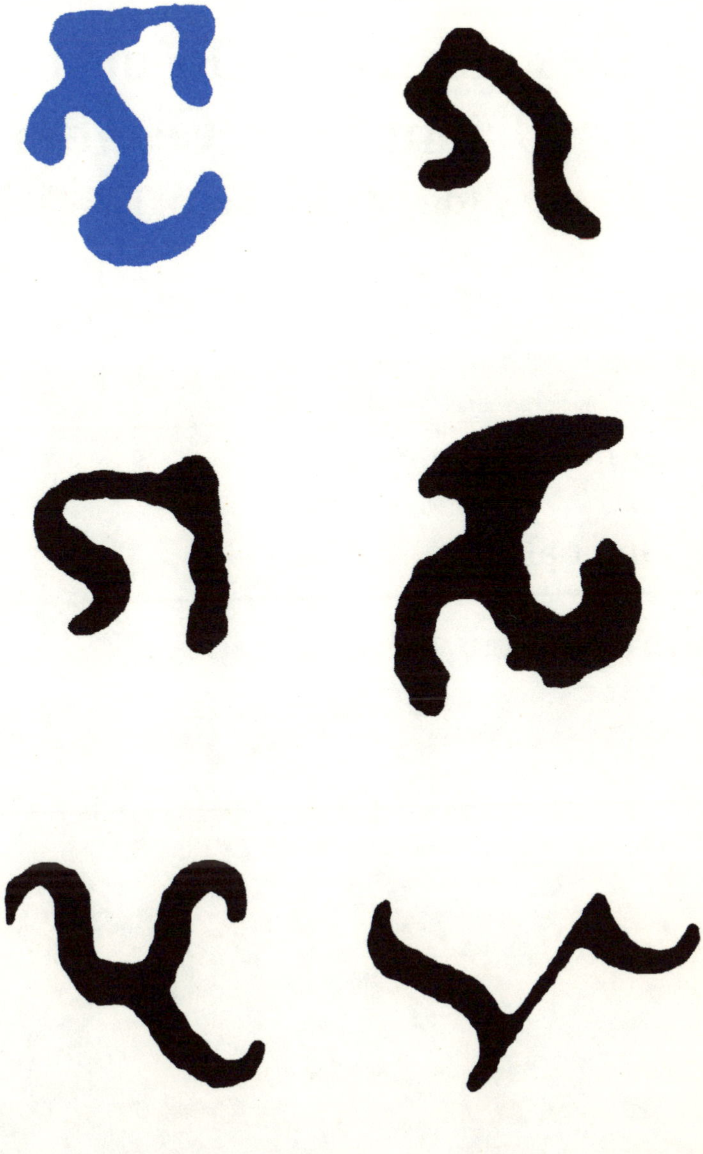

Variations du chiffre 5 selon différentes écritures indiennes.

Deuxième partie

Des chiffres indo-arabes en Orient et en Occident

(du IXe siècle au XIIe)

En route vers Bagdad

Al-jabr et algèbre

Chiffres indiens en pays arabes

1

En route vers Bagdad

Un seul vocable suffit à désigner
l'univers – disait-il ;
Mais à combien de mots nous faut-il
recourir pour l'entrouvrir ?
Edmond Jabès

Tout a commencé ce jour de l'année 773, lorsque, après un interminable voyage, une caravane lourdement chargée, venant des Indes, se présenta aux portes de Madinat al-Salam, la Ville de la Paix : Bagdad.

Comme Alexandrie (créée en 331 avant notre ère), Bagdad était une ville nouvelle, construite en trois années à peine. Comme elle, elle était coincée entre deux eaux, le Tigre et l'Euphrate. Comme elle encore, elle était traversée de canaux – chaque habitant, les riches bien sûr, se devait de posséder un âne dans son écurie et un bateau sur le fleuve. Et comme elle, c'était une ville cosmopolite. Mais alors qu'Alexandrie était une ville rectangulaire, Bagdad était circulaire. On la nommait la “ville ronde”.

Une enceinte d'une forme géométrique parfaite, qu'on aurait dit tracée au compas, présentait en son centre la mosquée et le palais du calife, d'où partaient, dans les quatre directions, de larges artères aboutissant aux quatre portes percées dans l'enceinte. Ces portes étaient le seul moyen de pénétrer dans la cité.

Ce fut par l'une d'elles, la porte de Khorassan, que la caravane regorgeant de présents pour le calife Al-Mansur (754-775) entra dans la Ville ronde et se dirigea lentement vers le palais. La foule se pressait sur son passage.
Dans l'enceinte du palais, seul le calife pouvait se déplacer à cheval. Les voyageurs descendirent de leur monture et pénétrèrent dans la salle de réception.
Chaussé de magnifiques bottines rouges, portant le manteau du Prophète, sa baguette, son sabre et son sceau, le calife, dans sa fonction officielle de "redresseur de torts", arbitrait un conflit entre deux plaignants. Mais les voyageurs ne pouvaient l'apercevoir car, comme la coutume l'ordonnait, il était dissimulé derrière un rideau.
Descendant directement du prophète Mahomet (mort en 632), le calife était, du fait de ce lien, le commandeur des croyants, titre suprême de l'Islam qui lui donnait pouvoir sur tous les musulmans du monde. (D'après Denis Guedj, *Le Théorème du perroquet.*)

Parti de quelques arpents du désert, autour de la ville de Médine, l'Islam s'était répandu avec une rapidité inouïe. L'empire islamique s'étendait des Pyrénées jusqu'aux rives de l'Indus. Sa progression ne s'essouffla qu'aux frontières de la Chine et ne subit que deux coups d'arrêt : à Constantinople (Byzance) en 717-718, où la flotte arabe fut finalement repoussée par les Byzantins, et à Poitiers, en 732, où Charles Martel stoppa l'avancée arabe.
La civilisation arabe va donc prédominer du VIIe au XIVe siècle sur une immense aire géographique. Et, si en 1236, Cordoue, capitale de l'Occident musulman et centre de la civilisation arabo-andalouse, tombe aux mains de Ferdinand III, roi de Castille, et, en 1258, Bagdad, capitale prestigieuse d'Orient, tombe sous les coups des Mongols, la science arabe reste encore brillante tout au long du XIVe siècle : du côté de l'Occident, en l'Espagne (royaume de Grenade) et en Afrique du Nord ; du côté de l'Orient, dans l'empire des Mamluks d'Égypte et, pour de plus brèves périodes, autour des observatoires de Maragha et de Samarkand.

La langue et la science arabes

En l'an 800, les populations venant à peine d'être islamisées, la religion seule ne pouvait suffire à les unifier. Il fallait un idiome commune ; ciment qui unirait des millions d'hommes fort différents. Ce fut le rôle de l'arabe. Née dans le désert, parlée par un petit groupe d'hommes, la langue arabe était toute jeune. Elle allait devenir le lien et le véhicule de la science arabe.

L'importance de la traduction

Quand on parle de science arabe, on fait allusion aux œuvres scientifiques écrites dans cette langue, devenue, lors de cette longue période, l'idiome international des lettrés et des savants.

Tout écrit, pour avoir une portée et une valeur reconnue dans les sciences, devait alors obligatoirement l'utiliser. L'effort scientifique avait mobilisé tous les peuples conquis, depuis les érudits grecs émigrés en Perse à la suite de l'oppression chrétienne jusqu'aux Andalous et aux Berbères, en passant par les Syriens, les Juifs, les Sabéens, les Turcs, les habitants d'Asie centrale ou des bords de la Caspienne.

Afin que cette langue puisse exprimer toutes les nouvelles notions scientifiques et autres (essentiellement administratives) inconnues d'elle, il avait fallu l'enrichir et l'adapter, en élargissant les champs de signification.

Or la langue arabe est d'une grande richesse ; elle offre pour chaque objet et chaque notion, une grande variété de synonymes. Les traductions du grec, du syriaque ou du latin des ouvrages scientifiques antérieurs vinrent soulever des questions de terminologie et d'identification qui augmentèrent encore l'approfondissement conceptuel des connaissances. Philologues et linguistes participèrent à cet effort.

La création d'une grande université : la "Maison de la Sagesse"

Bâtir une langue est une aventure extraordinaire et cette aventure passa par les livres. Dans le quartier d'Al-Karkh s'étendait le plus grand marché aux livres ayant jamais existé. Les ouvrages, papyrus ou parchemins, venaient de partout : Byzance, Alexandrie, Pergame, Syracuse, Antioche, Jérusalem... On les achetait à prix d'or.

Le parallèle entre Alexandrie et Bagdad s'impose à nouveau lorsque l'on apprend que Alexandrie possédait le Museum et la Grande Bibliothèque, et que Bagdad s'offrit une institution qui ressemblait comme une sœur au Museum : *Bayt al Hay Hikma*, la "Maison de la Sagesse". Les deux villes possédaient un observatoire, et une bibliothèque. Mais à la différence

La Fine Fleur des histoires, miniature par Louqman, 1583. Carte de l'univers : le globe terrestre, les sept étages du ciel, les zodiaques et la position des vingt-huit jours du mois.

d'Alexandrie où le Museum précéda la bibliothèque, Bagdad vit la bibliothèque fondée par Harun al-Rashîd précéder la Maison de la Sagesse, créée par son fils, Al-Ma'mun.
La bibliothèque de Bagdad fut l'authentique héritière de celle d'Alexandrie. Les livres arrivant à Alexandrie étaient pour la plupart écrits en grec, alors qu'aucun de ceux qui parvenaient à Bagdad, au IXe siècle, n'était écrit en arabe. Il fallut les traduire.

Traduire, traduire, traduire !

Une extraordinaire entreprise commença ! Le corps des traducteurs de la Maison de la Sagesse constitua sa plus grande richesse. Ils étaient des dizaines, venus de partout, s'affairant devant des manuscrits de toute origine. La diversité inouïe des langues à partir desquelles les transferts s'opéraient en firent une Babel savante : grec, sogdien, sanskrit, latin, hébreu, araméen, syriaque, copte. Et tous ces traducteurs étaient des savants. Pouvait-il en être autrement, compte tenu de la nature des ouvrages à traduire ? Textes scientifiques, textes philosophiques. Les Grecs d'abord : Euclide, Archimède, Apollonios, Diophante, Aristote. Tout Aristote ! Ptolémée, le géographe, Hippocrate et Galien, les médecins, Héron, le mécanicien, etc.
Dans de vastes ateliers de calligraphie, des armées de scribes œuvrèrent sans discontinuer. Les livres, écrits en arabe cette fois, commencèrent à peupler les rayons de la bibliothèque de la Maison de la Sagesse. Les copies se multiplièrent ! Tout était prêt pour que, par l'entremise de ces ouvrages, à présent accessibles, ces savoirs venus d'ailleurs se propagent dans l'immense empire arabe.
Les bibliothèques privées devinrent de plus en plus nombreuses. La plus prestigieuse, celle du mathématicien Al-Kindi, était l'objet de toutes les convoitises. Un trésor qu'à sa mort on se disputa âprement. Les trois frères Bânu Musa (Mohamed, Ahmed et Hassan), les premiers géomètres arabes, finirent par se l'approprier. Véritable institution, le trio des frères mathématiciens possédait ses propres traducteurs envoyés à grands frais à l'étranger pour recueillir les ouvrages anciens les plus recherchés.
En un rien de temps à l'échelle de l'histoire, le monde arabe parvint à associer à sa culture traditionnelle un savoir moderne d'une ampleur

considérable. Pendant sept siècles, durée à peine moins longue que celle qui sépare Thalès de Ménélaos, ce fut dans cette région du monde que les sciences prospérèrent.
Alexandrie avait eu ses Ptolémées, Bagdad eut ses califes amoureux des arts et des sciences. Une chasse aux manuscrits en tout point semblable à celle organisée mille ans plus tôt par les Ptolémées fut lancée par les califes. Après Al-Mansur, qui avait reçu le cadeau des émissaires indiens, il y eut Harun Al-Rashid, celui des *Mille et Une Nuits*, puis son fils Al-Ma'mun. Un homme étonnant que cet Al-Ma'mun. Un calife rationaliste ! Adepte passionné d'Aristote, il haïssait les intégristes, qu'il pourchassa tout au long de son règne. Il fut l'âme de la Maison de la Sagesse.
Ses troupes ayant remporté une victoire sur les armées byzantines, Al-Ma'mun proposa un étonnant échange à l'empereur d'Orient : les prisonniers contre des livres ! Le marché fut conclu et un millier de guerriers chrétiens libérés par les Arabes regagnèrent Constantinople tandis qu'en sens inverse une dizaine d'ouvrages rarissimes, fleurons des bibliothèques byzantines, arrivaient à Bagdad, accueillis dans l'exaltation à la Maison de la Sagesse.

Un cadeau merveilleux

Parmi les somptueux cadeaux transportés dans ses coffres, il en était un qui allait avoir une importance capitale pour les savants arabes : le *Siddhantha*, traité d'astronomie avec ses tables, écrit un siècle plus tôt par Brahmagupta.
Dans ses pages, se trouvait un véritable trésor. Dix petites figures !
Un, deux, trois... jusqu'à neuf. Sans oublier le dernier, le zéro !

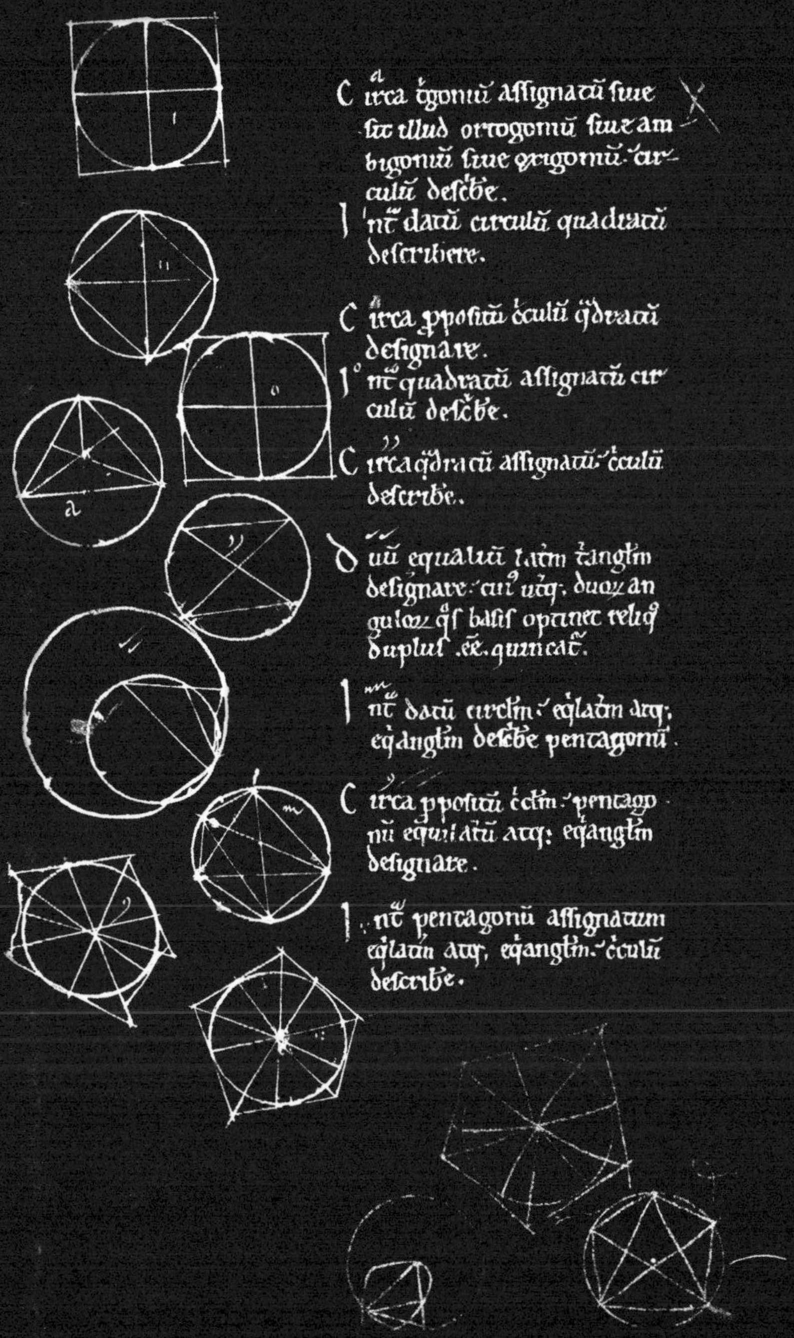

Traduction en bas latin des *Éléments* d'Euclide à partir de l'arabe généralement attribuée à Adélard de Bath.

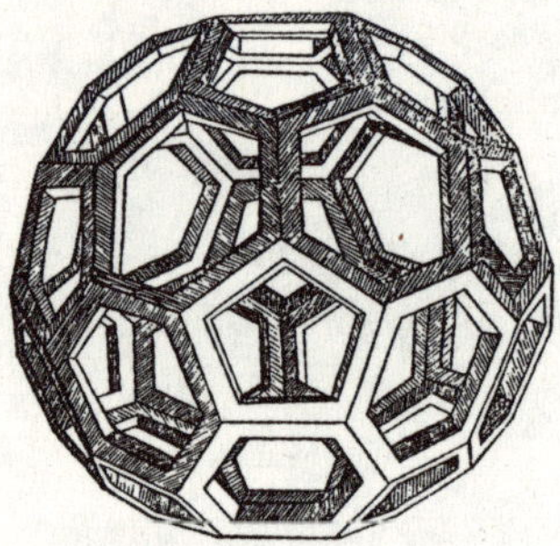

Icosaèdre tronqué (polyèdre archimédien) creux, dit aussi triacontadoèdre
(dessin attribué à Léonard de Vinci).

2

Al-jabr et algèbre

L'art est une blessure qui devient lumière.
Georges Braque

Les savants arabes et le système de numération indienne

Au-delà de la légende, divers témoignages confirment cette arrivée des sciences et des chiffres indiens à Bagdad vers la seconde moitié du VIIIe siècle.

L'astronome Al-Husayn Ben Muhammad Ben Hamid, plus connu sous le nom d'Ibn al-Adami (vers 900), rapporte dans sa Grande Table, intitulée *Collier de perles* :

> "Qu'il se présenta devant le calife Al-Mansur, dans l'année cent cinquante-six [de l'Hégire, soit 776 de notre ère], un personnage venu de l'Inde, très versé dans le calcul et qui possédait un ouvrage où tout son savoir était consigné (...)
> Le calife Al-Mansûr ordonna que cette œuvre fût traduite en arabe, afin d'aider les musulmans à acquérir une connaissance exacte des étoiles, et que l'on composât, d'après cette traduction, un ouvrage que les Arabes pussent prendre pour base de leurs calculs sur les mouvements des planètes."

Les savants indiens arrivés à Bagdad aux environs de 773 ou 776 avaient donc très probablement rapporté des Indes, parmi les ouvrages sanskrits offerts au calife et à sa suite, le traité astronomique du *Brahmasphutasiddhânta*, "système révisé de Brahma" écrit par Brahmagupta en 628 alors qu'il n'était âgé que de trente ans.

Les brahmanes, venus à Bagdad en dignes représentants de la civilisation indienne, présentèrent au calife le *Brahmasphutasiddhânta* et le *Khandakhâdya* de Brahmagupta, qui contenaient non seulement la méthode des *siddhânta* (traités d'astronomie), mais aussi le principe de la numération décimale de position, le zéro, les méthodes de calcul, ainsi que les fondements de l'algèbre indienne.

Dans sa *Chronologie des savants* (*Tarikh al huqama*), Abu'l Hassan al-Qifti exprime son admiration pour cette science indienne nouvellement enseignée : "Parmi ce qui nous est parvenu des sciences indiennes, il faut mentionner aussi le traité de calcul numérique reproduit sous une forme plus développée par Abu Jaf'ar Muhammad ibn Musa al-Khuwarizmi ; c'est la méthode de calcul la plus riche et la plus rapide, la plus facile à saisir et la plus aisée à apprendre ; elle atteste chez les Indiens un esprit pénétrant, un beau talent de création et la supériorité de discernement et de génie inventif." Georges Ifrah, *op. cit.*, p. 242.

Portrait traditionnel d'Al-Khuwarizmi.

Le témoignage cité souligne l'importance d'un des plus fameux mathématiciens de la civilisation arabo-islamique : Al-Khuwarizmi, né en 783 à Khiva dans le Kharezm (Perse) et mort à Bagdad vers 850. Nous savons peu de choses sur sa vie, si ce n'est qu'il vécut à la cour du calife abbasside Al-Ma'mun, peu de temps après l'époque où Charlemagne fut nommé empereur de l'Occident, et qu'il fut l'un des membres les plus importants d'un groupe de mathématiciens et d'astronomes qui travaillèrent à la Maison de la Sagesse, l'académie scientifique de Bagdad évoquée dans le précédent chapitre.

L'invention du mot "algèbre"

Ce savant est demeuré fort célèbre pour deux ouvrages qui ont largement contribué à faire connaître et à vulgariser les chiffres indiens et les méthodes de calcul ainsi que les procédés algébriques d'origine indienne, aussi bien dans le monde musulman qu'en Occident chrétien.

Intitulé *Al-jabr wa'l muqâbala* (*Transposition et réduction*), l'un de ces ouvrages était consacré aux procédés fondamentaux de la science algébrique. Il nous est connu dans sa version arabe, ainsi que dans une traduction latine qu'en a donnée Gérard de Crémone au Moyen Âge sous le titre de *Liber Maumeti filii Moysi Alchoarismi de algebra et almuchabala*. Ce livre fut extrêmement célèbre en son temps, au point qu'on lui doit le nom même, aujourd'hui adopté universellement, de cette branche mathématique fondamentale que l'on appelle l'"algèbre".

Son titre – *Al-jabr…* – débute par un mot arabe qui désigne l'une des deux opérations préliminaires qu'il faut effectuer avant la résolution de toute équation algébrique. Le mot *al-muqabala* désigne l'opération consistant à réduire tous les termes semblables d'une équation. Le mot *al-jabr*, lui, se rapporte à l'opération qui consiste à faire passer les termes de l'équation d'un membre à l'autre (de manière à n'avoir que des termes positifs des deux côtés de l'égalité) ; comprimé par la suite en *aljabr*, ce dernier terme sera traduit en latin par *algebra*, qui donnera lui-même naissance à notre mot "algèbre".

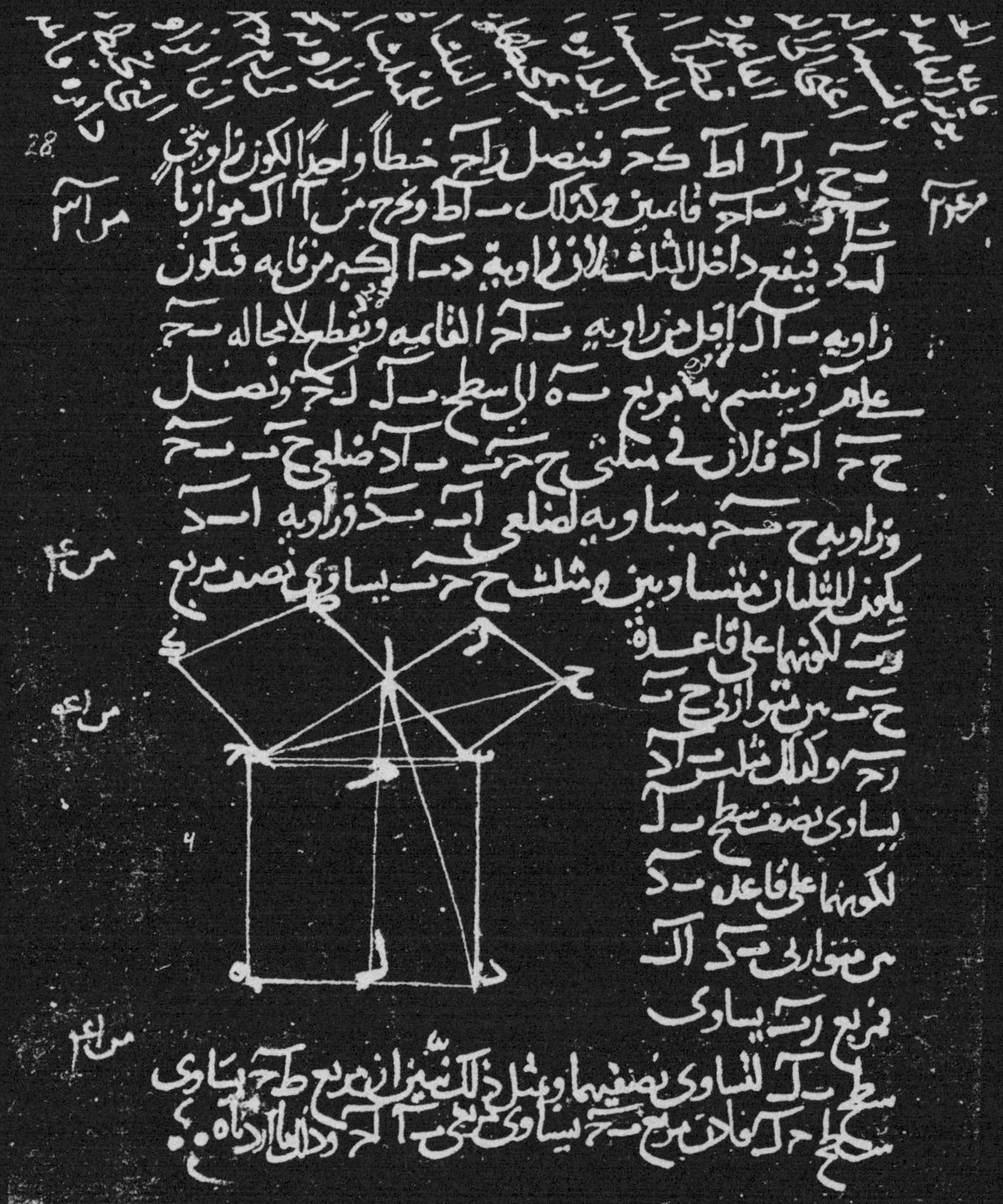

Discussion du théorème de Pythagore dans un manuscrit arabe.

Remarque

D'un point de vue étymologique, le mot *al-jabr* désigne le médecin qui remet les os en place, le "rebouteux". Il est intéressant de noter que, dans le texte biblique, Jacob devient boiteux après le célèbre épisode connu sous le nom de "Combat de Jacob avec l'ange", et que cette boiterie n'est pas réparée. Cette non-algébraïsation de Jacob nous invite à réfléchir sur le lien qui existe entre les mythes bibliques (et leur interprétation) et la naissance (et l'évolution) des mathématiques.

Astronomes et savants de l'observatoire dans la tour de Galata, à Istanbul (miniature du XVIe siècle).

Livre de l'addition et de la soustraction d'après le calcul des Indiens

Un des autres ouvrages d'Al-Khuwarizmi portait le titre arabe de *Kitab al-jami'wa'l tafriq bihisab al hind* (*Livre de l'addition et de la soustraction d'après le calcul des Indiens*). L'original est perdu, mais il reste plusieurs traductions latines réalisées à partir du XIIe siècle. C'est le premier livre arabe connu où la numération décimale de position et les méthodes de calcul d'origine indienne font l'objet d'explications détaillées, appuyées d'exemples très nombreux. Comme le premier ouvrage cité, il jouira plus tard dans les pays d'Europe occidentale d'une telle renommée que le nom même de son auteur finira par devenir la désignation générique du système.

Un nom qui passe à la postérité

Latinisé, le nom d'Al-Khuwarizmi deviendra d'abord Alchoarismi, puis il se transformera en Algorismi, Algorismus, Algorisme, et enfin Algorithme. Ce nom désignera d'abord le système constitué du zéro, des neuf chiffres et des méthodes de calcul d'origine indienne, avant même d'acquérir l'acception plus large et plus abstraite que nous lui connaissons aujourd'hui.

Sans le savoir, Al-Khuwarizmi a donc ainsi donné le nom de l'un de ses ouvrages à une branche fondamentale des mathématiques actuelles et son propre nom à la science dite algorithmique, qui est aujourd'hui à la base même de l'une des principales activités théoriques et pratiques des ordinateurs.

Le mot "algorithme" possède un sens courant qu'il ne faut pas ignorer. C'est la démarche à suivre pour résoudre un problème, mathématique ou autre.

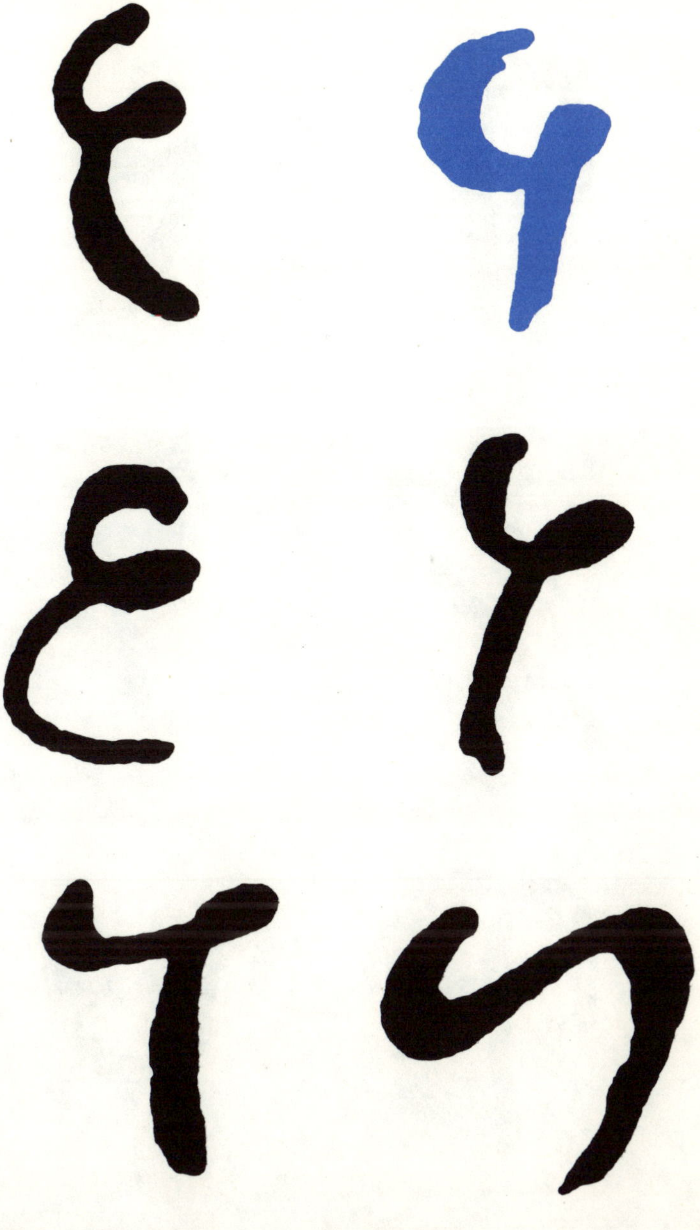

Variations du 6 en chiffres *ghubar*.

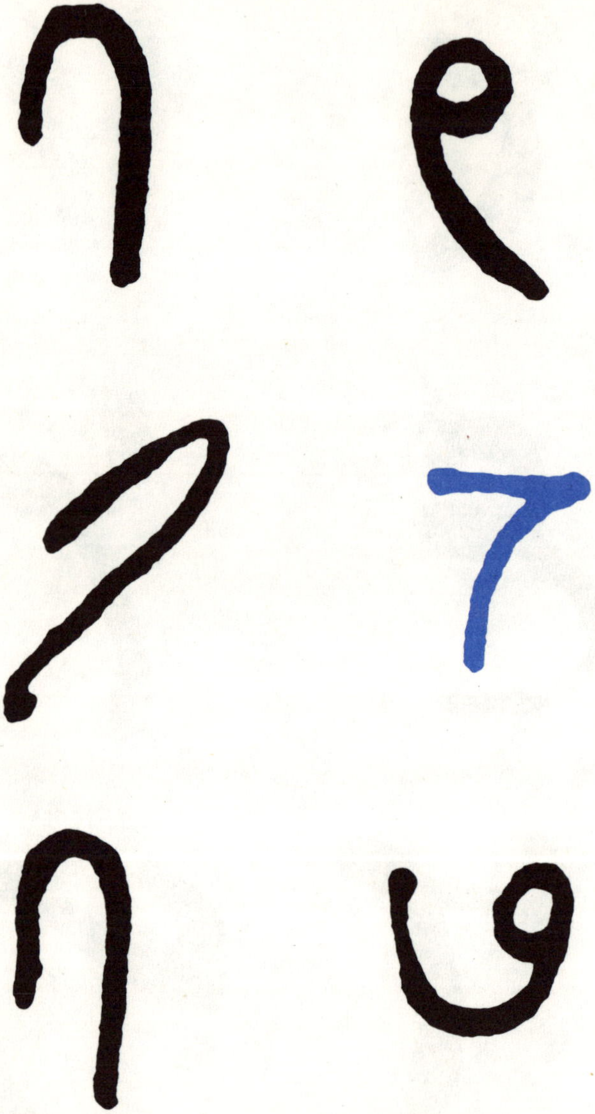

Variations du 7 en chiffres *ghubar*.

3

Chiffres indiens en pays arabes

Ce qui vient au monde pour ne rien troubler ne mérite ni égards ni patience.
René Char

Il nous faut revenir à l'évolution graphique des chiffres indiens. Nous allons montrer l'existence de deux sortes de chiffres arabes d'origine indienne. Ceux "indo-arabes orientaux" ou "chiffres hindis" (*arqam al-hindi*) et ceux "indo-arabes occidentaux", dits aussi "chiffres *ghubar*" (*arqam al-ghubar*).

Les chiffres "indo-arabes orientaux"

Quand les Arabes adoptèrent les chiffres indiens, ceux-ci ressemblaient encore à leurs sources indiennes : les neuf chiffres indiens du style *nâgari*.

le 1 indien (१) devint (١)
le 2 indien (२) devint (٢)
le 3 indien (३) devint (٣)
le 4 indien (४) devint (٤), puis : ٤
le 5 indien (५) devint (٥), puis : ٥

On peut noter que le zéro avait encore la forme d'un petit cercle, le *shûnya-châkrâ*.

Un retournement des chiffres de 90 degrés

L'évolution de ces chiffres est la conséquence de l'intégration de ces formes dans la calligraphie arabe, plus ronde et dont les supports et la manière de tenir à la fois le calame et le parchemin (ou tout support d'écriture) induisirent un retournement des chiffres de 90°. Il est intéressant de noter que, dans l'évolution de l'écriture, entre le phénicien et le grec par exemple, les lettres subirent le même retournement. Ainsi, la lettre E :

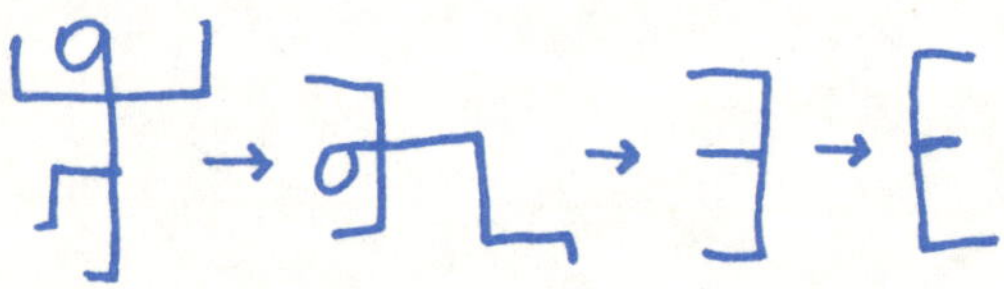

L'évolution graphique des chiffres indiens dans les pays musulmans du Proche-Orient va se réaliser selon les différentes phases suivantes :

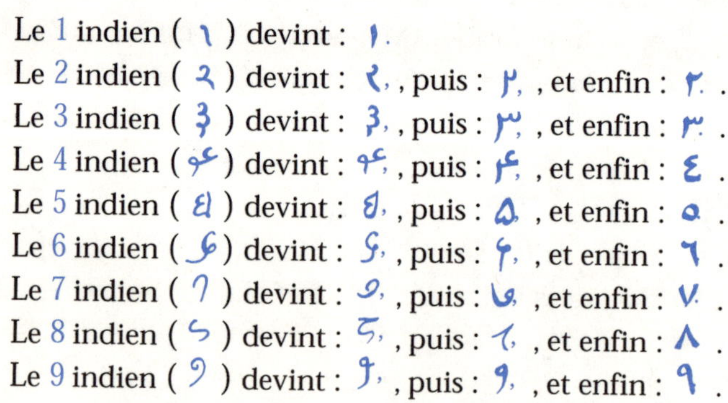

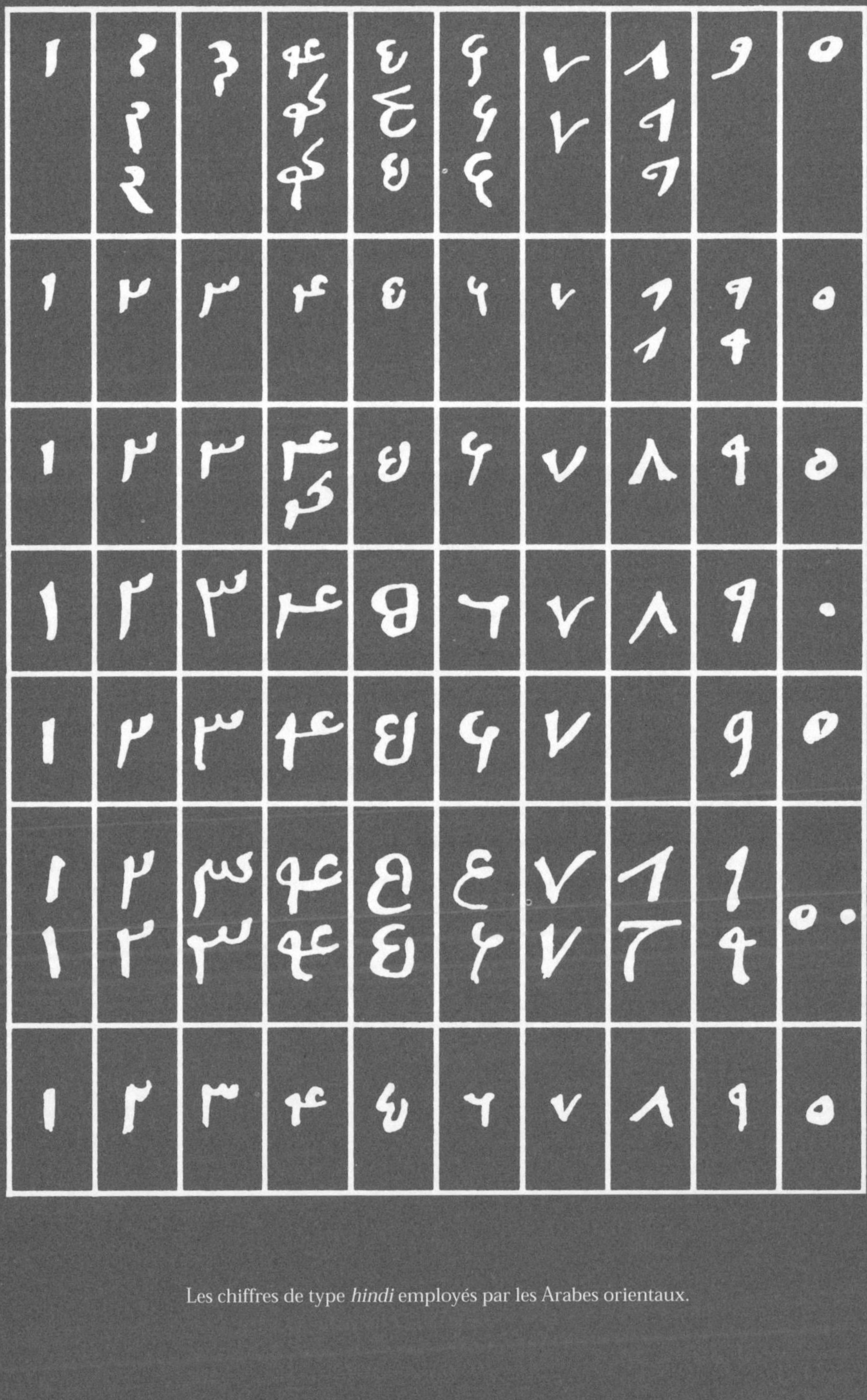

Les chiffres de type *hindi* employés par les Arabes orientaux.

La forme des chiffres "indo-arabes orientaux"

Les chiffres hindi

Au terme d'une évolution qui semble se fixer et devenir officielle déjà au XIIIe siècle, les chiffres indiens se présentent dans les pays arabes du Proche-Orient sous la forme suivante :

١	٢	٣	۴ ou ٤	٥ ou ۵	٦ ou ۶	٧	٨	٩	٠
1	2	3	4	5	6	7	8	9	0

C'est sous cette forme que les neuf chiffres d'origine indienne, et d'ailleurs appelés *arqam al-hindi* ("chiffres indiens") par les savants arabes, se sont propagés dans toutes les provinces orientales du monde musulman. Ces chiffres "indo-arabes" sont employés aujourd'hui dans tous les pays du golfe Arabo-Persique, depuis la Jordanie et la Syrie jusqu'à l'Arabie Saoudite, le Yémen, l'Irak, l'Égypte, Israël (l'arabe étant après l'hébreu la seconde langue nationale officielle), l'Iran, le Pakistan, l'Afghanistan, l'Inde musulmane, la Malaisie et Madagascar.

Le zéro, qui pendant toute l'évolution de ces signes hésite encore entre le cercle et le point, se stabilise finalement en point – victoire du *bindu* sur le *châkrâ*... À méditer ! Dans ce système de notation, le petit cercle sert à noter le 5, qui est aussi figuré par un signe en forme de cœur à l'envers.

٥ ou ۵

5

Les chiffres “indo-arabes occidentaux”

Les chiffres *ghubar*

Outre les chiffres indo-arabes orientaux, il existait dans les pays du Maghreb et d’Espagne musulmane (le mot *Maghreb* signifiant l’Ouest, l’Occident donc) des chiffres indo-arabes occidentaux desquels dérivent directement les chiffres modernes.

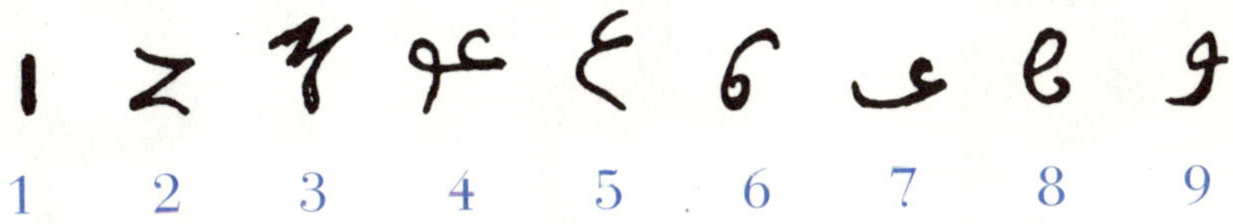

Ces chiffres indo-arabes occidentaux sont dits en arabe *arqam al-ghubar* (ou *al-ghubar* ou *gobar* – on trouve différentes transcriptions), c’est-à-dire “chiffres de poussière”, une allusion aux tablettes utilisées par les calculateurs qui les recouvraient de sable ou de poussière pour écrire et ensuite effacer et passer à d’autres calculs.

La transmission de l’arithmétique indienne aux régions arabes musulmanes occidentales s’est opérée par deux voies parallèles :

– la première, directe, met en contact des savants indiens avec cette région du monde, de la même façon qu’ils avaient rencontré leurs collègues arabes d’Orient ;

– la seconde, indirecte, par le biais de la circulation des ouvrages en arabe entre les savants arabes orientaux et les savants arabes occidentaux.

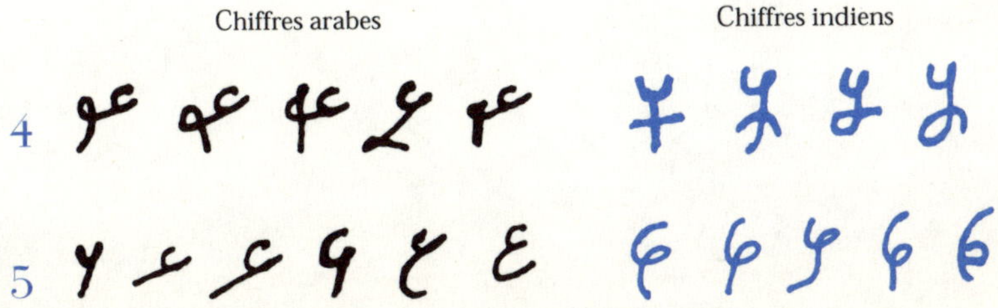

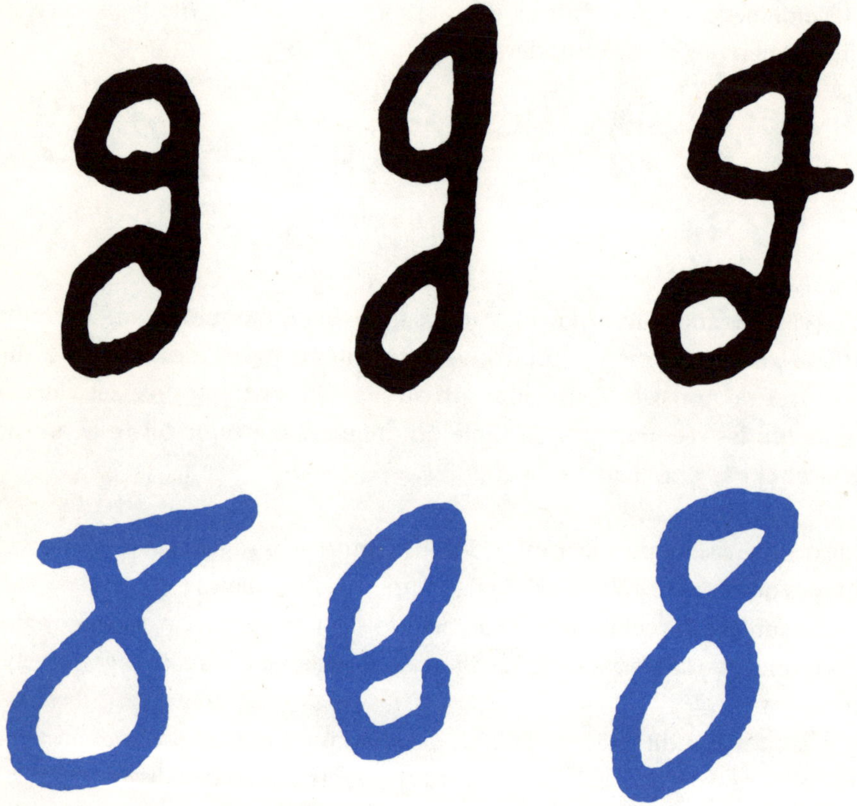

Variations du 8 en chiffres *ghubar*.

L'importance des marchands et du commerce pour la transmission des idées

Mais, fait remarquer Georges Ifrah (*ibid.*, p. 257), "il convient de ne pas exclure le rôle non négligeable que les commerçants et les négociants juifs ont très probablement dû jouer dans cette transmission". Abul Qâsim Ubadallah ibn Ahmad ibn Hauqal, géographe persan établi à Bagdad, mieux connu sous le nom de Ibn Khurdadbeh, écrit dans un ouvrage intitulé *Livre des routes et des provinces*, réalisé vers 850 de notre ère :

> "Les marchands juifs parlent aussi bien la langue arabe qu'ils manient le persan, le grec, le latin ou toute autre langue des terres européennes. Ils font d'incessants voyages du Levant au Couchant et de l'Occident à l'Orient, tantôt par mer, tantôt par les terres. Ils embarquent des terres latines (*franki*) par la mer occidentale [la Méditerranée] et se dirigent vers Farama ; de là, ils débarquent leurs marchandises, les placent dans des caravanes et se dirigent, par les terres, vers Colzom, en bordure de la mer orientale [la mer Rouge]. De là, ils rembarquent et se dirigent vers le Hejaz [l'Arabie] et vers Jiddah, pour effectuer un nouveau périple vers le Sind, l'Inde et la Chine. Puis ils retournent en emportant avec eux des produits des terres orientales... Ces voyages se font aussi par la route. Les marchands, quittant alors les terres latines, vont vers l'Andalousie, traversent le bout de mer [le détroit de Gibraltar] et passent par le Maghreb avant de traverser les provinces africaines et l'Égypte. Ils se dirigent ensuite vers Ramallah, Damas, Kufa, Bagdad et Basra, avant d'atteindre successivement Ahwaz, le Fars, Kerman, l'Indus, l'Inde et la Chine."

Ainsi, l'Inde faisait partie du passage obligé des caravanes. On conçoit aisément que les commerçants, juifs ou non, se soient trouvés dans la nécessité de s'initier à la numération et à l'arithmétique indiennes, formant ainsi l'un des points de liaison entre l'Inde et le Maghreb.

Des chiffres *hindi* aux chiffres *ghubar*

Une simple question de style

D'un point de vue paléographique, il n'y a aucune différence entre les chiffres *hindi* du Machreq (l'Orient) et les chiffres *ghubar* du Maghreb (l'Occident), les deux séries provenant d'une seule et même source : les chiffres indiens.

Les divergences entre ces deux types de notation ne tiennent en réalité qu'aux habitudes des scribes et des copistes de chacune des régions concernées. L'histoire même des styles de l'écriture arabe permet de mieux saisir le phénomène.

Le style coufi et le style nakhsi

Dès l'apparition de l'Islam, cette écriture a évolué vers deux types bien distincts : un style cursif lapidaire, dérivant de celui des inscriptions préislamiques, et un style encore plus cursif, issu directement des premières écritures manuscrites arabes, également développées dès avant l'Hégire.

De la cursive lapidaire (écriture sur pierre) est née l'écriture dite "coufique", style d'une calligraphie monumentale ou manuscrite, caractérisée par une ligne de base horizontale sur laquelle des graphies rigides et anguleuses viennent s'implanter verticalement.

Cette écriture serait venue des habitudes prises très tôt par les lapicides (graveurs sur pierre) et les scribes de la ville de Kufa (ou Coufa) sur l'Euphrate, d'où son nom. Elle servit, durant les premiers siècles de

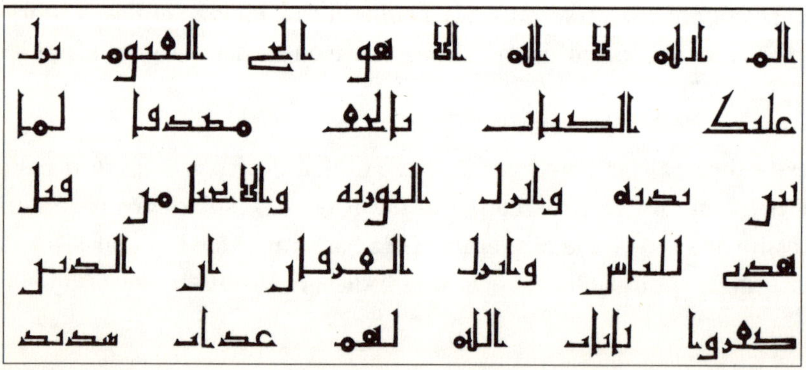

Écriture arabe, style coufique.

l'histoire musulmane, pour les textes juridiques ou religieux (et notamment pour les premiers Corans, les mosquées et les inscriptions tombales) ; d'où le caractère sacré qu'elle a conservé depuis lors.
Elle fut toutefois peu à peu remplacée par l'écriture naskhi, l'écriture courante des "copistes", dont dérive la calligraphie très soignée de l'alphabet arabe dit "d'Avicenne", le plus répandu à l'heure actuelle. Issu des anciennes cursives manuscrites arabes, ce style est caractérisé par les formes souples et arrondies que lui donne sa décomposition en menus éléments incurvés.

اَلشَّهْمُ ٱلْحَذِرُ بَعِيدُ مَطارِحِ الفِكَر * غَرِيبُ مَسارِح النَّظَر *
لَا يَرْقُدُ وَلَا يَكْرَى * إِلَّا وَهُوَ يَقِظَانُ ٱلذِّكْرَى * يَسْتَنْبِطُ ٱلْعِظَةَ
مِنَ ٱللَّمْحِ ٱلْخَفِيّ * وَيَسْتَجْلِبُ ٱلْعِبْرَةَ مِنَ ٱلطَّرْفِ ٱلْقَصِيّ * فَإِذَا
نَظَرْتَ إِلَى بَنَاتِ نَعْشٍ فَٱسْتَجْلِبْ عِبْرَتَك * وَإِذَا رَأَيْتَ بَنِي
نَعْشٍ فَٱسْتَجْلِبْ عَبْرَتَك * وَٱعْلَمْ أَنَّ مِنَ ٱلْجَوائِز * أَنْ تَرُوحَ غَداً
عَلَى ٱلْجَنَائِز *

Écriture arabe, style naskhi.

La cursive naskhi était tracée sur parchemin, sur papyrus ou sur tout autre support lisse, au moyen d'une plume d'oiseau ou d'un roseau (le *qalam*, "calame") trempé dans une encre épaisse. Mais l'écriture coufique était soit sculptée au burin sur les édifices de pierre, soit gravée à la pointe dans du bois ou du cuivre. D'où naturellement la souplesse et l'arrondi des formes de l'une, contrastant avec le caractère anguleux et la rigidité des formes de l'autre.

Les chiffres arabes orientaux *hindi*, suivent d'assez près les règles de la cursive naskhi. En revanche, les chiffres *ghubar* présentent indiscutablement, même s'il s'agit de signes cursifs, un caractère plus anguleux et plus rigide. Les courbes, les jambages et les angles sont rigoureusement identiques à ceux des lettres arabes tracées dans le style coufique.

Les Maghrébins et les Andalous étaient toujours demeurés fidèles aux anciennes traditions de l'Islam. De fait, l'écriture arabe dite maghrébine (ou africaine), répandue dès le IXe siècle à travers l'Afrique du Nord, le Soudan et l'Espagne musulmane, évolua à partir d'une écriture manuscrite dérivée du coufique.

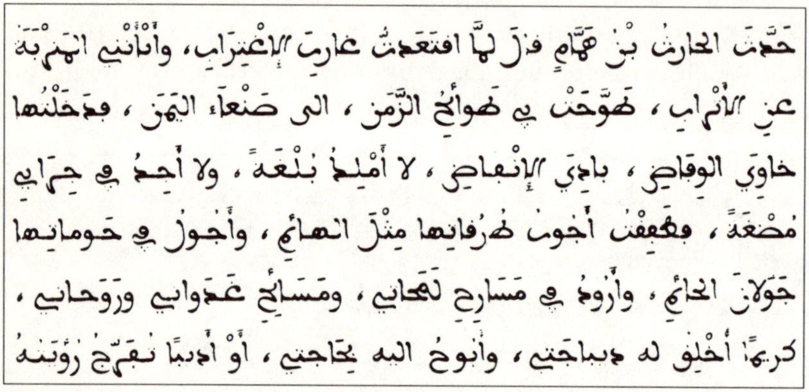

Écriture arabe, style maghrébin.

C'est sous la graphie ghubar que les chiffres indiens, en partant de l'Espagne, atteindront les peuples chrétiens de l'Europe occidentale, avant même de revêtir la forme des chiffres que nous connaissons actuellement.

Remarque

L'existence d'une numération alphabétique

Dans les pays de l'Islam a existé et existe encore, à côté de ces chiffres d'origine indienne, une numération alphabétique, comme en hébreu ou en grec. Chaque lettre de l'alphabet correspond à un chiffre. Dans cette numération, il n'y a pas de zéro et pas de numération de position. Ce furent certains conservateurs de l'Islam qui, refusant l'influence d'une culture étrangère, celle de l'Inde, préférèrent continuer à utiliser cette numération classique, de même que les exégètes du texte coranique, qui, comme les commentateurs hébraïques de la Bible, trouvaient dans la numération alphabétique une source importante pour alimenter les réflexions et les commentaires, notamment mystiques.

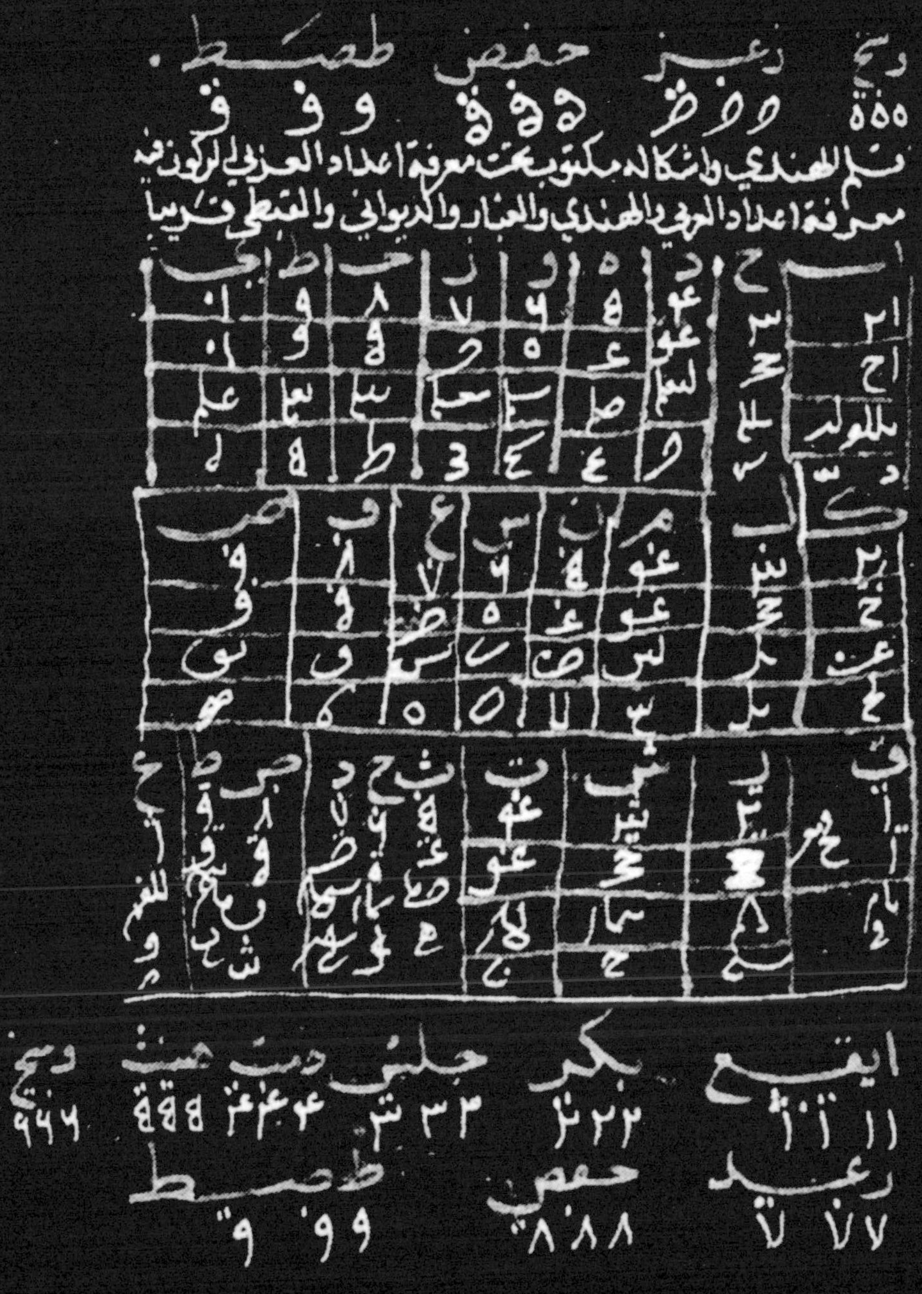

Page d'ouvrage arabe intitulé *Murshida fi sana'at al katib* ("Guide de l'art de l'écrivain"). Daté de l'an 1571-1572, il constitue une sorte de bréviaire pour tous ceux ayant l'écriture pour métier.

Troisième partie

Comment les chiffres indo-arabes arrivèrent en Occident chrétien ?

Gerbert d'Aurillac, le pape des chiffres

L'importance des croisades

Fibonacci et le *Liber Abaci*

Promenades fantaisistes

Les chiffres et l'imprimerie

Portrait de Gerbert d'Aurillac (938-1003).

1

Gerbert d'Aurillac, le pape des chiffres

Les poètes sont plus forts que le bourreau.
Erri de Luca

Commençons par une anecdote

Un riche marchand allemand du XVe siècle, suffisamment enrichi pour faire donner une instruction commerciale à son fils, alla un jour consulter un éminent spécialiste pour savoir à quelle institution il fallait confier le jeune homme. Réponse étonnante de l'expert :
– "Si vous voulez vous contenter de ne lui faire apprendre que la pratique des additions et des soustractions, alors n'importe quelle université allemande ou française fera l'affaire. Par contre, si vous tenez à pousser son instruction jusqu'à la multiplication ou à la division, si tant est qu'il en soit capable, alors il vous faudra l'envoyer dans les écoles italiennes."

Il faut dire que la pratique des opérations arithmétiques n'était pas en ce temps-là à la portée de tout le monde. Elle représentait encore un art obscur et complexe, et constituait le domaine réservé d'une caste privilégiée de spécialistes, à qui de longues et fastidieuses études transmettaient l'usage mystérieux, et combien compliqué, des vieux abaques à jetons d'origine romaine.

Il fallait alors à un étudiant plusieurs années d'études assidues et les vicissitudes d'un long voyage pour maîtriser les mystères de la multiplication et de la division : l'équivalent, en somme, d'un doctorat de nos jours. Le grand respect dans lequel on tenait ces calculateurs montre d'ailleurs à quel point les techniques opératoires étaient difficiles. Une multiplication qu'un enfant d'intelligence moyenne exécute aujourd'hui en quelques minutes exigeait alors de ces spécialistes plusieurs heures d'un travail extrêmement délicat. Et un commerçant de l'époque qui voulait connaître le montant de ses recettes hebdomadaires ou mensuelles devait nécessairement faire appel aux services d'un de ces experts du calcul. La situation restera d'ailleurs inchangée jusqu'aux XVIIe et XVIIIe siècles dans les administrations de cette vieille Europe conservatrice.

Étonnant Moyen Âge !

Durant la période du haut Moyen Âge qui s'étend en gros de la disparition de l'empire romain jusqu'à la fin du IXe siècle, l'Europe occidentale, alors dévastée par les épidémies, la famine et les guerres, fut plongée dans le plus grand désordre politique, dans la récession économique et dans l'obscurantisme le plus complet. Et bien qu'elle fût à l'origine de la philosophie médiévale, la "Renaissance carolingienne" amorcée dans les abbayes bénédictines et marquée, au temps de Charlemagne, par la réorganisation des structures de l'enseignement n'apporta au fond qu'une amélioration très superficielle à cet état de fait.

Les connaissances scientifiques dont on disposait alors étaient très élémentaires, pour ne pas dire inexistantes. Les rares privilégiés à qui l'on prodiguait une "instruction" apprenaient d'abord à lire et à écrire. On leur expliquait ensuite la grammaire, la dialectique et la rhétorique, et parfois aussi la musique théorique. Puis on leur donnait des cours, très sommaires, d'astronomie, de géométrie et d'arithmétique.

L'arithmétique "théorique" : qualité bien médiocre. L'arithmétique pratique consistait essentiellement dans l'usage de la vieille numération romaine et dans la pratique des opérations au moyen de cailloux ou de jetons sur l'*abacus* légué par la civilisation romaine, qui comprenait la manière de compter sur les doigts, transmise par Isidore de Séville (mort en 636) et Bède le Vénérable (mort en 735).

Dans cette obscurité presque totale, on en était donc venu à perdre jusqu'à la mémoire des arts et des sciences.

Avec les XIe et XIIe siècles, l'Europe s'éveille brusquement : on assiste à une intense poussée démographique entraînant elle-même tout un faisceau de conséquences (défrichement, développement des villes et des ordres monastiques, croisades, construction d'églises plus spacieuses) : les prix montent, la circulation monétaire s'accroît et, dans la mesure où les souverains maîtrisent peu à peu l'anarchie féodale, le commerce renaît. Des contacts internationaux plus fréquents favorisent alors l'introduction de la science arabe en Occident.

Un nouveau pape est appelé à régner : Gerbert d'Aurillac

Étonnante destinée que celle de ce génie. L'intelligence exceptionnelle de ce jeune berger auvergnat attira l'attention d'un moine d'Aurillac. Né vers 938, Gerbert d'Aurillac est d'abord novice au couvent de Saint-Géraud, où il apprend tout ce qu'on peut lui enseigner. Son supérieur l'envoie alors en Catalogne, au monastère de Vich.

Hatton, évêque de ce diocèse espagnol, cultive les arts mathématiques et l'astronomie. Il apprécie les talents et l'intelligence du jeune Gerbert et en fait son secrétaire. Gerbert se met ainsi à l'école d'un maître qui lui apprend à se servir de l'astrolabe et lui enseigne le système de numération ainsi que les méthodes de calcul d'origine indienne qu'il avait sans doute lui-même recueillies au cours d'un ou plusieurs séjours en Espagne musulmane.

Une autre version de l'histoire veut que, pour son initiation au calcul indo-arabe, Gerbert d'Aurillac soit allé lui-même jusqu'à Séville, à Fès et à Cordoue, et qu'il se soit introduit dans les universités arabes sous le déguisement d'un pèlerin musulman.

Cela n'est pas impossible, mais il est tout de même plus vraisemblable qu'il soit demeuré en Espagne chrétienne, dans le monastère de Santa Maria de Ripoll, qui offrait "un exemple saisissant de la greffe d'éléments arabes sur la tradition isidorienne" (selon Gérardin), la petite ville catalane de Ripoll ayant en effet servi d'intermédiaire entre les mondes chrétien et musulman.

Quoi qu'il en soit, Gerbert possède alors une connaissance parfaite des chiffres indo-arabes et de leur numération et Hatton l'emmène à Rome en 965. La sagesse du jeune moine grandit avec son savoir, de même que ses

capacités diplomatiques. C'est ainsi qu'il se fait de très nombreux amis dans la capitale de la chrétienté. À son retour, il se mêle de politique et favorise l'accession au trône d'Hugues Capet.
De 972 à 987, il dirige l'école diocésaine de Reims. Son enseignement exerce alors une influence prépondérante sur les écoles de son temps, et suscite à nouveau le goût pour les mathématiques en Occident. C'est bien lui qui est à l'origine de la première introduction des chiffres "indo-arabes" en Europe occidentale. Des chiffres, mais pas tous les chiffres, neuf seulement ! Pas de zéro, ni aucune des méthodes de calcul d'origine indienne.
Après avoir dirigé l'abbaye italienne de Bobbio, il devient conseiller du pape Grégoire V et prend successivement la tête des archevêchés de Reims et de Ravenne. Il est enfin élu pape le 2 avril 999, sous le nom de Sylvestre II, avant de s'éteindre le 12 mai de l'an 1003.

Gerbert aurait très bien pu jouer un rôle comparable à celui que tint dans le monde arabo-musulman le savant d'origine persane Al-Khuwarizmi. Il aurait pu en effet diffuser en Occident chrétien les découvertes indiennes, introduites un peu moins de deux siècles plus tôt au Maghreb et en Andalousie. Mais il ne fut pas suivi par ses pairs.

Que s'est-il donc passé ? En réalité, l'initiative de Gerbert s'est heurtée à une grande résistance, due essentiellement au conservatisme des peuples chrétiens qui se sont, pour ainsi dire, agrippés à la numération et aux méthodes de calcul d'origine romaine.
Il est vrai que la plupart des clercs de l'époque, se considérant alors comme les dignes et fidèles héritiers de la "grande" tradition de Rome, ne pouvaient admettre facilement la supériorité d'une autre méthode.

Les apices

Le "cheval de Troie" des chiffres modernes

Mais l'échec de Gerbert ne fut pas total. Car en inventant un nouveau modèle d'abaque, Gerbert introduisit les neuf chiffres inscrits sur des jetons appelés apices (prononcez "apicèsses"). En effet, Gerbert mis au point un *abacus*, une sorte de planche à calcul qui simplifiait les abaques romains classiques.

Calculateurs professionnels sur abaques avec jetons.

Comme leurs prédécesseurs romains, les calculateurs européens du Moyen Âge effectuaient leurs opérations arithmétiques grâce à un jeu subtil – fort compliqué – de jetons disposés sur des tables réglées d'avance sur lesquelles des divisions en lignes et en colonnes délimitaient les différents ordres décimaux.

Sur les colonnes de l'*abacus* romain, on posait autant de *calculi* (jetons de calcul à valeur d'unité simple) qu'il y avait d'unités dans l'ordre considéré. Gerbert d'Aurillac, sous l'influence des méthodes andalouses et maghrébines, eut l'idée d'en réduire l'encombrement et d'en simplifier les modalités matérielles.

Gerbert se débarrassa donc des jetons à valeur d'unité simple pour les remplacer, dans chaque colonne prévue, par un jeton unique en corne, sur lequel fut portée l'indication du nombre correspondant au moyen des neuf chiffres indo-arabes qu'il avait appris lors de son séjour à Vich ; jetons que

Représentation de l'Arithmétique extraite de la *Margarita philosophica* (1503) de Gregor Reisch.
Au début, les chiffres indo-arabes mirent plusieurs siècles pour détrôner le boulier romain.
Ces nouveaux chiffres parurent tout à fait insolites. Si vous retourner la page,
vous remarquerez que l'artiste a représenté une opération totalement fantaisiste.

l'on désigna alors du nom générique d'*apex* au singulier et d'*apices* au pluriel et qui reçurent chacun un nom individuel :

Igin = 1
Andras = 2
Ormis = 3
Arbas = 4
Quimas = 5
Caltis = 6
Zenis = 7
Temenias = 8
Celentis = 9

On reconnaît dans ces noms des sonorités arabes, comme *arbas* pour "quatre" et *temenias* pour "huit". Mais on y entend aussi des sonorités latines, comme le *quimas* de "cinq", et grecques comme le *andras* de "deux".

Par le biais de l'enseignement oral du calcul sur un abaque d'un type complètement nouveau, préconisé dès le début du XIe siècle par Gerbert d'Aurillac et ses disciples (parmi lesquels Bernelinus, Gerlandus, Alhandreus, Remi d'Auxerre, Radulfus de Liège, Fulbert de Chartres, Papias, Heriger, Adelbold et Ragimbold, pour ne citer que les plus célèbres écolâtres de Cologne, Chartres, Reims ou Paris), se diffusèrent, lentement mais efficacement, les neuf chiffres de la nouvelle numération. L'abaque de Gerbert fut un véritable "cheval de Troie" numérique qui permit de surmonter l'opposition farouche à toute modification dans les habitudes de pensée numériques de cette époque du Moyen Âge.

Les apices de Boèce

Les formes les plus diverses revêtues par les neuf chiffres "indo-arabes" à l'époque médiévale européenne ont longtemps été désignées sous le nom d'*apices* de Boèce. La raison de cette dénomination est que ces chiffres ont d'abord été révélés aux savants modernes par un ouvrage célèbre portant le titre de *Geometria Euclidis* (*Géométrie d'Euclide*), dont on a longtemps attribué la paternité à Anicius Mantius Severinus Boetius (Boèce), mathématicien latin du Ve siècle de notre ère. Cette *Géométrie* est en réalité une œuvre apocryphe, composée par un auteur anonyme du XIe siècle.

L'auteur de cette œuvre prétendait que les neuf chiffres ainsi dessinés par lui, de même que leur usage suivant le principe de position, étaient une invention des pythagoriciens, liée selon lui à l'emploi de l'abaque à colonnes chez les Grecs de l'Antiquité. Et c'est ce qui explique que de nombreux érudits du XIXe siècle, partant de cette assertion, aient formulé maintes conjectures tentant de concilier cette hypothèse avec les faits relatifs à la propagation des chiffres indiens. Ce qui est une absurdité, l'emploi de ces chiffres et du système décimal positionnel ayant été totalement étranger aux mathématiciens de la Grèce antique.

L'influence des styles d'écriture

L'adaptation des chiffres *ghubar* des Arabes occidentaux aux différents types d'écriture de l'Europe médiévale produisit une multiplicité de styles de dessin des chiffres sur les *apices*. Ainsi découvre-t-on des changements d'une époque à l'autre, d'une contrée à l'autre, d'une école à l'autre, et même d'un graveur à l'autre.

Ces chiffres prirent tantôt les formes arrondies des lettres de l'écriture italienne, tantôt les formes étroites et aiguës des lettres anglaises, tantôt le caractère plus lourd et plus anguleux de l'écriture allemande, alors qu'en France et en Espagne ils revêtirent des lettres calligraphiées dans le style de la plus pure tradition caroline.

Une pareille diversité a d'ailleurs été constatée en Inde et dans les civilisations indianisées de l'Asie du Sud-Est, par exemple, où, selon la région et l'époque, les scribes et les lapicides ont, pour ainsi dire, modelé la forme initiale des neuf chiffres significatifs indiens suivant leurs propres habitudes scripturaires et leur souci d'esthétique, aboutissant ainsi à des séries numérales aux graphismes apparemment originaux. Une pluralité semblable a également été observée dans le monde arabo-musulman, dont les scribes et les copistes ont adapté les mêmes chiffres aux divers styles de l'écriture arabe (comme nous l'avons montré dans le chapitre sur les styles *naskhi* et *koufi*).

La tête à l'envers

Les pions étaient souvent posés sur les colonnes de l'abaque sans que l'on tînt compte du sens originel du dessin. Dans beaucoup d'écoles, on prit donc l'habitude d'utiliser les *apices* à l'envers. Et c'est ainsi que le 5 s'est trouvé quelquefois la tête en bas ; de même, dans certaines régions, le 9 fut couché sur le côté droit ou le côté gauche, tandis que dans d'autres, on le disposait comme le 6 actuel.

Certains scribes ou graveurs en vinrent même à substituer à la forme correcte de l'archétype initial celle qui leur était coutumière ou qui leur avait semblé plus "logique". La confusion fut donc bientôt sans remède, les livres eux-mêmes enseignant désormais l'envers pour l'endroit. Assurément, la solution eût été de marquer d'un point ou d'un trait le bas de chaque jeton de corne. Mais on se contenta de différencier les deux seuls chiffres pouvant alors prêter à confusion, en attribuant au 6 un tracé toujours anguleux et en conservant au 9 une forme très arrondie.

Remarque

Comme le précise Georges Ifrah, "les *apices* du Moyen Âge ne sont cependant pas à l'origine de nos chiffres actuels. Il faudra attendre 'l'après-croisades', marqué par un abandon définitif des formes précédentes et par un retour aux graphies arabes d'origine, pour assister à une stabilisation progressive des chiffres et voir ces derniers acquérir peu à peu l'allure définitive que nous leur connaissons aujourd'hui"...

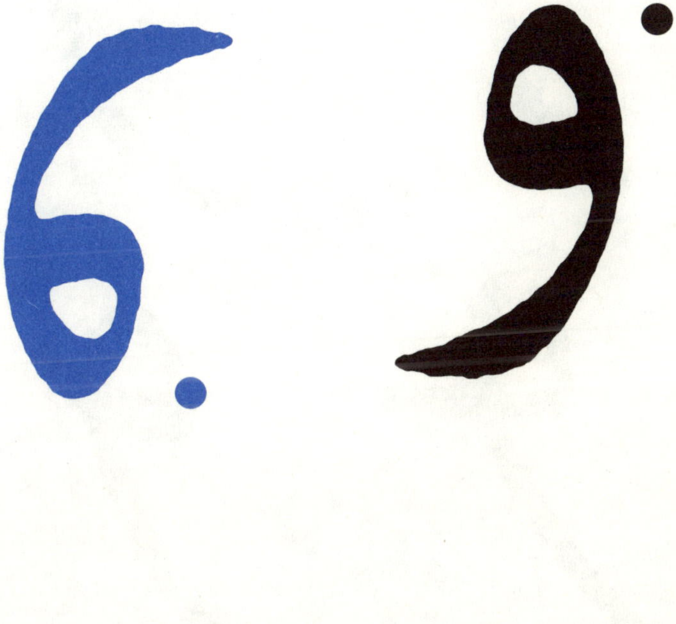

Le 6 et le 9 se différenciaient sur les jetons par un point supérieur ou inférieur.

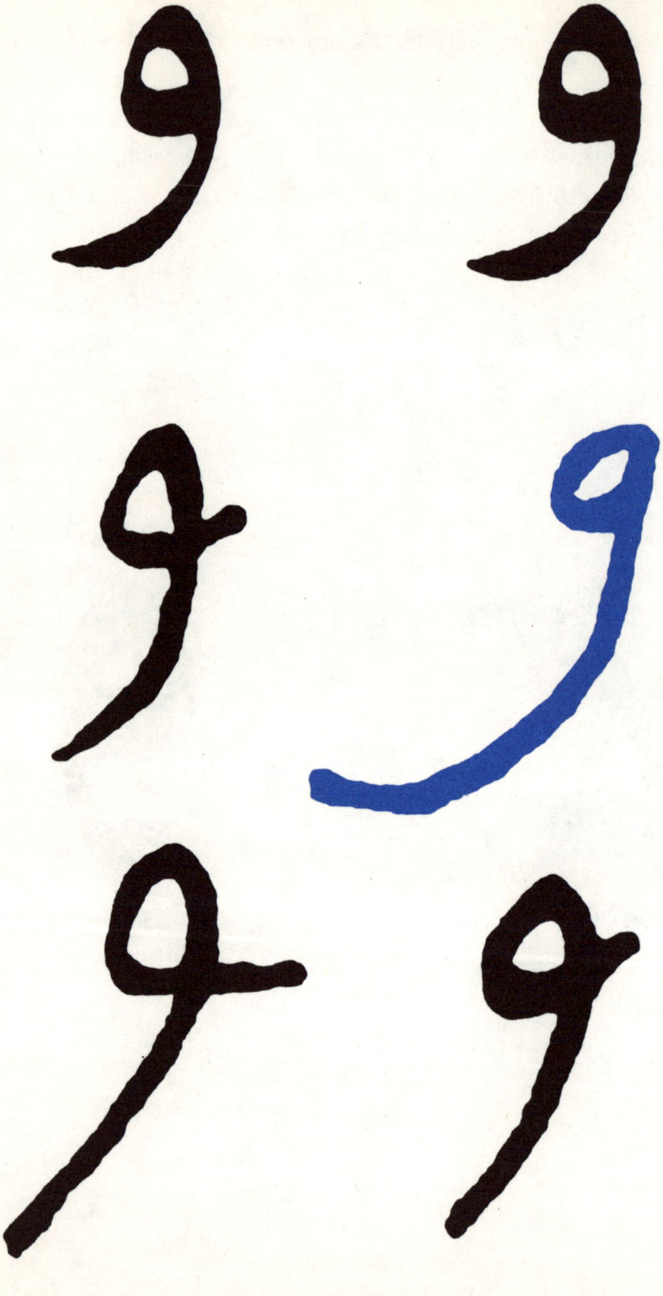

Variations du 9 en chiffres *ghubar.*

2

L'importance des croisades

Béni soit le même soleil d'autres contrées
qui me rend frère de tous les hommes,
puisque tous les hommes, un moment
dans la journée, le regardent comme moi,
et en ce moment pur,
tout de sérénité et de tendresse,
ils retournent dans l'affliction
et avec un soupir à peine sensible
à l'Homme véritable et primitif
qui voyait naître le soleil
et ne l'adorait pas encore,
parce que cela est naturel – plus naturel
qu'adorer l'or et Dieu
et l'art et la morale...
Fernando Pessoa

On peut considérer qu'historiquement, l'introduction des chiffres en Occident européen s'est faite en trois étapes.

La première, que nous avons exposée dans les chapitres précédents, est la révolution en partie réussie de Gerbert et de son cheval de Troie numérique que furent son nouveau modèle d'abaque et ses notations sur *apices.*

La seconde coïncide avec un épisode fondamental, voire fondateur, de l'histoire de l'humanité : les croisades.

La troisième étape, que nous verrons un peu plus loin, est le phénomène des traductions des œuvres grecques, arabes et indiennes en latin et de l'œuvre de Fibonacci.

Le tombeau du Christ et le zéro

Les croisades permirent aux Européens un nouveau contact massif avec les Arabes. C'est par centaines que des savants allaient se retrouver dans la proximité sociale et intellectuelle des mathématiciens arabes, de leurs outils de calculs, les chiffres indo-arabes, et de leur mode opératoire, la numération de position et l'existence du zéro. De plus, les croisades survinrent lors d'un tournant théologique d'une portée fantastique, comme nous allons l'expliquer.

En effet, nous avons pu remarquer dans l'évolution des chiffres en Occident chrétien une farouche opposition que nous avons mise sur le compte d'un conservatisme et de la volonté de préserver les privilèges d'une classe sociale : les calculateurs professionnels. Nous avons souligné aussi le fait que lorsque Gerbert introduisit les chiffres, cela ne concernait que les neuf premières unités, et pas le zéro.

L'origine de l'opposition à la nouvelle numération est peut-être plus théologique et philosophique qu'il n'y paraît au premier abord. Nous sommes alors dans une théologie chrétienne de la plénitude où Dieu "emplit le ciel et la terre" et où aucune place n'est réservée au vide et au néant !

Ainsi, le zéro fait peur ! Il existait à cette époque une impossibilité de penser le zéro et à l'accepter. Les mentalités n'étaient pas encore prêtes.

Va alors se produire un phénomène que peu de chercheurs ont perçu et formulé : l'importance épistémologique des croisades concernant la question du zéro.

Georges Ifrah offre une magnifique citation dont la profondeur, je crois, n'a pas encore été suffisamment mesurée. Il rapporte une réflexion du mathématicien Carl Jacobi (1804-1851), dans son *Discours sur Descartes,* qui analyse en quelques traits rapides la période historique connue sous le nom de Renaissance européenne.

Jacobi écrit :

> "Finalement, la chrétienté, lasse de prier devant les ossements de ses martyrs, se rendit en foule à la tombe même du Sauveur, pour constater pour la seconde fois que le sépulcre était vide et que le Christ était déjà ressuscité. Alors, elle se réveilla des torpeurs de la mort. L'Europe revint à l'activité de l'existence. Ce fut un renouveau fébrile dans les arts et les sciences. Les cités se mirent à refleurir. Cimabue découvrit à nouveau l'art éteint de la peinture, et Dante celui de la poésie.

> C'est alors que des esprits audacieux comme Abélard et saint Thomas d'Aquin osèrent introduire dans le catholicisme les idées de la logique d'Aristote. Et c'est ainsi que fut fondée la philosophie scolastique (...) À la fin, l'aube se leva, et l'Europe, rassurée de nouveau, se mit à tirer profit de ses dons et à créer la connaissance de la nature fondée sur l'indépendance de la pensée (...)"

Nous soulignons dans cette citation la formule "le sépulcre était vide", articulée dans une sorte de logique causale remarquable : "Alors elle [la chrétienté] se réveilla des torpeurs de la mort."

Certes, les textes théologiques avaient habitué les croyants à l'idée d'un tombeau vide, mais le fait d'en faire l'expérience, de faire coïncider l'histoire vécue et les textes de la foi, produisit un choc existentiel et théologique révolutionnaire. Le tombeau vide fut la découverte du vide... La possibilité de l'acceptation, enfin, de l'idée de vide. Le vide existait et ce vide ne faisait plus peur, car il était lié, par une expérience vécue, à la vie ressuscitée du Christ.

Et si le vide était enfin possible, pensable et acceptable, l'idée du zéro le devenait aussi et de même la numération de position qui lui était associée !

Ironie de l'histoire

Reconquérir la science et la culture n'était pas tout à fait l'objet des croisades. Et pourtant, ce fut là exactement le résultat de ces guerres insensées.

De 1095 à 1270, les puissants princes et les chevaliers chrétiens essayèrent, par le glaive, d'imposer leur religion et leurs traditions aux "infidèles" de l'Orient. Grâce aux nombreux échanges impliqués par ces guerres avec les musulmans d'Orient, certains clercs de la suite des croisés apprirent le calcul écrit à la manière indo-arabe.

Progressivement, l'*abacus* de Gerbert et de ses émules tomba en désuétude. Et peu à peu, les chiffres furent tracés sur le sable ou la poussière au lieu d'être gravés sur des jetons de corne, entraînant du coup la disparition même des colonnes de l'abaque. D'où un calcul aux méthodes plus simples, plus pratiques, plus élégantes et plus expéditives, que l'on désigna dès lors sous le nom d'algorisme, en référence au nom même d'Al-

Colantonio, *Les Trois Marie autour de la tombe et la réssurrection du Christ* (vers 1470), peinture en bois (40,6 x 24,1 cm).

Khuwarizmi, le premier savant du monde musulman à en avoir vulgarisé l'usage, comme nous l'avons vu plus haut.
Comme le souligne Georges Ifrah, les premiers "algoristes" européens sont nés aux portes même de Jérusalem assiégée.
Cette fois, les chiffres "indo-arabes" allaient donc bien pénétrer en Occident en même temps que le zéro et les méthodes de calcul d'origine indienne. (Contrairement aux "abacistes", les tout nouveaux experts européens du calcul écrit furent bien obligés d'adopter le zéro pour marquer les unités manquantes et éviter de la sorte toute confusion dans les représentations et les opérations.)
Ironie de l'histoire donc… À l'encontre du résultat escompté, les croisés revinrent chez eux enrichis par les fondements de la culture qu'ils étaient venus combattre en Terre sainte : une nouvelle manière de compter, l'utilisation de nouveaux chiffres et une nouvelle théologie qui, comme nous en avons souligné l'importance, laissait une place pour le vide et le zéro ! Ce qui permit de réaliser, en fin de compte, le progrès que ni la science ni les initiatives de Gerbert d'Aurillac n'avaient réussi, deux ou trois siècles plus tôt, à imposer à l'Occident.

Remarque

Cette époque constitua une étape décisive non seulement dans la diffusion des méthodes de calcul d'origine indienne, mais encore dans la rationalisation des formes cursives des chiffres correspondants.
Les chiffres acquirent peu à peu une forme cursive qui tendit à se stabiliser pour prendre définitivement l'aspect que nous lui connaissons à l'heure actuelle. Autrement dit, c'est bien au XIIe siècle, et non au XVIe siècle, qu'il faut placer les racines véritables de la graphie de nos chiffres modernes.

La querelle des "abacistes" et des "algoristes"

Au XIIIe siècle, la bataille entre algoristes et abacistes était encore loin d'être gagnée. Un certain nombre de calculateurs, alors enfermés dans des routines tout imprégnées des numérations et des règles archaïques, continuaient encore à prôner l'usage de l'abaque à jetons. La résistance demeurait très vive, les défenseurs acharnés des vieilles traditions ne désarmant toujours pas.

La querelle entre les "algoristes" (à droite) et les "abacistes" (à gauche) d'après une illustration parue dans l'ouvrage *The Ground of Artes* du mathématicien anglais Robert Recorde (1510 - 1558).

Les calculateurs professionnels de l'époque, ceux qui pratiquaient les opérations sur l'abaque à jetons, formaient en réalité une puissante caste placée sous la haute protection de l'Église. Voulant garder jalousement pour eux les secrets de cet art, soucieux de préserver leur monopole, voyant leur gagne-pain menacé, ils ne voulaient pas entendre parler de cet algorisme révolutionnaire qui mettait l'arithmétique à la portée de n'importe qui. Lorsqu'un savoir, même aussi rudimentaire à nos yeux, mais combien subtil à ceux de nos ancêtres, confère un pouvoir, ou tout au moins des privilèges, il est difficile de le partager.

Les "algoristes" se sont trouvés confrontés à un véritable veto ecclésiastique et à une levée de boucliers de la part de la caste des calculateurs professionnels. Veto qui fut maintenu en divers endroits jusqu'au XVe siècle. Il semble bien, en effet, que l'Église ne voulut rien faire pour favoriser une démocratisation du calcul qui aurait sûrement entraîné pour elle une perte de monopole en matière d'enseignement et, par conséquent, une baisse de son pouvoir et son influence. Elle préféra que le calcul reste du ressort exclusif des spécialistes de l'abaque, qui étaient d'ailleurs des clercs pour la plupart. Les chiffres "arabes" et le calcul écrit demeurèrent donc, pour un temps, frappés d'une sorte d'interdit. Tant et si bien que les amateurs d'algorisme se trouvèrent dans l'obligation d'en user en cachette, un peu comme d'un code secret. C'est de là que vient cette étymologie du mot "chiffre" (à l'origine désignant le "zéro"), pour parler de quelque chose de secret, de caché, de chiffré !

L'époque des traductions

La création des universités (XIIe-XIIIe siècles)

La troisième étape de l'introduction des chiffres dans l'Occident européen fut la rencontre avec le monde musulman par le biais des traductions.

Cela se fit de l'autre côté de la Méditerranée, par la Sicile, et surtout par le Maghreb et l'Espagne, et fut aussi pour une grande part la cause de la réapparition du savoir et du développement de la connaissance.

Le premier ingrédient de cette renaissance fut l'enthousiasme avec lequel les intellectuels de toute l'Europe réunirent pour les traduire en latin les documents de l'Antiquité grecque traduits en arabe, et les textes arabes originaux. Plusieurs faits attestent cet enthousiasme : des Italiens, des Anglais, des Français et des Allemands traduisirent l'arabe à l'école de

Une leçon à l'Université (miniature du XIVe siècle sur parchemin).

Tolède ; Gerbert d'Aurillac se rendit en Espagne musulmane, comme nous l'avons dit plus haut, et le philosophe Adélard de Bath se convertit à l'Islam par amour du savoir. Grand voyageur, Adélard passa plusieurs années en Asie mineure, en Égypte, en Espagne, et rapporta de Cordoue, d'après les textes arabes, la première traduction des *Éléments* d'Euclide. Adélard traduisit également les tables astronomiques d'Al-Khuwarizmi et probablement aussi l'arithmétique du même auteur.

Dès le XIIe siècle, l'activité des traducteurs et des compilateurs d'ouvrages arabes ou d'œuvres grecques ou indiennes traduites dans cette langue devint florissante en Espagne.

Certaines traductions relancèrent les études mathématiques : les *Éléments* d'Euclide (par Adélard de Bath et Gérard de Crémone), les ouvrages d'arithmétique et d'algèbre du Persan Al-Khuwarizmi (par Adélard de Bath et Robert de Chester), le *De mensura circuli* d'Archimède (par Gérard de Crémone et Platon de Tivoli), le *Liber Trium Fratrum*, recueil de géométrie gréco-arabe du IXe siècle (par Gérard de Crémone). Les orientations étaient nouvelles, presque antigrecques, en ce sens que les mathématiques n'étaient plus étudiées pour elles-mêmes ni pour le seul plaisir du philosophe, mais pour les applications qu'exigeaient les temps nouveaux.

Un centre d'études se constitua peu après en Espagne chrétienne, à Tolède, sous l'impulsion de l'archevêque Raymond.

Juif converti, Jean de Luna y composa un *Traité de l'algorisme* ; c'est à Tolède que Gérard de Crémone (1114-1187), qui dépensa pour faire des traductions une activité considérable, venait de retrouver les éditions arabes de l'*Almageste* de Ptolémée.

À partir de la même époque, des matériaux plus abondants parvinrent aux écoles françaises, allemandes, anglaises, italiennes et espagnoles, où ils furent accueillis avec intérêt… Par l'éclatement du cadre étroit des anciennes écoles monastiques, de grandes écoles d'enseignement – les universités – commencèrent à se créer. Au début, elles conservèrent le caractère des grandes écoles monastiques. Mais dès que ces nouvelles créations eurent acquis leur autonomie, elles se donnèrent des constitutions et reçurent des privilèges. Les éléments de ce qui avait été le trivium (logique, grammaire, dialectique) et le quadrivium (arithmétique, géométrie, musique et astronomie) furent dès lors enseignés à la faculté des arts, discipline de l'université où tous les étudiants devaient passer avant de s'orienter vers une des trois autres sections : théologie, droit et médecine.

La mathématique, qui était devenue indépendante et englobait l'enseignement du quadrivium, restait, dans le programme, subordonnée à la philosophie et à la théologie, accomplissant cependant dès lors des progrès réguliers.

Les contacts culturels entre les deux mondes se multiplièrent, amenant chaque jour un flot de plus en plus considérable d'Européens désireux de s'instruire en arithmétique, mathématique, astronomie, sciences naturelles et philosophie.

Lentement mais sûrement, cette époque (XIIe-XIIIe siècles) amena donc l'Europe, par cet intermédiaire, à la connaissance des œuvres d'Euclide, d'Archimède, de Ptolémée, d'Aristote, d'Al-Khuwârizmi, d'Al-Biruni, d'Ibn Sïna et de bien d'autres encore.

Portrait de Léonard de Pise, dit Fibonacci (1170-1240). Son livre *Liber Abaci*, publié en 1202, fut l'une des sources principales de l'introduction des chiffres indo-arabes en Occident.

3

Fibonacci
et le *Liber Abaci*

Qu'est-ce que la beauté, si ce n'est l'image dans laquelle nous pouvons apercevoir le reflet de cette joie extraordinaire qui parcourt la nature lorsqu'une possibilité de vie, nouvelle et féconde, vient d'être découverte ?
Friedrich Nietzsche

Nous avons énoncé trois étapes pour l'introduction des chiffres dans l'Occident européen, trois moments forts que sont l'œuvre de Gerbert, les croisades, et les traductions. Dans cette troisième étape, on peut évoquer l'œuvre de Fibonacci, qui est un travail à la fois de traduction, de formulation et de création pédagogique, un moment incontournable dans l'histoire de la transmission des chiffres indo-arabes et de la numération indienne. C'est aussi à Fibonacci que nous devons le terme de "zéro".

L'origine du mot "zéro"

Lorsque le zéro fut adopté par les Arabes en même temps que les chiffres indiens, ceux-ci traduisirent le mot *sanskrit shûnya* ("vide") par le mot arabe *sifr,* de même sens.

Plus tard, lorsque ce concept arriva en Europe, le mot *sifr* fut alors purement et simplement transposé dans la langue latine.

En Europe chrétienne, dès l'époque des croisades, le zéro reçut diverses appellations, constituant toutes des transcriptions plus ou moins latinisées du nom arabe *sifr* :

sifra, cifra, cyfra, cyphra, zyphra, tzyphra, zephirum, etc.

Plusieurs langues ont gardé des traces du même mot : l'anglais, par exemple, où *cipher* (aujourd'hui remplacé par zero) a longtemps signifié le nul ; ou encore, comme le rapporte Georges Ifrah, le suédois, qui continue à désigner un "homme de rien" par l'expression : *han är just en siffra.*
C'est Fibonacci qui introduisit le mot *zephirum* en latin, mot qui deviendra en italien *zefiro*, puis, par contraction, *zero.*

> "Les neuf chiffres indiens (*figurae indorum*) sont les suivants : 9, 8, 7, 6, 5, 4, 3, 2, 1. C'est pourquoi avec ces neuf chiffres (*novem figuris*), et avec ce signe 0, qui s'appelle *zephirum* en arabe, on écrit tous les nombres (*numerus*) que l'on veut."
> *In Liber Abaci*, premier ouvrage de Léonard Fibonacci.

Nous trouvons pour la première fois le mot "zéro" dans le traité *De arithmetica opusculum* de Philippi Calandri, publié à Florence en 1491. On y lit :

> "*Sono dieci le figure don le quali ciascuno numero si può significare : delle quali n'è una che si chiama* zero *: et per se sola nulla significa : ma con qual vuoi dell'altre copulata a quella da maggior significato.*"
> "Les figures avec lesquelles chaque nombre peut être signifié sont au nombre de dix, parmi lesquelles il y en a une qui s'appelle zéro : de soi-même, elle ne signifie rien, mais ajoutée à n'importe quelle autre, elle lui donne plus de signification."

Et il ne fait aucun doute que l'introduction du mot "zéro" dans la langue française et celle du mot *cero* dans la langue espagnole constituent l'un des effets de l'influence prépondérante qu'avait acquise en France et en Espagne la culture italienne au XVIe siècle.

Fibonacci

C'est dans l'atmosphère intellectuelle de la Renaissance européenne que Léonard de Pise, fils de Bonaccio, dit Fibonacci, étudia les mathématiques.

C'était l'époque des exploits de Saladin et de Richard Cœur de Lion. Dans le sillage de ces preux, les marchands pisans, génois et vénitiens étendaient leur zone d'influence aux ports de la Méditerranée et de la mer Noire.
Léonard était né vers 1170, la même année que saint Dominique et une dizaine d'années avant saint François d'Assise. Nous disposons d'informations sur les débuts de sa carrière dans les mathématiques, des balbutiements initiaux jusqu'à l'achèvement, en 1202, du *Liber Abaci.*

Un grand voyageur de commerce

Alors qu'il était jeune garçon, son père, qui dirigeait pour le compte de l'ordre des Marchands de Pise le bureau des douanes de Bougie, en Algérie, le rappela près de lui et lui fit suivre les meilleurs cours sur les méthodes de calcul indo-arabes. C'est ainsi qu'il s'initia aux mathématiques. Lors de ses fréquents voyages professionnels pour le compte de marchands pisans, il rencontra des mathématiciens en Égypte, en Syrie, en Provence, en Grèce et en Sicile. Il releva, au cours de "disputes", des défis mathématiques, et étudia en profondeur les *Éléments* d'Euclide, qu'il avait toujours considérés comme un modèle de style et de rigueur logique.
Ainsi s'édifia, au cours de ses voyages, dans le roulis d'une galère pisane, le *Liber Abaci* (*Traité de l'abaque*), premier ouvrage réunissant la totalité des connaissances mathématiques médiévales. L'objectif de l'auteur était de mettre tout son savoir en matière d'arithmétique et d'algèbre à la disposition du peuple latin.
Le *Liber Abaci* était un nouveau cheval de Troie numérique car, malgré son titre, l'ouvrage n'avait évidemment rien de commun avec les traités arithmétiques de la tradition de Gerbert et de ses disciples, puisqu'il expliquait notamment toutes les règles du calcul écrit selon l'usage du zéro et des neuf chiffres régis par le principe de position. Sans doute Fibonacci, en donnant le nom même de l'abaque au titre de son ouvrage, avait-il voulu éviter un conflit avec ceux qui détenaient alors le monopole du domaine numérique et préconisaient avant tout les méthodes du calcul sur l'*abacus* à jetons !
Selon certains historiens, le terme d'"abaque" désignait – et a désigné jusqu'au XVe siècle – l'arithmétique et l'algèbre en général, quelle que soit la méthode, "abaciste" ou "algoriste", utilisée pour l'aborder.

En tout cas, dès la publication du *Liber Abaci*, la balance commença à pencher sensiblement en faveur des algoristes. Ce fut donc l'amorce du mouvement de démocratisation du calcul en Europe.

Un grand pédagogue

Pendant trois siècles, jusqu'à Pacioli, les professeurs et les élèves de l'école toscane apprirent les mathématiques dans le *Liber Abaci* ; l'équilibre entre la théorie et la pratique y était soigneusement respecté : "J'ai démontré rigoureusement presque tout ce dont j'ai traité."

Ce n'était, et ce n'est toujours pas une œuvre facile. Léonard de Pise encourageait le lecteur à s'exercer continuellement sur les applications, jusqu'à ce que la mémoire et le raisonnement, les mains et les nombres, "dans un même élan, dans une même respiration, dans un même instant, résonnent naturellement presque tous à l'unisson". Ce désir de perfection fit de Léonard un mathématicien d'exception, un maître dont on a gardé le souvenir respectueux. Antonio de Mazzinghi commentait, au XIVe siècle : "Ô Léonard de Pise, tu fus un grand scientifique, toi qui as éclairé l'Italie sur les pratiques d'arithmétique."

Maître Benedetto de Florence, qui traduisit du latin en italien l'œuvre de Léonard vers le milieu du siècle suivant, le citait souvent dans ses œuvres et en retenait l'image suivante : "Je dis que Léonard de Pise fut un homme très subtil dans toutes les disputes [les débats au Moyen Âge], dont il réhabilita la pratique en Toscane, alors que cette pratique s'engageait sur des voies multiples et étranges." Et encore : "La théorie des nombres carrés est la plus difficile [...] Et je ne connais personne qui l'ait traitée avec plus d'intelligence que Léonard de Pise."

La publication du second livre de Fibonacci : la *Pratica Geometrie*

De 1202 à 1220, Léonard de Pise n'écrivit plus rien. Ces vingt années pèsent lourd dans l'histoire et la culture de la civilisation européenne. Après la prise de Constantinople en 1204, les excommuniés de la quatrième croisade fondèrent l'empire latin d'Orient, et de nouveaux manuels, grecs cette fois, parvinrent en Europe ; d'autres croisés, partis réduire les Albigeois, dévastèrent le midi de la France et massacrèrent ses habitants,

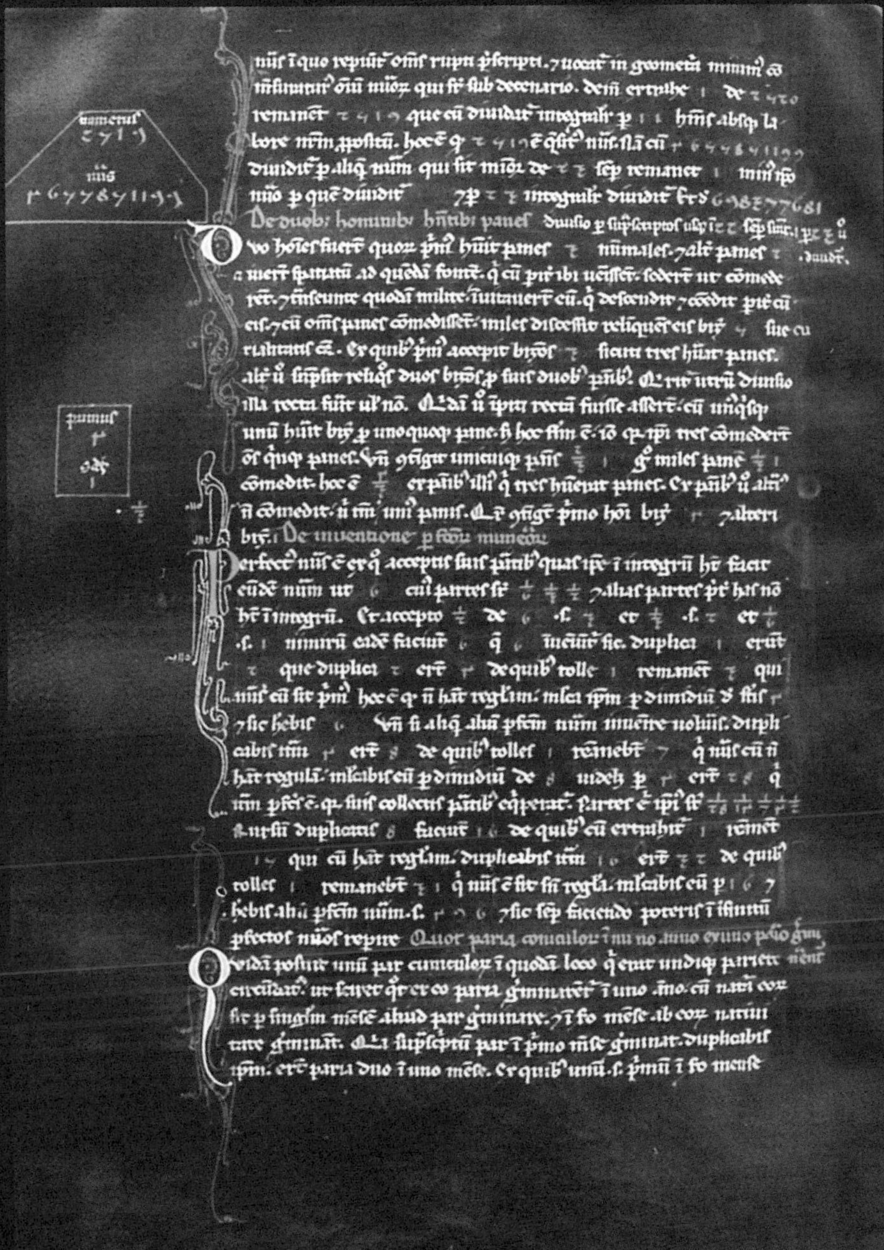

À cette page du *Liber Abaci* commence le célèbre problème des lapins qui conduit à la série dite de Fibonacci : 1, 1, 2, 3, 5, 8, 13, 21, 34, 55... où chaque terme (excepté les deux premiers) est la somme des deux précédents.

recommandant à Dieu les âmes des non-hérétiques. À Paris, la lecture des œuvres d'Aristote était interdite, sous peine d'excommunication. L'année 1212 marque la fin de la dynastie des Almohades en Espagne ; deux années plus tard, la Couronne anglaise perdait ses possessions en France et Jean sans Terre devait concéder la Grande Charte aux nobles. Saint François d'Assise s'adressait au soleil, à la lune et aux étoiles que les philosophes avaient inclus dans le modèle cosmique d'Aristote.

À l'horizon de l'histoire italienne et européenne se profilait alors la figure de Frédéric de Souabe, futur empereur d'Occident, avec sa cour de notaires, protonotaires indigènes et philosophes de toutes les nations.

L'activité du mathématicien Léonard de Pise se serait peut-être limitée au *Liber Abaci* sans l'intervention d'un des philosophes de la cour de Frédéric, maître Dominicus, qui l'appelait son ami. Il se comporta effectivement en ami, puisqu'il l'incita à réaliser sa deuxième œuvre, la *Pratica Geometrie* (*Pratique de la géométrie*), et le présenta à l'empereur quelques années plus tard. En 1220, l'ouvrage était achevé ; il comportait 223 pages. Son contenu est certainement moins original et varié que celui du *Liber Abaci*, mais il représente un corpus d'une valeur didactique exceptionnelle, même pour un enseignement moderne. L'auteur voulait réaliser un document parfait, utile aussi bien aux passionnés de *subtilitates* (subtilités) qu'aux praticiens ; cet objectif fut atteint.

L'ouvrage s'appuie sur les *Éléments* d'Euclide (et sur son livre perdu, *De la division des figures*), mais certaines parties sont empruntées à Archimède, Héron, Ptolémée, ainsi qu'au livre des "Trium Fratrum" et à l'ouvrage de Savasorda. Ce dernier était un mathématicien juif espagnol, Abraham Bar Hiyya, surnommé "*sahib al-surta*", le chef des gardes. Il écrivit le *Liber Embadorum* au début du XIIe siècle, ouvrage qui fut traduit de l'hébreu en latin par Platon de Tivoli. Les sources de Léonard étaient donc essentiellement grecques (il ne pouvait en être autrement en matière de géométrie), mais sa recherche d'applications et de solutions originales n'était certainement pas d'inspiration grecque.

Quant au contenu de la *Pratica Geometrie*, on peut dire en bref que les *Éléments* d'Euclide (les livres XIV et XV inclus) y sont expliqués, complétés et appliqués. Ces explications constituent un préambule et introduisent les notions algébriques nécessaires à la résolution des problèmes.

Les théorèmes de Héron et de Ptolémée y sont démontrés de différentes manières et la valeur de π y est obtenue par une méthode plus précise que celle d'Archimède. Le quatrième chapitre (*Distinctio quarta*) traite de la division des figures. Abordant l'évaluation des surfaces, Léonard y explique l'utilisation du rapporteur et d'un cadran gradué muni d'une aiguille mobile, permettant de déterminer les fonctions trigonométriques.

La *Pratica Geometrie* était l'hommage indirect du mathématicien pisan à Frédéric de Souabe, qui, à la fin de cette année 1220, était couronné empereur à l'âge de vingt-six ans. Frédéric II se révéla le plus cultivé et le plus organisé des empereurs germaniques. La *Pratica Geometrie* connut le même succès que le *Liber Abaci* et devint un document de base pour les professeurs de l'école toscane, de Paolo d'Abbaco à maître Benedetto et Luca Pacioli.

Tandis que la *Pratica Geometrie* arrivait à maturité, un malheur s'abattait sur l'Orient et le monde arabe. Selon Ibn al-Athir : "Les jours et les nuits n'avaient jamais rien vu de pareil depuis la création du Monde." Gengis Khan envahissait le sultanat du Khârezm et la Perse, et détruisait à jamais, en deux années, des siècles de culture.

Une dernière publication : *Liber Quadratorum* (le "Livre des carrés")

Fibonacci publia un troisième et dernier ouvrage : le *Liber Quadratorum* (1225). Ce dernier ouvrage révèle que Léonard connaissait les idées de Diophante, non pour avoir lu l'ouvrage du grand mathématicien grec, qui était perdu (il ne sera retrouvé qu'à la Renaissance), mais grâce à sa connaissance des mathématiciens arabes, qui avaient lu et commenté Diophante… et l'avaient même dépassé. Il faut noter que Léonard, pas plus que Diophante lui-même, pas plus que les premiers commentateurs arabes, n'utilise encore un quelconque symbolisme pour désigner les nombres et les opérations intervenant dans les problèmes qu'il étudie.

"Le monsieur des lapins"

L'homme qui apporta le zéro en Occident fut donc Léonard de Pise. Mais si Fibonacci est passé à la postérité, c'est surtout grâce à un petit problème tout bête qu'il posa dans son *Liber Abaci*.

Imaginez qu'un fermier possède deux bébés lapins. Les bébés mettent deux mois pour atteindre leur maturité, et engendrent ensuite un autre couple de lapins au début de chaque mois. Comme ces lapins grandissent et se reproduisent, combien de couples de lapins obtiendrez-vous chaque mois ?
Pendant les premiers mois, vous avez un couple de lapins, et comme ils n'ont pas l'âge nécessaire, ils ne peuvent se reproduire.
Le deuxième mois, vous n'avez toujours qu'un couple.
Mais au début du troisième mois, le premier couple se reproduit : vous avez deux couples.
Au début du quatrième mois, le premier couple se reproduit, mais le second est trop jeune : trois couples.
Le mois suivant, le premier couple se reproduit, le deuxième aussi, puisqu'il est en âge, mais pas le troisième. Cela donne deux couples de lapins supplémentaires, cinq en tout.
Le nombre de couples de lapins augmente comme suit :

1, 1, 2, 3, 5, 8, 13, 21, 34, 55…

Le nombre de lapins que vous avez, à n'importe quel mois donné, est la somme des lapins que vous aviez lors des deux mois précédents.

La suite de Fibonacci et le nombre d'or

Les mathématiciens comprirent immédiatement l'importance de cette suite. Prenez n'importe quel nombre et divisez-le par le nombre précédent. Par exemple, 8 : 5 = 1,6 ; 13 : 8 = 1,625 ; 21 : 13 = 1,61538… Ces résultats ne sont pas loin d'un nombre intéressant : le nombre d'or, qui est 1,61803…
Nous reviendrons dans la suite de cet ouvrage sur l'importance de ce nombre d'or.
Bien que cette suite fît la renommée de Fibonacci, c'est l'introduction par son œuvre du zéro, des neuf chiffres indo-arabes et de la numération de position qui en fait un événement fondamental de l'histoire de l'humanité.
Ainsi se termine l'histoire des chiffres. Enfin presque, car il reste une dernière petite étape : la période définitive de la forme des chiffres officialisée par l'invention de l'imprimerie.

4

Promenades fantaisistes

J'ai bâti une maison au milieu de l'Océan
Ses fenêtres sont les fleuves qui s'écoulent de mes yeux
Des poulpes grouillent partout où se tiennent les murailles
Entendez battre leur triple cœur et leur bec cogner aux vitres
Maison humide
Maison ardente
Saison rapide
Saison qui chante
Les avions pondent des œufs
Attention on va jeter l'ancre
Attention à l'encre que l'on jette
Il serait bon que vous vinssiez du ciel
Le chèvrefeuille du ciel grimpe
Les poulpes terrestres palpitent
Et puis nous sommes tant et tant à être nos propres fossoyeurs
Pâles poulpes des vagues crayeuses ô poulpes aux becs pâles
Autour de la maison il y a cet océan que tu connais
Et qui ne repose jamais.

Guillaume Apollinaire – *Océan de terre.*

Il existe plusieurs hypothèses fantaisistes qui expliquent l'origine de la graphie des chiffres modernes. Bien que n'ayant aucun fondement historique ou scientifique, elles ont le mérite d'être plaisantes et d'ouvrir des portes créatives sur l'imaginaire…

Angles

Selon une tradition populaire, encore tenace en Égypte et en Afrique du Nord, les chiffres "arabes" seraient l'invention d'un vitrier géomètre originaire du Maghreb, qui aurait imaginé de donner aux neuf chiffres une forme évocatrice dépendant du nombre des angles contenus dans le dessin de chacun d'eux :

- un angle pour le graphisme du chiffre 1,
- deux angles pour le chiffre 2,
- trois angles pour celui de 3,

et ainsi de suite.

1 2 3 4 5 6 7 8 9

Traits

Chez un Français de la fin du XIXe siècle, P. Voizot, dont la source semble provenir d'un auteur génois, on trouve l'hypothèse de la formation des chiffres par des assemblages de traits.

Points

Une autre suggestion du même genre, émise en 1642 par le jésuite italien Mario Bettini, fut reprise en 1651 par l'Allemand Georg Philip Harsdörffer. L'explication concerne cette fois le nombre des points qui auraient d'abord servi de représentation idéographique aux neuf unités du premier ordre décimal, que l'on aurait ensuite reliés entre eux pour former les neuf chiffres.

1 2 3 4 5 6 7 8 9

En 1890, le Français Georges Dumesnil reprit cette théorie à son compte, mais pour appuyer la thèse de l'origine grecque du système : attribuant aux pythagoriciens l'invention de nos chiffres actuels, il prit en effet pour argument que les représentations géométriques des nombres entiers par des assemblages de points avaient joué un rôle important chez les membres de cette secte.

Cercles, rayons et diamètres

Weidler (1737) attribue l'invention des chiffres à l'astrologue Abenragel (Xᵉ siècle), apparition qui, selon lui, aurait été le résultat d'une partition de la figure formée par un cercle, le rayon et les diamètres. Selon cet auteur, tous les graphismes auraient été contenus dans le cercle ; ainsi, le diamètre vertical aurait-il donné la forme du 1 ; le même diamètre, complété de part et d'autre par deux arcs opposés, celle du chiffre 2 ; un demi-cercle muni du rayon horizontal médian, celle du chiffre 3 ; et ainsi de suite jusqu'au zéro, issu, selon la théorie, de la figure formée par le cercle tout entier. Il retrouvait ainsi le *shûnya-châkra* indien.

1 2 3 4 5 6 7 8 9

Rectangle, diagonales et médiatrices

L'Espagnol Carlos Le Maur (1778) propose une explication fondée sur une disposition particulière des cailloux servant à compter qui rejoint ainsi la thèse des points de Bettini, et une seconde théorie fondée sur le nombre d'angles que l'on peut obtenir à partir de certaines figures formées par un rectangle, ses diagonales et ses médiatrices.

1 2 3 4 5 6 7 8 9

Le carré, ses côtés et ses diagonales

L'anneau de Salomon

En 1727, Jacob Leupold propose une hypothèse connue sous le nom d' "anneau de Salomon". Les chiffres auraient été formés successivement à partir de cet anneau, s'inscrivant dans un carré et ses diagonales.

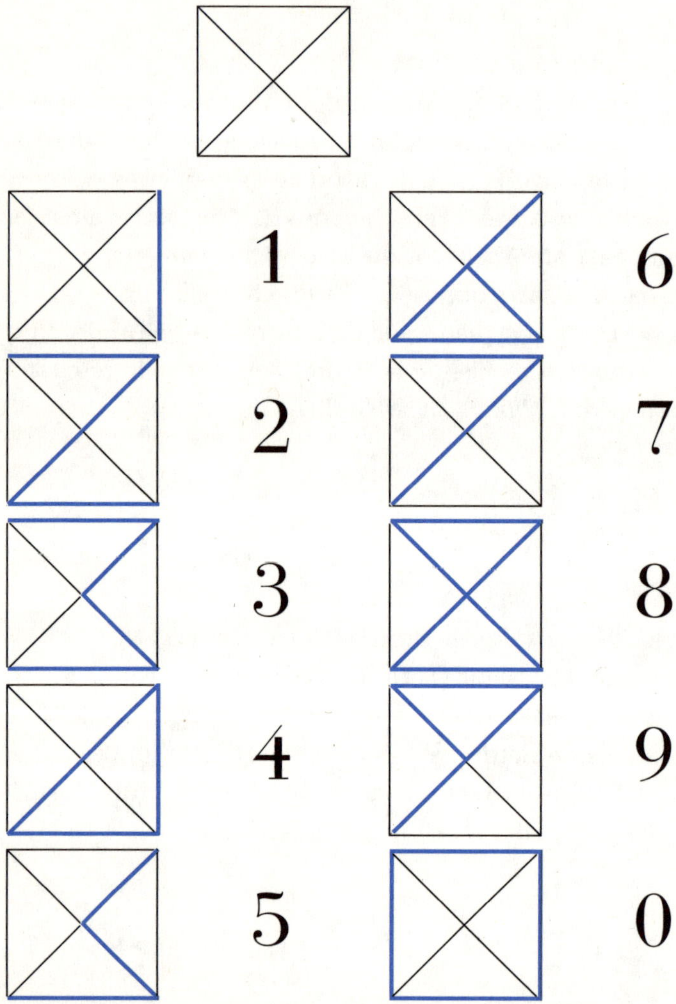

Comme dit le proverbe italien :

Se non è vero, è ben trovato ! / Si ce n'est pas vrai, c'est bien trouvé !

5

Les chiffres et l'imprimerie

Les schémas du mathématicien, comme ceux du peintre ou du poète, doivent être beaux ; les idées, comme les couleurs ou les mots, doivent s'assembler de façon harmonieuse. La beauté est le premier test : il n'y a pas de place durable dans le monde pour des mathématiques laides.
G. H. Hardy

Une fois les chiffres définitivement installés dans l'Occident européen, l'imprimerie, et surtout les imprimeurs et leurs créations graphiques donnèrent leur style aux chiffres, lesquels perdirent leur appellation de figures indiennes ou de chiffres dits "arabes" pour devenir les chiffres modernes.

Série extraite du *Mammotrectus* de J. Marchesinus, imprimé à Venise en 1479 (British Museum, Londres).

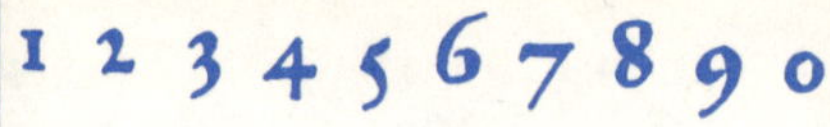

Spécimens du caractère Fournier (1750).

Chiffres du maître imprimeur Ather Hoernen (1470).

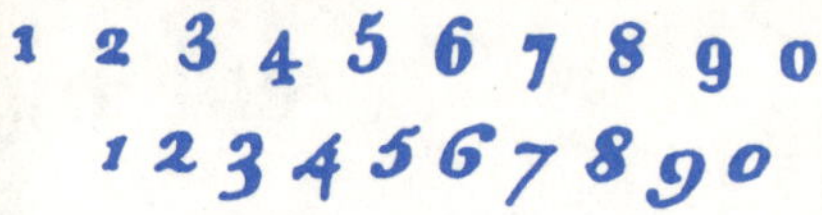

Spécimens de la fonderie Baskerville (1793).

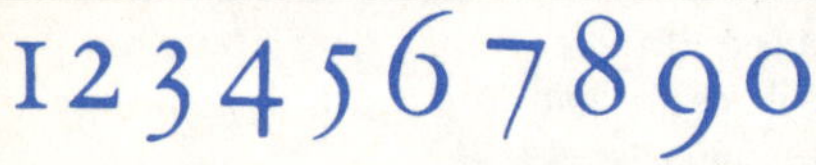

Série extraite des *Grecs de Roi* de Claude Garamond (1541). Poinçons conservés à l'Imprimerie nationale (Paris).

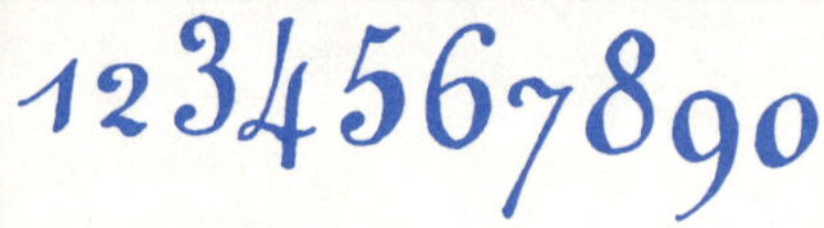

Chiffres calligraphiés à "l'anglaise" dans le style Elzévir.

Chiffres calligraphiés dans le style "gothique" médiéval.

Série extraite du *Nouveau livre d'écriture* de Rossignol (XVIIIe siècle). Bibl. des Arts graphiques (Paris).

Série extraite du Peignot de Cassandre (XXe siècle).

Chiffres calligraphiés dans le style des capitales de la colonne Trajane de Rome.

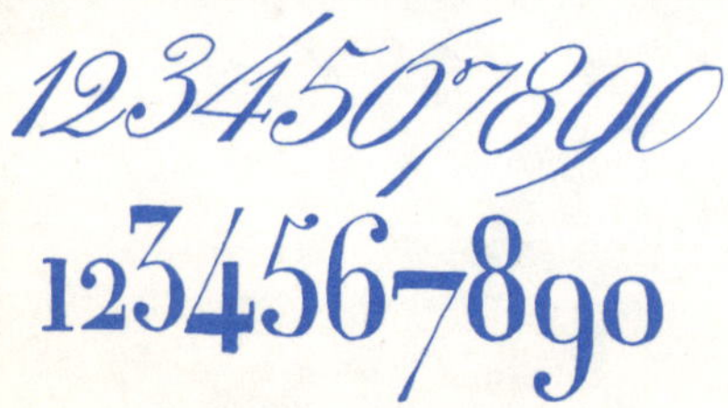

Séries extraites de la *Typologie ou descriptions détaillées des caractères alphabétiques… à l'usage des sculpteurs, fondeurs, etc., et particulièrement destinées aux peintres en bâtiments,* de Moreau Dammartin (Paris, 1850).

Deuxième livre

2

Nombres

La grande famille

2

Première partie

Fous de nombres et nombres fous

Souvenirs d'un mathématicien

Nombre et théorie des nombres

Pythagore et l'harmonie des nombres

1

Souvenirs d'un mathématicien

Ne t'attarde pas à l'ornière des résultats.
René Char

"Je n'avais pas cinq ans que, regardant les tables de multiples des entiers proposées par les couvertures de mes cahiers d'écolier, je m'aperçus que la population des nombres présentait une certaine régularité. La révélation commença à l'occasion du 5. Tous ses multiples se terminaient alternativement par 5 ou par 0. Le cas de 2 était un peu moins simple : ses multiples se terminaient tous par les nombres pairs [...]

Plus tard, au collège de Melun, la rencontre des points d'intersection des hauteurs, des médianes, des bissectrices et des médiatrices du triangle m'apprit l'extension des mathématiques de l'arithmétique à la géométrie.
Pendant des mois et des années, je m'en tins aux seuls nombres entiers, les soumettant à mille tactiques. J'essayais, par exemple, d'élever chaque nombre à une puissance dont l'exposant fût égal à lui-même, et ainsi de suite.
Aux entiers de mon enfance s'ajoutaient d'autres nombres, les nombres premiers, et ceux, par exemple, que l'on rencontrait dans les jeux mathématiques.
Les nombres rationnels, que j'appelais alors nombres fractionnaires, s'ajoutaient pour moi aux entiers, mais ils ne m'intéressaient guère.

Plus séduisants m'apparaissaient les nombres irrationnels, comme $\sqrt{2}$ ou π. Mais on ne m'avait pas appris au lycée la distinction entre les nombres algébriques et les nombres transcendants.

$$\sum_{i=0}^{\infty} \frac{1}{16^{i}\,(8i+k)} = \sqrt{2}^{k} \sum_{i=0}^{\infty} \left[\frac{x^{k+8i}}{8i+k} \right]_{0}^{1/\sqrt{2}}$$

$$= \sqrt{2}^{k} \sum_{i=0}^{\infty} \int_{0}^{1/\sqrt{2}} x^{k-1+8i}\, dx$$

$$= \sqrt{2}^{k} \int_{0}^{1/\sqrt{2}} \frac{x^{k-1}}{1-x^{8}}\, dx$$

Début de la démonstration de la formule de Simon Plouffe concernant les décimales de π.

Je commençais à inscrire sur un carnet tous les nombres que je rencontrais et qui me semblaient dignes d'intérêt. Cette liste s'enrichit et s'affina après l'université. Elle finit bientôt par contenir plus d'une centaine d'éléments. Avant la deuxième guerre mondiale, ma collection avait pris la forme d'un fichier où, pour certains nombres, la même fiche présentait plusieurs propriétés différentes.

$$\sqrt{2}$$

Je ne tardais pas à m'apercevoir que la grande majorité de mes nombres intéressants était composée des entiers qui pouvaient être mis en ordre. Plusieurs des 'réels' non entiers, presque uniquement algébriques ou transcendants, pouvaient y être ajoutés en ordre correct.
Il n'était pas question, en avril 1944, d'emporter mon fichier à la prison de Fresnes ou en déportation au camp de Dora. Mais ma mémoire restait intacte et mes chers nombres me rendaient visite chaque jour en compagnie d'autres consolateurs comme la musique, la poésie, l'histoire et les sciences.
À mon retour en mai 1945, mon fichier avait disparu. J'en reconstituai un autre en modifiant ma terminologie et baptisai les pièces de mon herbier *Nombres remarquables*. Ceci m'amenait à redéfinir mes critères subjectifs de la 'remarquabilité'. J'accordais ce caractère à des nombres qui avaient compté dans l'histoire de la pensée mathématique."

Ces souvenirs du grand mathématicien français François Le Lionnais nous offrent cette belle expression de "nombres remarquables" que nous reprendrons dans notre herbier personnel. Nous accorderons aussi ce caractère de "remarquabilité" à certains nombres, bien évidemment pas tous, qui ont compté dans l'histoire de la pensée mathématique, mais surtout à ceux qui ont compté et comptent encore dans notre propre rencontre avec l'univers mathématique, philosophique et kabbaliste.

Nous donnerons aussi quelques détails sur les nombres classiques dont nous oublions parfois, par une trop grande fréquentation, le sens exact de leurs définitions.
Pythagore ayant été un des plus grands pionniers de la théorie des nombres, nous lui consacrons un chapitre à part, où nous voyagerons entre sa biographie et sa passion pour ce monde où “tout est nombre !”.

Canon de Jean-Sébastien Bach (1685-1750), qui composait souvent en fonction des liens particuliers que les nombres entretenaient entre eux.

2

Nombre et théorie des nombres

Nous rencontrons des cailloux et des arbres, mais trois cailloux et deux arbres ? Jamais. Pour les voir, il faut quelque opération.
Jean-Toussaint Desanti

L'étymologie du mot "nombre"

Le mot "nombre" vient du latin *numerus*. En grec, "nombre" se dit *arithmos*, qui a donné le mot *arithmêtiké*, puis en latin *arithmetica* et en français "arithmétique", c'est-à-dire la science des nombres.

Arithmos renvoie aussi à la "mesure", au "rythme", à la "foule", la "quantité". Dans ce mot, le préfixe "a" n'est pas privatif. Bien que ce terme se rapproche phonétiquement de "rythme", il s'agit de deux racines différentes, même si avec le temps des ponts se sont établis entre les deux termes, en particulier par le biais du mot "rime" que nous rencontrons en poésie.

La difficulté de définir un nombre

Définir ce qu'est un nombre est difficile. Cette difficulté est ancienne, elle est le lot de tous les mathématiciens, et jusqu'à aujourd'hui personne ne peut dire exactement ce qu'est la nature du nombre.
Plusieurs conceptions du "nombre" ont été proposées : religieuses, magiques, physiques, métaphysiques, logiques, formalistes, ensemblistes.

Georg Canton et son épouse vers 1880. Canton (1845-1918) est à la fois
le père de la théorie des ensembles et le créateur des nombres transfinis.

Au commencement, les nombres apparaissent de manière très concrète pour compter des collections d'objets, d'animaux et de personnes. Au commencement de l'humanité, le nombre eut d'abord le statut de "nombre-de". Ce n'est qu'ensuite que le "nombre-de" devint "nombre", avec la naissance de l'idée d'abstraction.

La théorie des nombres

Aussi loin que l'on remonte dans le temps, on trouve deux sortes d'arithmétiques. La première est pratique, utilitaire, et se confond avec l'art de calculer, de faire des comptes : gérer les biens des individus et des sociétés, prévoir leur subsistance, permettre les échanges, évaluer le travail, etc., d'où l'établissement de systèmes de poids et mesures, de tarification des marchandises, de codification des échanges. C'est une arithmétique quantitative, celle du commerce et de la gestion des avoirs.

L'autre arithmétique ne concerne plus les choses, les objets que l'on possède. Ce n'est plus une arithmétique de gestion, mais une activité de l'esprit, une activité savante, spéculative, imprégnée au commencement d'esprit religieux, plus tard et aujourd'hui purement abstraite. Certains de ses problèmes sont nés de la musique et de l'astronomie, mais la plupart d'entre eux sont issus du pur plaisir de rechercher des relations entre les nombres. Il ne s'agit plus seulement d'un outil, d'une technique des nombres, mais d'un véritable jeu, d'une véritable science des nombres, ce qu'on appelle aujourd'hui la "théorie des nombres".

Remarque

Pour distinguer cette technique des nombres et la science ou théorie des nombres, les Grecs les désignaient de deux mots différents : logistique pour la première et arithmétique pour la seconde (distinction que l'on attribue à Platon, au IVe siècle avant notre ère).

Les Babyloniens disposaient pour l'une et l'autre arithmétiques de deux systèmes de numération différents, à base 10 pour la première et 60 pour la seconde. On pourrait très brièvement schématiser les "sujets de problèmes" nés de l'étude élémentaire de la théorie des nombres en les répartissant en deux catégories :

– ceux qui considèrent chaque nombre en tant qu'individu, examinent sa forme et ses propriétés et aboutissent ainsi à des tentatives de classification ;
– ceux qui cherchent à établir des relations entre deux, trois ou plusieurs nombres.

La théorie des nombres a ceci de particulier que, pendant près de vingt siècles, elle a constitué une réserve de sujets passionnants pour les mathématiciens, la caractéristique de très nombreux problèmes résidant dans le fait qu'à un énoncé formulé très simplement corresponde un problème excessivement difficile à résoudre.

Tablette économique sumérienne : compte de chèvres et de moutons.
Argile cuite, longueur : 7,8 cm ; largeur : 7,8 cm ; épaisseur : 2,4 cm.
Tello (Mésopotamie), époque des dynasties archaïques : an 5 d'Urukagina, roi de Lagash 52351 - 2342 av. J. - C.)

L'anecdote du taxi

Une anecdote fort connue rend compte de la façon dont la fréquentation des nombres était, pour Ramanujan (1887-1920), analogue à celle des "personnes" – il les "connaissait", avec leurs qualités et leurs défauts. Le mathématicien Hardy rapporte : "Je me souviens que j'allai le voir une fois, alors qu'il résidait à Putney. J'avais pris un taxi portant le numéro 1729 et je remarquai que ce nombre me semblait quelque peu coriace et que j'espérais qu'il ne fût pas un signe défavorable.

- 'Non, me répondit-il, c'est un nombre très intéressant : c'est le plus petit nombre décomposable de deux manières différentes en somme de deux cubes.'

Je lui demandai naturellement s'il connaissait la réponse au problème pour les puissances quatrièmes. Il me répondit après un moment de réflexion qu'il ne pouvait trouver aucun exemple et qu'il pensait que le premier nombre de cette catégorie devait être très grand."

1729 est en effet le plus petit entier décomposable en somme de deux cubes, et ceci de deux façons :

$$1729 = 12^3 + 1^3$$
$$= 10^3 + 9^3$$

Portrait de Srinivasa Ramanujan, né en 1887 aux Indes : il parvint à reconstruire à peu près seul l'édifice de la théorie des nombres, à proposer des formules et des théorèmes originaux.

Quant au plus petit nombre décomposable de deux façons en une somme de deux puissances quatrièmes, c'est 635 318 657, et c'est Euler qui l'a trouvé :

$$635\ 318\ 657$$
$$= 158^4 + 59^4$$
$$= 133^4 + 134^4$$

3

Pythagore et l'harmonie des nombres

La prétention nouvelle du savoir est la prétention mathématique. C'est de Kant que provient la phrase souvent citée mais encore peu comprise : 'J'affirme que dans chaque théorie particulière de la nature il ne peut se trouver de science proprement dite que dans la mesure où s'y trouve de la Mathématique.
Martin Heidegger

Comprendre les secrets de l'univers

Donner à la connaissance de la nature un fondement numérique, tel était le projet des pythagoriciens. Pythagore et les pythagoriciens recherchèrent l'ordre et l'harmonie qui unissent toutes choses. Pour y parvenir, il leur fallut étudier les nombres en eux-mêmes. Ce fut la fondation de l'arithmétique, la science des nombres, qu'ils tinrent à distinguer de la logistique, l'art du pur calcul. Par cette séparation, ils élevèrent l'arithmétique au-dessus des besoins des marchands.

Ainsi, c'est à Pythagore et ses élèves que l'on doit les fondements de la théorie des nombres, les premières recherches de classification et de relation entre les créatures mathématiques.

Portrait fantaisiste de Pythagore.

Pythagore, les pythagoriciens et l'harmonie

Bien que Pythagore ait vécu au VIe siècle av. J.-C., l'école pythagoricienne trouve son épanouissement au Ve siècle av. J.-C. avec ses disciples que sont Philolaos de Crotone, Hippase de Métaponte, Hippocrate de Chios, Démocrite l'atomiste, les Éléates (d'Élée, ville du sud de l'Italie) Parménide et Zénon, et le sophiste Hippias d'Élis, un géomètre.

Pythagore le voyageur

Pythagore de Samos fut l'élève de Thalès durant quelques années. Il a acquis ses connaissances mathématiques au cours de ses voyages. On avance qu'il aurait poussé jusqu'en Inde et en Bretagne, mais il est plus certain qu'il a recueilli plusieurs de ses techniques et de ses outils mathématiques auprès des Égyptiens et des Babyloniens.

Ces derniers avaient dépassé les limites de l'arithmétique élémentaire et étaient en mesure d'effectuer des opérations complexes qui leur avaient permis d'élaborer des systèmes de comptabilité avancés et d'ériger des constructions architecturales de haut niveau.

Reconstitution de la Ziqqurat de Babylone appelée *Etemenanki*, "Tour du fondement du Ciel et de la Terre", la fameuse "Tour de Babel" biblique.

Certes, ils considéraient les mathématiques comme un simple instrument utile pour résoudre des problèmes pratiques ; ainsi, en recherchant certaines règles élémentaires de géométrie, leur but était de rétablir les limites des champs recouverts lors des crues annuelles du Nil.

Le premier disciple

Au terme d'une vingtaine d'années de voyages, Pythagore avait assimilé toutes les règles mathématiques du monde connu. Il partit alors pour son île natale de Samos, en mer Égée, avec l'intention de fonder une école consacrée à la philosophie et en particulier aux règles mathématiques qu'il avait découvertes. Il espérait trouver de nombreuses recrues à l'esprit ouvert qui l'aideraient à développer de nouvelles philosophies radicales. Mais en son absence, le tyran Polycrate avait changé l'île ; jadis libérale, elle était devenue intolérante et conservatrice. Polycrate invita Pythagore à sa cour, mais le philosophe comprit que c'était là une manœuvre destinée à le réduire au silence et il déclina donc cet honneur. Il quitta la ville pour aller vivre dans une caverne à l'écart, où il pouvait s'adonner à la méditation sans être dérangé.

L'isolement lui pesait et Pythagore finit par proposer de l'argent à un garçon pour qu'il devînt son élève. Cet élève s'appelait aussi Pythagore. Pythagore le maître payait Pythagore l'élève trois oboles par leçon, et le premier se rendit compte qu'au bout de quelques semaines, la répugnance du garçon au savoir avait fait place à l'enthousiasme. Pour prendre la mesure de son succès, Pythagore prétendit qu'il n'avait plus les moyens de rétribuer l'élève et que les leçons devaient donc prendre fin, sur quoi le garçon proposa de payer pour son éducation plutôt que de l'interrompre. L'élève était devenu un disciple.

L'école pythagoricienne était née. Elle dura près de cent cinquante ans et compta plusieurs centaines de disciples.

La fuite vers l'Italie

En raison de son enseignement estimé inadmissible sur les réformes sociales, Pythagore fut contraint de fuir l'île en compagnie de sa mère et de son unique disciple. Il fit voile pour l'Italie du Sud, qui faisait alors partie de la Grande Grèce, et s'installa à Crotone. Il eut la chance d'y trouver le

Emmanuel Lévinas (1904–1996),
élève de Husserl (1859–1938) et Heidegger (1889–1976), fut l'un des philosophes
les plus importants du XXe siècle. Il invita à réfléchir sur la philosophie non seulement comme
"amour de la sagesse", mais également comme "sagesse de l'amour".

protecteur idéal – Milon, l'homme le plus riche de la ville et l'un des hommes les plus forts que l'histoire ait connus.

Milon le mécène et la création de la Fraternité pythagoricienne

La réputation de Pythagore comme "le sage de Samos" se répandait déjà en Grèce, mais celle de Milon était encore plus grande. Ce personnage herculéen avait été couronné douze fois aux Jeux olympiques et pythiques, un record. Mais en plus d'être un athlète, Milon cultivait et étudiait la philosophie et les mathématiques. Il aménagea sa maison de manière à offrir à Pythagore assez d'espace pour y tenir une école. Ce fut ainsi que s'associèrent l'esprit le plus créatif et le corps le plus puissant.

Dans la sécurité de sa nouvelle installation, Pythagore fonda la Fraternité pythagoricienne, un groupe de six cents disciples qui étaient non seulement capables de comprendre son enseignement, mais encore de l'enrichir par des idées et des preuves nouvelles.

Le mot "philosophie"

Peu après avoir fondé la Fraternité, Pythagore inventa le mot "philosophie" et signifia ainsi les buts de son école. Le philosophe cherche à découvrir les secrets de la nature.

Aujourd'hui, le mot "philosophie" possède deux sens. Le mot grec se compose de la racine *philein*, "aimer", et de *sophia*, qui signifie "sagesse". On traduit en général le mot "philosophie" par l'expression "amour de la sagesse", mais on peut inverser les termes et proposer, comme le fait Lévinas, de traduire par "sagesse de l'amour".

Comment devenir disciple ?

Il n'était pas facile de se faire accepter comme disciple. Pythagore commençait par observer si le postulant était capable de "tenir sa langue", c'est le terme qu'il employait. Pouvait-il se taire et garder pour lui ce qu'il avait entendu durant les séances d'enseignement ? Dans un premier temps, le silence du disciple l'intéressait plus que sa parole.

La salle d'enseignement était séparée en deux par un rideau. Pythagore se trouvait d'un côté, les postulants de l'autre ; ils n'avaient accès à son enseignement que par l'ouïe. Ils l'entendaient mais ne le voyaient pas. L'épreuve durait cinq ans ! Le rideau revêtait une importance extrême dans la vie de l'école pythagoricienne. Sa traversée signifiait que l'on avait passé avec succès les épreuves. Les membres de l'école étaient répartis en deux catégories suivant le côté du rideau où ils se trouvaient. À l'extérieur de l'espace où se tenait Pythagore, les exotériques… À l'intérieur, et pour le reste de leur vie, les ésotériques. Eux seuls pouvaient voir Pythagore !

Platon et ses disciples,
gravure de O. Knillé, XIXe siècle.

La transmission des secrets

Dans cet esprit, les textes des pythagoriciens étaient eux aussi soumis au secret. Rédigés dans un langage à double sens, ils jouaient sur deux niveaux d'interprétation ; l'un compris par tout le monde, l'autre réservé aux seuls initiés. Les pythagoriciens parlaient ainsi de symboles et d'énigmes.

La plupart des connaissances se transmettaient de bouche à oreille. Ce type de transmission donna lieu à une deuxième façon de classer les disciples. Il y avait les akousmatiques – à qui l'on transmettait les résultats mais pas les démonstrations – et les mathématiciens, à qui l'on transmettait les résultats et les démonstrations.

Les *akousmata* étaient donc des paroles transmises uniquement par oral et dont il n'existait aucune trace écrite…

De ce fait, tous les membres de l'école devaient exercer leur mémoire.
Le matin, un pythagoricien ne se levait jamais avant de s'être remis en mémoire les événements qu'il avait vécus la veille. Il essayait de se souvenir précisément de ce qu'il avait vu, de ce qu'il avait dit, des personnes qu'il avait rencontrées.

L'oreille, la musique et l'harmonie

Il semble que la mise en scène de l'enseignement choisie par Pythagore ne fût pas une simple haie d'obstacles pour les disciples, mais la conséquence d'une réflexion fondamentale sur la pédagogie et les sens mis en œuvre dans cette relation primordiale entre le maître et le disciple, cette relation qui est l'essence même du “mathématique”.
Le fait de ne pas voir le maître institue un rapport à l'oreille qui supplante le sens de la vue. Cette situation rend le disciple plus attentif aux mots qui sont dits et à toutes les sonorités musicales. Il éduque et affine son oreille, la préparant ainsi pour l'harmonie. Il est intéressant de noter qu'en hébreu, l'oreille, *ozène*, signifie aussi l'“équilibre” (nous savons aujourd'hui que, d'un point de vue anatomique, l'oreille interne est l'organe de l'équilibre).

De fait, on comprend pourquoi les différentes légendes à propos de Pythagore reviennent toujours sur la même anecdote concernant la découverte de la gamme, c'est-à-dire d'une certaine harmonie en musique.

Une place pour les femmes

Quand il adhérait à la Fraternité, chaque disciple devait faire don de toutes ses possessions à un fonds commun. Si des disciples quittaient le groupe, ils recevaient le double de ce qu'ils avaient offert en y arrivant et l'on érigeait une stèle en leur mémoire. La Fraternité était une institution égalitaire et comprenait de nombreuses sœurs. L'élève favorite de Pythagore était la propre fille de Milon, la belle Théano. En dépit de leur différence d'âge, ils finirent par se marier.

Les dangers de l'initiation

La haine et la vengeance

Il y avait beaucoup de candidats à l'initiation, mais on n'y acceptait que les esprits les plus brillants. L'un des recalés se nommait Cylon. Il s'en offensa

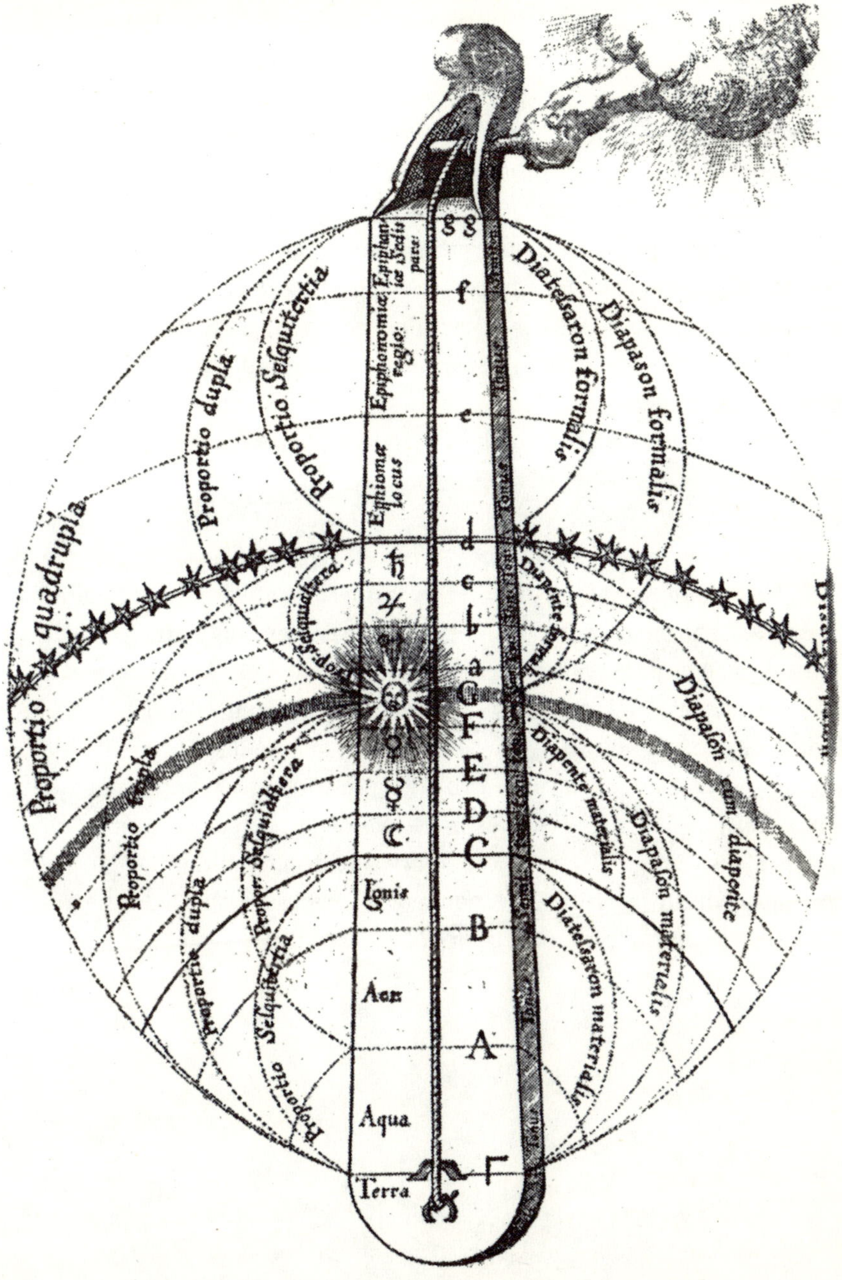

Monocorde mystique : l'harmonie du monocorde des mathématiques
et l'harmonie de l'univers.

et se vengera vingt ans plus tard de son humiliation. Entre-temps, lors de la soixante-septième Olympiade, en 510 avant notre ère, une révolte éclata dans la cité voisine de Sybaris. Telys, le meneur et héros de la révolte, entreprit des persécutions barbares contre les partisans du gouvernement précédent, ce qui poussa plusieurs d'entre eux à se réfugier à Crotone. Telys demanda que les traîtres fussent expulsés vers Sybaris pour y subir leur châtiment, mais Milon et Pythagore convainquirent les citoyens de Crotone de résister au tyran et de protéger les réfugiés. Telys, furieux, rassembla une armée de trois cent mille hommes et marcha sur Crotone, que Milon décida de défendre avec cent mille citoyens armés. Après soixante-dix jours de guerre, le général Milon remporta la victoire et, pour se venger, détourna le cours de la rivière Crathis pour inonder Sybaris.

La mort de Pythagore

La guerre avait bien pris fin, mais Crotone se divisait sur le partage du butin. Craignant que les terres fussent données à l'élite pythagoricienne, le peuple de Crotone fronda. Les masses nourrissaient déjà un ressentiment croissant à l'égard de la Fraternité, qui s'obstinait à garder le secret sur ses découvertes, mais les choses s'envenimèrent lorsque Cylon se présenta comme la voix du peuple. Attisant la peur et l'envie de la foule, il lança la populace à l'assaut de la plus brillante école de mathématiques que le monde eût jamais vue. La maison de Milon et l'école adjacente furent encerclées, les issues barrées pour empêcher toute fuite et les bâtiments incendiés. Milon parvint à s'échapper de ce brasier, mais Pythagore et plusieurs de ses disciples y périrent.

Milon de Crotone (540-516 av. J. - C.).
Encre brune de Rosa Salvatore (1615-1673).

Deuxième partie

Les classiques

$$\aleph_0$$

Le zéro et l'infini

Désir d'infini

Le pair et l'impair

Les nombres premiers

1

Le zéro et l'infini

Entiers, rationnels, irrationnels et transcendants

Les grandes personnes aiment les chiffres.
Quand vous leur parlez d'un nouvel ami,
elles ne vous questionnent jamais sur
l'essentiel. Elles ne vous disent jamais :
"Quel est le son de sa voix ?
Quels sont les jeux qu'il préfère ?
Est-ce qu'il collectionne les papillons ?"
Elles vous demandent :
"Quel âge a-t-il ?
Combien a-t-il de frères ?
Combien pèse-t-il ?
Combien gagne son père ?"
Alors seulement elles croient le connaître.
Antoine de Saint-Exupéry

Avant d'entreprendre l'exploration de certains nombres remarquables, il est peut-être bon de rencontrer brièvement quelques éléments importants de la grande famille des nombres. Cette rencontre doit permettre de prendre ou de reprendre contact avec les principaux types de nombres utilisées en mathématiques.

Les décimales, un critère de classification

Les diverses classes de nombres sont d'abord mises en évidence en fonction du fait qu'un nombre a ou non des décimales, puis, le cas échéant, en fonction des propriétés de ces décimales.

Les nombres sans virgule

1. Les nombres entiers naturels

Les nombres les plus simples sont les nombres entiers, par exemple :

1 2

25 4589

ou

4537685909432

Les nombres les plus simples ont deux caractéristiques :
- ils n'ont pas de décimale, c'est-à-dire pas de chiffre après la virgule, et donc pas de virgule ! Pour cette raison, on les appelle les nombres entiers.
- ils n'ont pas de signe. Ils sont appelés les entiers naturels. L'adjectif "naturel" indique qu'ils peuvent représenter des quantités d'objets de la nature, par exemple des pommes ou des moutons. Quand on compte des moutons, on le fait avec des entiers naturels.

L'ensemble de ces nombres a la propriété d'être invariant par addition et par multiplication. En effet, en additionnant ou multipliant deux entiers naturels, on obtient toujours un entier naturel.

Les entiers naturels, bien que très simples, jouent un rôle fondamental en mathématiques. C'est à partir d'eux que l'on construit les autres nombres.

2. Les entiers relatifs

Ce sont des nombres entiers pourvus d'un signe, par exemple :

-253 -48 +39 +15

Lorsque l'on considère les nombres dotés d'un signe, il est nécessaire de prendre en compte le 0, qui n'a pas de signe et qui sépare les nombres positifs des nombres négatifs. Le signe est une qualité importante car il précise la position des nombres par rapport à 0. Négatif signifie plus petit que 0, positif signifie plus grand. D'où l'adjectif "relatif" pour qualifier ces nombres.

Les entiers naturels étant des nombres sans signe, ils ne peuvent être positifs. Mais, par convention, un entier noté sans signe peut être interprété, suivant le contexte, comme un entier naturel ou comme un entier relatif positif. À l'inverse, pour noter un entier relatif négatif, on doit obligatoirement écrire le signe "–", faute de quoi le nombre en question pourrait être confondu avec un entier positif.

Par cette identification, l'ensemble des entiers naturels apparaît contenu dans celui des entiers relatifs.

Les nombres avec virgule

La diversité de ces nombres est immense.

En effet, un nombre avec virgule peut avoir des décimales en quantité quelconque, finie ou infinie.

Exemple avec nombre de décimales fini :

2,9673
042058
337456
236214
495

Exemple avec nombre de décimales infini :

$$1/3 = 0{,}3333333333333333333...$$

les pointillés indiquant que la décimale 3 se répète à l'infini.

Les nombres à virgule comportent trois catégories :

1. Les nombres rationnels

Si nous prenons un entier naturel et le divisons par un autre entier naturel, le résultat comporte soit un nombre fini de décimales, soit des décimales en quantité infinie.
Ces dernières se décomposent à leur tour en deux catégories. La première dans laquelle les décimales se répètent de manière périodique à partir d'un certain chiffre après la virgule (ce sont les rationnels) et une seconde dans laquelle les décimales ne se répètent pas de façon périodique et sont donc imprévisibles avant tout calcul.
Exemples avec nombre fini de décimales :

$$2/1 = 2$$
$$3/2 = 1{,}5$$
$$5/16 = 0{,}3125$$
$$173/64 = 2{,}703125$$

Ces quatre nombres ont une quantité définie de décimales :

0, 1, 4 et 6

Exemples avec nombre périodique infini de décimales (dans ces exemples, le groupe périodique commence juste après la virgule) :

1/11 =
0, 0909090909...

55/111 =
0, 495495495495...

Exemple de décimales quelconques, ici 39, avant l'apparition du groupe périodique, ici 285714.

11/28 =
0,39
285714
285714
285714...

Remarque

On peut énoncer cette propriété de manière plus concise. En effet, les nombres comportant des décimales en quantité finie peuvent être considérées comme ayant un nombre infini de décimales lorsqu'on leur ajoute des 0 à l'infini.

Par exemple :

3,478 =
3,4780000000000000
000000000...

Si l'on tient compte de cette remarque, la propriété précédente devient plus concise à énoncer :

"Les décimales de la division d'un entier naturel par un autre sont périodiques à partir d'un certain rang."

La division d'entiers relatifs procède comme celle des entiers naturels. L'unique différence est que le résultat est un nombre avec signe. Ce signe dépend de celui des entiers impliqués dans la division. La propriété de périodicité des décimales étant indépendante du signe, elle vaut également pour le résultat de la division d'un entier relatif par un autre.

Définition

Les nombres comportant des décimales périodiques à partir d'un certain rang sont appelés nombres rationnels. Le bloc de chiffres (142857) revient périodiquement, ce qui permet de prévoir la suite des décimales. C'est cette prévision d'un développement périodique qui fait de ces nombres des rationnels.

1/7 =
0,142857
142857
...
142857, etc.

Plutôt que de chercher à noter l'écriture décimale d'un nombre rationnel, même si elle présente une propriété remarquable, on note pour des raisons de commodité ces nombres par des fractions, dans l'exemple précédent :

$$1/7$$

De la même manière qu'on a absorbé les entiers naturels dans les entiers relatifs en identifiant les entiers positifs aux entiers naturels, on peut inclure les entiers relatifs dans les rationnels. Pour ce faire, on identifie l'entier relatif “p” au rationnel p/1.
Par exemple :

$$3 = 3/1$$

ou

$$-4 = -4/1$$

De par leur définition, et comme le suggère leur notation fractionnaire, les rationnels sont bien adaptés à la division.
La division de deux rationnels (si le nombre par lequel on divise n'est pas 0) est toujours un nombre rationnel.
La somme, la différence ou le produit de nombres rationnels est toujours un nombre rationnel. L'ensemble des rationnels est donc invariant sous les quatre opérations de calcul.
En revanche, on ne peut diviser un entier naturel par n'importe quel autre entier naturel. J'ai 25 vaches et 3 enfants, je veux donner la même quantité de vaches (vivantes !) à chaque enfant. Ce n'est pas possible !
La réciproque de la propriété des décimales obtenues par division est vraie.
“Si l'écriture décimale d'un nombre est finie, ou périodique, à partir d'un certain rang, alors le nombre est rationnel.”

Autrement dit, les nombres rationnels sont les seuls nombres ayant une écriture décimale périodique. La périodicité caractérise donc les rationnels.

Un nombre est rationnel,
si et seulement si son développement décimal
(ou dans n'importe quelle base)
est périodique à partir d'un certain chiffre.

135/11
=
12, 27 27
27 27 27
27 27 27
27 27 27
27 27 27
27

2. Les nombres irrationnels

Ils peuvent se construire géométriquement (exemple : $\sqrt{2}$ diagonale d'un carré de 1) sans qu'il soit possible de les exprimer par une valeur fractionnaire, si compliquée soit-elle. De plus, aucune loi ne permet de définir le retour périodique de chiffres ou groupes de chiffres comme pour les rationnels, même s'il existe certaines périodicités.
Le nombre irrationnel le plus célèbre est $\sqrt{2}$. Son écriture décimale offre une infinité de décimales non prévisibles.

$\sqrt{2}$ =
1,41421356237309504
8801688724209 7....

Exemple :
Si nous demandons qu'entre deux 1 consécutifs, il y ait de plus en plus de 0, nous écrivons 1, puis un 0, puis 1, puis deux 0, puis 1, puis trois 0, puis 1, puis quatre 0, etc. Par conséquent, la décimale 1 ne peut pas se répéter à intervalles réguliers.

0,10
100 1000 10000 100000
1...

Autre exemple :

0,1 2 3 4 5 6 7 8
9
10 11 12 13
14 15 ...

où les décimales sont les entiers naturels à la suite les uns des autres. Cette écriture n'est pas périodique car la décimale 1 ne l'est pas.

Une des propriétés des irrationnels est leur pouvoir d'être solution d'une équation algébrique de degré supérieur à 1. Ce sont donc des nombres algébriques.
Par exemple, l'équation algébrique $x^2 - 2 = 0$ a pour solution $+\sqrt{2}$ et $-\sqrt{2}$. $\sqrt{2}$ est donc un nombre algébrique.

3. Les nombres transcendants

Ce sont les nombres irrationnels qui ne sont pas algébriques.
π est le plus connu de tous. Il est irrationnel car ses décimales sont infinies et imprévisibles et il n'est solution d'aucune équation de degré supérieur à 1.
Il existe d'autres nombres transcendants comme e (= 2,718), la constante d'Euler (= 0,577215), e^{π} et peut-être π^{e}.

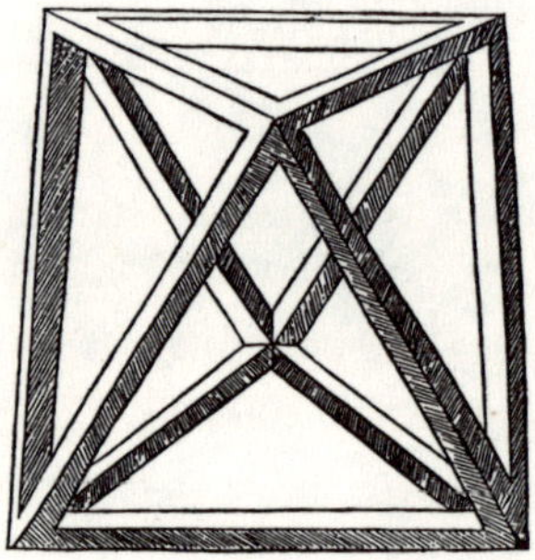

L'irrationnelle racine de Trois gouverne l'octaèdre
(dessin attribué à Léonard de Vinci).

2

Désir d'infini

Le fascinant nombre π

Mon être tout entier hurle
en contradiction contre lui-même.
L'existence est à coup sûr un choix…
Soren Kierkegaard

Un nombre transcendant est un nombre irrationnel, dont les décimales ne sont donc pas périodiques, et qui n'est pas solution d'équation algébrique. π en est l'exemple le plus connu. π est sûrement le nombre le plus célèbre des mathématiques. Des livres entiers ont été écrits sur son histoire et sur les travaux qu'il a suscités – et suscite encore. Ce qui fascine depuis toujours les mathématiciens, c'est qu'un nombre défini à partir d'une figure géométrique aussi simple que le cercle soit porteur de tant de mystères et riche d'une telle complexité.

π est défini non comme un nombre mais comme un rapport de grandeurs, entre l'aire d'un cercle et le carré construit sur son rayon.

C'est Archimède qui, au IIIe siècle avant J.-C., a prouvé que ce rapport était indépendant du rayon du cercle considéré et égal au rapport de la longueur d'un cercle à son diamètre. Les Grecs supposaient, sans pouvoir le démontrer, qu'il s'agissait d'un rapport de grandeurs incommensurables.

Lorsqu'au XVIIe siècle, les rapports de grandeurs acquirent le statut de nombres, π devint un nombre que l'on pensait irrationnel, sans pouvoir le prouver.

ΑΡΧΙΜΗΔΟΥΣ ΚΥΚΛΟΥ ΜΕΤΡΗΣΙΣ.

Πᾶς κύκλος ἴσος ἐστὶ τριγώνῳ ὀρθογωνίῳ, οὗ ἡ μὲν ἐκ τοῦ κέντρου ἴση μιᾷ τῶν περὶ τὴν ὀρθήν, ἡ δὲ περίμετρος τῇ βάσει. ἐχέτω ὁ α β γ δ κύκλος, ὡς ὑπόκειται. λέγω ὅτι ἴσος ἐστὶν τριγώνῳ τῷ ε. εἰ γὰρ δυνατόν, ἔστω μείζων ὁ κύκλος, καὶ ἐγγεγράφθω τὸ α γ τετράγωνον, καὶ τετμήσθωσαν αἱ περιφέρειαι δίχα. καὶ ἔστω τὰ τμήματα ἤδη ἐλάσσονα τῆς ὑπεροχῆς, ᾗ ὑπερέχει ὁ κύκλος τοῦ τριγώνου. τὸ εὐθύγραμμον ἄρα ἔτι τοῦ τριγώνου ἐστὶ μεῖζον. εἰλήφθω κέντρον τὸ ν, καὶ κάθετος ἡ ν ξ. ἐλάσσων ἄρα ἡ ν ξ τῆς τοῦ τριγώνου πλευρᾶς. ἔστι δὲ καὶ ἡ περίμετρος τοῦ εὐθυγράμμου τῆς λοιπῆς ἐλάττων. ἐπεὶ ἐστὶ τοῦ κύκλου περιμέτρου. ἔλαττον ἄρα τὸ εὐθύγραμμον τοῦ ε τριγώνου, ὅπερ ἄτοπον. ἔστω δὲ ὁ κύκλος, εἰ δυνατόν, ἐλάττων τοῦ ε τριγώνου. καὶ περιγεγράφθω τὸ τετράγωνον, καὶ τετμήσθωσαν αἱ περιφέρειαι δίχα. καὶ ἤχθωσαν ἐφαπτόμεναι διὰ τῶν σημείων, ὀρθὴ ἄρα ἡ ὑπὸ ο α ρ. ἡ ο ρ ἄρα τῆς μ ρ ἐστὶ μείζων. ἡ γὰρ ρ μ τῇ ρ α ἴση ἐστί. καὶ τὸ ρ ο π τρίγωνον ἄρα τοῦ ο ζ α μ σχήματος μεῖζόν ἐστιν ἢ τὸ ἥμισυ. λελείφθωσαν οἱ τῷ π ζ α τομεῖ ὅμοιοι ἐλάσσους τῆς ὑπεροχῆς, ᾗ ὑπερέχει τὸ ε τρίγωνον τοῦ α β γ δ κύκλου. ἔστιν ἄρα τὸ περιγεγραμμένον εὐθύγραμμον ἔτι τοῦ ε ἔλασσον, ὅπερ ἄτοπον. ἔστι γὰρ μεῖζον, ὅτι ἡ μὲν ν α ἴση ἐστὶ τῇ καθέτῳ τοῦ τριγώνου. ἡ δὲ περίμετρος μείζων ἐστὶ τῆς βάσεως τοῦ τριγώνου. ἴσος ἄρα ὁ κύκλος τῷ ε τριγώνῳ.

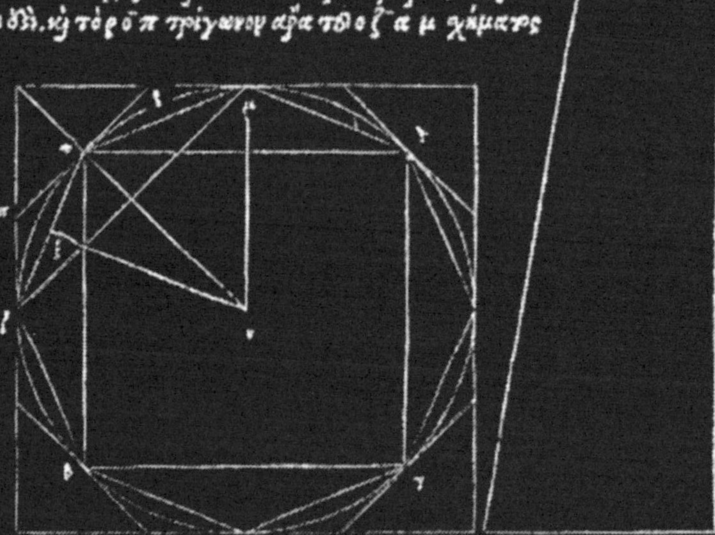

Ὁ κύκλος πρὸς τὸ ἀπὸ τῆς διαμέτρου τετράγωνον, λόγον ἔχει, ὃν ια πρὸς ιδ. ἔστω κύκλος, οὗ διάμετρος α β

Quadrature du cercle par Archimède (manuscrit grec).

Portrait d'Archimède (287-212 av. J.-C.).

La notation π apparaît pour la première fois en 1663 dans un livre de l'Anglais Oughtred. Elle représente la première lettre du mot grec *periphereia* ("circonférence").
L'irrationalité de π fut prouvée en 1761 par le Suisse Lambert, grâce à une démonstration utilisant ce qu'on appelle les fractions continues.

π est irrationnel et transcendant

On s'intéresse notamment depuis le début du XXe siècle à la distribution statistique de ses décimales, c'est-à-dire à la façon dont, dans la suite des décimales, apparaissent les chiffres de 0 à 9. On sait que, puisque π est irrationnel, son développement décimal n'est pas périodique. Mais en étudiant ses décimales peut-on déceler certaines particularités ?
On pourrait ainsi, à partir d'un certain rang, ne plus trouver un certain chiffre, ou n'avoir plus qu'un seul type de séquences de chiffres, ou...
Une particularité de ce genre révélerait une propriété profonde que l'on pourrait essayer d'interpréter sur un plan théorique.
Mais, malgré tous les tests statistiques pratiqués, on n'a jusqu'à présent rien trouvé. Fait étonnant, si l'on pense que π a une définition très particulière.
Ceci amène à se demander s'il existe une différence entre les décimales de π et une suite de chiffres pris au hasard. Mais quelles sont les propriétés d'une suite de chiffres pris au hasard ? Et comment caractériser une telle suite ? Ce type de question, qui oblige à s'interroger sur la notion de hasard débouche sur des théories importantes.

Le calcul de π

Le calcul de π, ou plutôt de sa valeur approchée, remonte aux temps les plus anciens.
La première estimation de π dont on ait trouvé trace nous vient de la civilisation babylonienne. Sur une tablette datant d'environ 4000 ans avant J.-C., on peut lire des considérations sur le rapport entre la longueur d'un cercle et le périmètre de l'hexagone inscrit (égal à 3 fois le diamètre) qui reviennent à estimer π à 3 + 1/8, soit :

3,125

Sur une tablette babylonienne écrite en caractères cunéiformes, on a trouvé l'approximation $\pi = 3 + 1/8$. Les Babybloniens y seraient arrivés en comparant le périmètre du cercle avec celui de l'hexagone inscrit, égal à trois fois le diamètre.

Résultat assez remarquable puisque l'on sait aujourd'hui que le début de l'écriture décimale de :

π est 3,14159

On trouve une autre estimation de π dans le célèbre papyrus Rhind, datant de 1650 avant J.-C. Le scribe égyptien Ahmes y indique que l'aire d'un cercle est égale à celle d'un carré ayant un côté égal à 8/9 du diamètre, soit 16/9 du rayon. Ceci revient à prendre $(16/9)^2$ comme valeur de π, soit environ : 3,16.

La règle de la diminution du neuvième, utilisée dans le problème 48 du papyrus de Rhind (à droite en écriture hiératique), conduit à la valeur $\pi = (16/9)^2$. Elle proviendrait de l'approximation de la surface d'un disque par celle d'un octogone (à gauche).

Ahmes ne donne pas d'indication sur la façon dont ce résultat a été obtenu, mais on pense qu'il provient de l'estimation de l'aire d'un cercle par celle d'un octogone, figure que l'on retrouve sur les carrelages de l'époque.
Ces estimations d'antan avaient un but pratique : il s'agissait par exemple de pouvoir calculer l'aire d'une parcelle de terrain circulaire ou le volume contenu dans un silo à grains cylindrique. Mais les Babyloniens et les Égyptiens ne se souciaient pas de définir clairement π.
Avec les Grecs, apparaît une volonté de rigueur mathématique. Par des méthodes géométriques complexes revenant à estimer le périmètre de polygones réguliers à 96 côtés, Archimède obtient l'encadrement de π :

$$3{,}1410369 < \pi < 3{,}1427201$$

Encadrement remarquable puisque d'amplitude inférieure à deux millièmes. La borne supérieure de l'encadrement, 22/7, fraction très simple, servira pendant longtemps d'estimation pratique de π ; elle suffit à régler nombres de problèmes concrets. Ce n'est qu'après le XVIe siècle et l'apparition des nombres décimaux qu'elle sera remplacée par l'estimation pratique.

$$3{,}14 \text{ ou } 3{,}1416.$$

À la suite d'Archimède, les mathématiciens de tous pays chercheront des estimations de π. Les méthodes resteront longtemps géométriques, reposant comme chez Archimède sur l'utilisation de polygones réguliers.
Au IIe siècle de notre ère, on trouve chez les Chinois l'estimation 142/45, soit :

$$3{,}155$$

L'Indien Âryabhata donne en 498 une estimation à 62832/20000, soit :

$$3{,}1416$$

On retrouve cette valeur chez les Arabes au IXe siècle. En Occident, l'Allemand Van Ceulen parvient au XVIe siècle à calculer les 35 premières décimales de π en utilisant des polygones réguliers à 262 côtés, soit environ 4 milliards de milliards de côtés. Ce calcul titanesque, auquel Van Ceulen consacra sa vie, vaudra la gloire à son auteur, mais mettra un point final au calcul des décimales de π par les méthodes archimédiennes. Personne n'ira plus loin que Van Ceulen par ces techniques, en raison de l'apparition des méthodes analytiques lesquelles allaient permettre de nouvelles définitions de π et de balayer les méthodes géométriques.

En 1719, le Français Lagny calcule 127 décimales. Record battu seulement en 1794 par l'Autrichien Vega, qui en calcule 140. En 1844, Dahse en donne 205. On passe à 248 en 1847 (Clausen), 440 en 1853 (Rutherford), 530 en 1853 toujours (Shanks), 707 en 1873 (à nouveau Shanks). Ces 707 décimales calculées par Shanks constitueront longtemps le record du nombre de décimales de π calculées. Il faut dire que Shanks avait consacré vingt ans de sa vie à ce calcul. Ce sont ces 707 décimales de Shanks qui figurent au plafond de la salle consacrée à π au Palais de la Découverte à Paris. On n'améliorera la performance qu'en 1947, quand Ferguson calculera 710 décimales à l'aide d'une machine à calculer de bureau.
Pour l'anecdote, on s'apercevra à cette occasion que les décimales de Shanks étaient fausses à partir de la 528e, à cause, pense-t-on, d'un terme oublié, ce qui obligea les responsables du Palais de la Découverte à refaire en partie leur plafond.

L'époque de l'ordinateur

En 1948, avec Wrench, Ferguson améliore encore le nombre de décimales connues de π en en calculant 808, toujours à l'aide d'une machine à calculer de bureau. Ce calcul de 808 décimales par Ferguson et Wrench marque la fin de l'ère des calculs "à la main" des décimales de π. Avec l'apparition des ordinateurs, le nombre des décimales de π calculées va augmenter très vite. En 1949, à Philadelphie, un ordinateur programmé par Reitwiestner calcule 2037 décimales, en 70 heures. En 1954, aux États-Unis toujours, un ordinateur programmé par Nicholson et Jeenel calcule 3092 décimales, en dix minutes.

L'ENIAC, premier ordinateur électronique, a battu en 1949 le record de calcul des décimales de π. Mission accomplie avec 2 037 décimales, soit presque le double du record précédent, obtenu la même année à l'aide d'une machine à calculer mécanique.

En 1958, à Paris, un ordinateur programmé par Genuys calcule 10 000 décimales, en 100 minutes. Le cap des 100 000 décimales est franchi en 1961 à Washington par Shanks et Wrench, et celui du million de décimales en 1973 à Paris par Guilloud et Martine Bouyer. En 1976 apparaît un algorithme d'un type nouveau, très rapide, inventé par Brent et Salamin. Commence une nouvelle période qui voit le nombre de décimales connues de π augmenter spectaculairement grâce à l'apparition de nouveaux algorithmes toujours plus efficaces. Aujourd'hui, nous sommes à plus de 200 milliards de décimales de π !

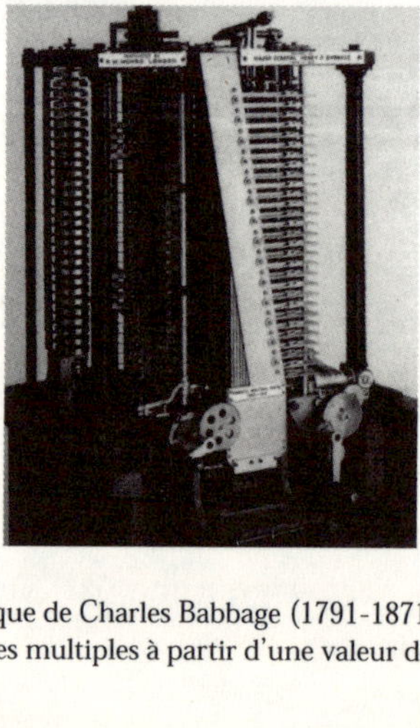

Machine analytique de Charles Babbage (1791-1871), qui fut chargée d'évaluer les multiples à partir d'une valeur donnée de π.

19951	41908	16682	24900	74207	11186	48815	47728	91718	65359	67765
19952	39579	93350	33427	28214	60541	69649	60098	47069	79585	59264
19953	30428	70363	66471	30713	14782	33061	15764	19913	22242	06460
19954	99898	83076	26858	36055	52740	99047	84676	10760	42417	84215
19955	06285	17557	35299	96478	62552	95428	36742	98706	64579	43375
19956	80101	40740	21161	86144	84329	76574	42634	28528	70477	85563
19957	08309	63143	52787	83041	94501	97029	46575	77773	28167	46858
19958	08745	39316	03937	25331	58992	80579	43463	14087	35860	86177
19959	88263	34927	74615	11849	11655	13068	18467	13677	34882	33410
19960	85136	40394	79392	08876	88633	63394	61382	35834	47940	81569
19961	61091	42938	77347	13893	42377	36191	09646	05642	44474	77908
19962	20760	49660	27135	61689	54106	44483	21365	98082	93890	97296
19963	18912	11834	29149	06163	89638	61069	37520	89534	68839	83344
19964	46718	98212	43478	07238	74074	57697	55450	74368	46747	13502
19965	48588	18399	66556	81963	44528	81194	18331	72636	82505	06118
19966	64900	39412	55205	74571	20360	35578	02514	19043	52671	83721
19967	92138	48299	05803	22469	58424	32315	89844	32510	39654	43535
19968	05354	32292	16747	04077	86146	84859	76255	74461	53511	88003
19969	14305	69954	92784	71674	54497	26976	12839	33251	83819	72223
19970	28360	70752	27812	92813	01065	69412	62948	73063	42688	37338
19971	18174	21706	08647	54827	63942	42391	40275	32180	42951	90341
19972	16351	70469	80742	33515	56057	85756	24509	99253	20178	74996
19973	36640	47347	70389	85587	30650	76038	70997	73184	31281	09897
19974	89882	08543	55955	09432	53902	37189	52168	20233	44245	57257
19975	53078	79263	39855	09016	45594	23733	96625	22335	16487	50589
19976	55694	21729	72448	95998	82508	92321	12034	79589	41546	54603
19977	03787	86175	91571	66139	88693	26873	74968	47305	49653	29378
19978	21475	64810	57938	08285	30053	24470	80506	56929	42234	00109
19979	59348	29461	45390	78890	66162	64021	50130	73533	00331	92074
19980	56372	63770	77099	93999	22886	21224	32488	02062	63485	08885
19981	30360	10723	43689	01360	64275	81425	28398	78594	91799	79611
19982	21963	79757	65192	45218	67096	08809	21371	11977	50008	78159
19983	30430	72934	48839	30957	57415	92413	75285	97779	72918	93453
19984	85050	80383	19867	74590	02518	65791	72370	80857	41642	97153
19985	80788	40607	13068	68036	19824	19715	77476	38950	72534	68404
19986	56919	27595	31937	22370	22290	15580	06560	76047	38547	35990
19987	44779	96748	74996	97694	27137	66869	55331	95125	33776	40985
19988	87096	68386	32639	26164	94560	86841	40374	56842	07194	05950
19989	70174	30354	69182	15090	04664	93998	55174	13893	85197	57312
19990	15682	61622	86223	18810	96729	74760	60130	28331	19371	61140
19991	87472	70676	25585	67775	11995	66674	86151	96491	29701	93318
19992	08499	41096	18139	29649	27893	60902	12535	44332	73750	64260
19993	62429	94120	32736	25582	44174	98345	09473	09453	43661	59072
19994	84163	19368	30757	19798	06823	15357	37155	57181	61221	56787
19995	93642	50138	87117	02327	55557	79302	26678	58031	99930	81083
19996	05763	07652	33205	07400	13939	09580	79016	37717	62925	92837
19997	64874	79017	72741	25678	19055	55621	80504	87674	69911	40839
19998	97791	93765	42320	62337	47173	24703	36976	33579	25891	51526
19999	03156	14033	32127	28491	94418	43715	06965	52087	54245	05989
20000	56787	96130	33116	46283	99634	64604	22090	10610	57794	58151

Dernière page du livre *1 000 000 de décimales de* π de Jean Guilloud et Martine Bouyer, parfois qualifié de "livre le plus ennuyeux du monde". Les deux mille cinq cents décimales de cette page vont de la 997 501ᵉ à la 1 000 000ᵉ.

Un désir d'infini

"Mais, peut-on se demander, pourquoi cette chasse aux décimales de π ? On peut trouver à ce calcul une motivation théorique, celle de mettre au jour, dans la suite des décimales, des particularités révélant quelque chose de profond sur la nature de π. En particulier, tout progrès dans le nombre de décimales connues permet d'affiner l'étude de la distribution statistique des décimales. D'autre part, une grande partie de l'intérêt de la chasse aux décimales réside dans son processus même.

La complexité de π fait de la recherche de ses décimales un excellent moteur pour faire avancer les mathématiques. Elle oblige les mathématiciens à réfléchir sur différentes notions liées à la nature des nombres et à celle même des mathématiques ; elle nécessite la mise au point d'algorithmes rapides, qui sont ensuite adaptables à diverses fonctions et peuvent se révéler d'un grand intérêt mathématique ; l'exécution des calculs effectifs, enfin, fournit un très bon test pour la puissance des ordinateurs."

Jean Pézennec, *Promenades au pays des nombres.*

Il semble cependant que les chasseurs de décimales présentent souvent des motivations qui n'ont rien à voir avec la raison.

N'est-ce pas l'une des formes que peut prendre l'humanité de l'homme comme expression de son désir d'infini ?

(Sur cette question, voir plus loin page 343 le chapitre intitulé "La transcendance de π".)

3

Le pair et l'impair

La dialectique du chaos et du cosmos

Ce soir, il y aura place pour tous
À la table du Père.
Quelqu'un mêlé tout le jour
aux autres ouvriers de la vigne
rendra grâce pour tous et chacun
en rompant le pain.
Pierre Emmanuel

Pour les pythagoriciens, l'harmonie s'étendait à l'univers entier ; l'ordre des cieux eux-mêmes s'exprimait par une gamme musicale. La musique des sphères ! Pour dire cela, il fallait un mot. Pythagore l'inventa : *cosmos* ! Le bon ordre et la beauté. Et l'histoire du monde se symbolisa par la lutte du cosmos contre le chaos.

Cette notion d'ordre et de cosmos orienta une des activités principales des mathématiciens : la classification. Pythagore commença par établir une première classification des nombres. Elle nous paraît si naturelle aujourd'hui qu'elle semble avoir toujours existé. Ce fut pourtant une grande première. Il répartit les nombres entiers en deux catégories, les pairs et les impairs. Ceux qui sont divisibles par deux et ceux qui ne le sont pas.

2 est le premier "nombre pair" et le seul pair "premier".
3 est le premier "nombre impair".

Il établit ainsi les règles de calcul concernant la parité.
Pour l'addition :

Pair + pair = pair
Impair + impair = pair
Pair + impair = impair

Et pour la multiplication :

Pair x pair = pair
Impair x impair = impair
Pair x impair = pair

La Tetraktys

Le cœur de la doctrine pythagoricienne est la Tetraktys, qui veut dire la "quaternité", quatre éléments consécutifs.
Le premier vers du serment pythagoricien en révèle l'importance aux yeux des adeptes :

> "Non, je le jure au nom de celui qui a transmis à notre âme la Tetraktys
> En qui se trouve la source et la racine de l'éternelle Nature."

Les nombres 1, 2, 3, 4 et leur somme consécutive (1 + 2 + 3 + 4 = 10) fondent, par analogies, la manière dont les pythagoriciens concevaient l'univers. Car,

1 = le Créateur
2 et 3 = la Matière
4, 5 et 6 = l'Esprit
7, 8, 9 et 10 = les Manifestations Sensibles

Le nombre 10 : la décade

La décade, somme de la Tetraktys, a tout autant un rôle sacré.
En vérité, enseignait Pythagore, le nombre 10 est le plus beau, car il contient :
– autant de nombres pairs qu'impairs :

1, 3, 5, 7, 9 sont impairs
2, 4, 6, 8, 10 sont pairs

– autant de nombres premiers que de nombres composés :

1, 2, 3, 5, 7, 9 sont premiers
4, 6, 8, 9, 10 sont composés

La Tetraktys et l'espace

L'un des enseignements clés de l'école pythagoricienne était que tout est nombre – et que rien ne peut se concevoir ou se connaître sans recourir aux nombres. La Tetraktys représente le nombre de points nécessaires pour engendrer les dimensions de l'Univers :

1 est le point, de dimension zéro (objet zéro-dimensionnel) et générateur des autres dimensions ;
2 points définissent une droite, de dimension 1 ;
3 points forment un triangle, de dimension 2 ;
4 points reliés entre eux forment un tétraèdre, de dimension 3.

Les pythagoriciens firent de la Tetraktys leur symbole. Ils poussèrent la mystique des nombres à son extrême en construisant un univers dans lequel les nombres se voyaient attribuer une fonction philosophique et mystique.

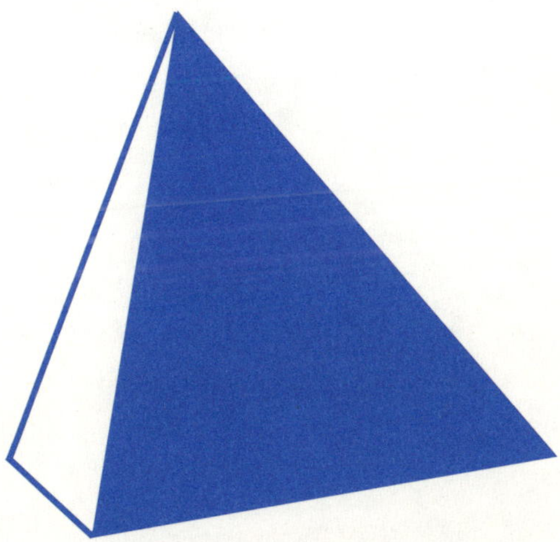

Tetraèdre, figure géométrique de la Tetraktys.

La double Tetraktys

Dans son écrit *Sur Isis et Osiris*, Plutarque évoque la Tetraktys (§ 76) :
“De leur côté, les pythagoriciens ont gratifié les nombres et les figures géométriques de dénominations de dieux (…)
Quant au nombre appelé Tetractys, à savoir trente-six, nombre qui est, comme partout on le répète, leur serment le plus sacré, ils l'appellent l'Univers ; il se compose de la somme des quatre premiers nombres pairs et de celle des quatre premiers impairs additionnés ensemble.”

Pour les Grecs, l'égalité :

$$(1 + 3 + 5 + 7) + (2 + 4 + 6 + 8) = 36$$

était envisagée de manière symbolique. Comme ils voyaient dans l'opposition des nombres impairs et des nombres pairs la polarité du masculin et du féminin, en ce “double Tetraktys” se réunissaient alors une tétrade masculine et une tétrade féminine, à la façon de quatre dieux et quatre déesses, dans un acte de création universelle ; ils en voyaient sortir l'univers sous le vêtement numérique du trente-six.

4

Les nombres premiers

Entre la terre et le ciel, une échelle.
Le silence est au sommet de l'échelle.
La parole ou l'écriture, si persuasives soient-elles, n'en sont que les degrés intermédiaires.
Il faut n'y poser le pied que très légèrement, sans insister. Parler, c'est tôt ou tard faire le malin. Écrire, c'est tôt ou tard faire le malin.
À un moment ou à un autre.
Inévitablement. Irrésistiblement.
Seul le silence est sans malice.
Le silence est premier et dernier.
Le silence est amour – et quand il ne l'est pas, il est plus misérable que le bruit.
Christian Bobin

Définition du nombre premier et du nombre composé

Il existe deux espèces d'entiers positifs : les nombres premiers et les nombres composés.

- On dit qu'un nombre positif est premier lorsqu'il n'a d'autre diviseur que lui-même et l'unité.

7 par exemple n'est divisible que par 7 et 1.

$$7 \div 1 = 7$$

$$7 \div 7 = 1$$

- On dit qu'un nombre est non premier ou composé lorsqu'il admet plus de deux diviseurs.

Exemple :

24 est divisible par 1 (= 24)
24 est divisible par 24 (= 1)

Mais un nombre peut avoir d'autres diviseurs que lui-même et l'unité.
Ainsi 24 est divisible aussi par
2, 3, 4, 6, 8, et 12.

Remarque sur le 1
On doit observer que l'unité ne rentre dans aucune de ces deux espèces et, dans la plupart des cas, il ne convient pas de la considérer comme un nombre premier, parce que les propriétés des nombres premiers ne s'appliquent pas toujours au nombre 1.

Les nombres premiers jumeaux

Depuis des siècles, les mathématiciens essayent de découvrir les motifs sous-jacents des nombres premiers. Il n'existe peut-être aucun schéma. Certains nombres premiers se présentent par paires, espacés de 2 ; on les appelle des nombres premiers jumeaux.

Deux nombres premiers sont jumeaux
s'ils sont on ne peut plus près l'un de l'autre,
c'est-à-dire si leur différence est égale à deux.

Voici quelques paires de nombres premiers jumeaux :

(3,5), (5,7), (11,13), (17,19), (29,31)

Une conjecture mathématique de longue date stipule qu'il existe une infinité de nombres premiers jumeaux. Jusqu'ici, la conjecture n'a été ni prouvée ni réfutée.

Remarquons que les nombres premiers jumeaux diffèrent seulement de 2, ce qui est le plus près possible pour deux nombres premiers. S'ils différaient de 1, l'un des nombres serait nécessairement pair et donc divisible par 2.

La conjecture de Goldbach

Goldbach affirma en 1742 dans une lettre à Euler :

Tout nombre entier pair est toujours
la somme de deux nombres premiers.

Par exemple :

$$34 = 29 + 5$$
$$48 = 31 + 17$$
$$18 = 7 + 11$$
$$20 = 17 + 3$$
$$30 = 17 + 13$$

Vérifiée à l'aide d'un ordinateur sur plus de cent millions d'entiers pairs, cette affirmation, deux siècles et demi après avoir été énoncée, n'a pas encore été démontrée et reste un problème qui occupe les mathématiciens contemporains.
Il est intéressant de noter d'emblée que cette conjecture fonctionne aussi pour les nombres impairs supérieurs à 5. Mais ici, il faut trois nombres premiers.

Tout nombre impair
est toujours la somme de trois nombres premiers.

Exemple :

$$55 = 31 + 19 + 5$$

Belle conjecture ; ça marche toujours, même si personne n'est capable de dire pourquoi !

Suite des nombres premiers

Combien y a-t-il de nombres premiers ? C'est la première question qui se pose au sujet des nombres premiers, dans la mesure même où ils constituent le matériau de base de tous les naturels (voir conjecture de Goldbach) et que ces naturels croissent indéfiniment. Peut-on les recenser ou bien constituent-ils, eux aussi, une suite illimitée ?

Nombres premiers inférieurs à 100 :

2 3 5 7
11 13 17 19
23 29 31 37
41 43 47
53 59
61 67
71 73 79
83 89
97

La suite des nombres premiers est illimitée.

Ce théorème important est dû à Euclide. Remarquez que les écarts entre les nombres premiers successifs sont variables ; par exemple, dans cette liste, les écarts valent 1, 2, 2, 4, 2, 4, 2, 4, 6, 2, 6, 4, 2, 4, 6, 6… Le mathématicien grec Euclide prouva qu'il existe une infinité de nombres premiers. Cependant, ces nombres n'apparaissent pas de manière régulière, et il n'existe pas de formule pour les engendrer. En conséquence, la découverte de grands nombres premiers implique de produire et de tester des millions de nombres.
Par exemple :

170 141 183 460 469 231 731 687 303 715 884 105 727

Ce nombre de 39 chiffres a longtemps été considéré comme le plus grand nombre premier connu. C'est l'équivalent de [(2 puissance 127) - 1], c'est-à-dire qu'il représente le nombre de grains qu'il eût fallu donner à l'inventeur du jeu d'échecs si ce jeu avait comporté 127 cases (voir plus haut l'anecdote pages 21 et suivantes).

Le "crible d'Eratosthène" (276-194 avant notre ère)

Il n'est pas difficile de reconnaître les nombres premiers inférieurs à 100, en éliminant tous ceux qui sont les multiples de 2, c'est-à-dire les nombres pairs, puis en éliminant les multiples de 3, c'est-à-dire un nombre sur trois, les multiples de 5, terminés par 5 ou 0, puis ceux de 7.
Cette méthode qui consiste à ne laisser passer que les nombres premiers, connue depuis l'Antiquité, a pour nom le "crible d'Eratosthène". Eratosthène était un mathématicien grec (IIIe siècle avant notre ère), ami d'Archimède.

Remarque

Les nombres premiers (sauf 2) peuvent être séparés en deux groupes :
– le premier groupe (5, 13, 17, 29...) est formé des nombres dont la division par 4 donne 1 pour reste (que l'on peut noter 4k + 1) ;
– le second groupe (3, 7, 11, 19, 23...) est formé des nombres dont la division par 4 donne 3 pour reste (et que l'on peut noter 4k + 3).

Ainsi :
– tous les nombres du premier groupe peuvent être exprimés comme somme de 2 carrés, et ne peuvent l'être que d'une seule manière ;
– aucun nombre du second groupe ne peut l'être.

Troisième partie

Les remarquables

Les nombres parfaits

Les mystères de 6 et 28

Les “nombres amicaux”

1

Les nombres parfaits

Restons à la lampe et parlons peu ;
tout ce que l'on peut dire ne vaut pas
l'aveu du silence vécu ; c'est comme
le creux d'une main divine.
Rainer Maria Rilke

Pythagore et les pythagoriciens se sont particulièrement intéressés à l'étude des nombres arithmétiques (1, 2, 3…) et de leurs fractions. Les nombres arithmétiques sont aussi appelés nombres entiers et l'on se réfère techniquement aux fractions sous l'appellation de nombres rationnels, c'est-à-dire de rapports proportionnels entre les nombres entiers. Dans l'infinité des nombres, la Fraternité de Pythagore recherchait ceux qui présentaient une signification particulière, quelques-uns des plus particuliers étaient appelés nombres "parfaits". Selon Pythagore, la perfection numérique dépendait des diviseurs d'un nombre, car certains nombres se divisent parfaitement en un nombre originel.

Les nombres excessifs ou abondants

Pythagore mit en évidence trois catégories de nombres : les nombres parfaits, les nombres excessifs et les nombres imparfaits.
Quand la somme des diviseurs d'un nombre est plus grande que le nombre lui-même, celui-ci est appelé nombre "excessif" ou "abondant".

Par exemple, 12 : 12 est un nombre excessif, parce que la somme de ses diviseurs est 16 (supérieur à 12 ; les diviseurs de 12 étant 1, 2, 3, 4 et 6).

$$1 + 2 + 3 + 4 + 6 = 16$$

et

$$16 > 12$$

Le premier nombre abondant est 12.

Les nombres imparfaits ou déficients

En revanche, quand la somme des diviseurs d'un nombre est moindre que le nombre lui-même, celui-ci est appelé "imparfait" ou "déficient".

Par exemple 10
10 est nombre imparfait parce que la somme de ses diviseurs est 8 (inférieur à 10 ; les diviseurs de 10 étant 1, 2, 5).

$$1 + 2 + 5 = 8$$

et

$$8 < 10$$

Les nombres parfaits

Les nombres les plus significatifs et les plus rares sont ceux dont la somme des diviseurs correspond au nombre lui-même : ce sont les nombres parfaits. 6 est le premier de tous les nombres parfaits.

Par exemple, le 6 :
6 est parfait parce que la somme de ses diviseurs est égal à lui-même (les diviseurs de 6 sont 1, 2 et 3).

$$1 + 2 + 3 = 6$$

$$6 = 6$$

Remarques :
À l'origine, le qualificatif de parfait fut réservé aux premiers nombres triangulaires contenus dans la Tetraktys :

$$1 + 2 = 3$$

$$1 + 2 + 3 = 6$$

$$1 + 2 + 3 + 4 = 10$$

Addition, multiplication, carrés et cubes de 6

On dit parfois que "6" est doublement parfait :
l'addition et la multiplication de ses diviseurs donnent en effet un nombre égal à lui-même.

$$1 + 2 + 3 = 6$$

$$1 \times 2 \times 3 = 6$$

Un lien particulièrement intéressant unit le 6 à ses diviseurs :

$$1^3 + 2^3 + 3^3 = 6^2 = 36$$

$$1^2 \times 2^2 \times 3^2 = 6^2 = 36$$

6 et le théorème de Pythagore

Le triplet pythagoricien 3, 4, 5, sur lequel repose la construction du triangle pythagoricien, possède aussi un lien essentiel avec le nombre 6 et ses diviseurs.

$$3^3 + 4^3 + 5^3 = 6^3 = 216$$

$$1^3 \times 2^3 \times 3^3 = 6^3 = 216$$

Les nombres parfaits sont rares

Entre 0 et 1000, il n'existe que trois nombres parfaits qui sont 6, 28 et 496. 28 est parfait parce que la somme de ses diviseurs (1, 2, 4, 7, 14) est égale à lui-même.

$$1 + 2 + 4 + 7 + 14 = 28$$

Le quatrième nombre parfait est 8128, le cinquième est 33 550 336 et le sixième 8 589 869 056.

Une ancienne méthode pour construire un nombre parfait

Euclide donna, en ces termes, la façon de générer les nombres parfaits : "Partant de l'unité, on construit une suite de nombres doubles les uns des autres. Lorsque la somme de tous ces nombres est un nombre premier, il suffit de multiplier la somme par son dernier terme pour obtenir un nombre parfait."

Selon cette formulation, on élabore les sommes successives :

$$1 + 2 = 3$$

$$1 + 2 + 4 = 7$$

$$1 + 2 + 4 + 8 = 15$$

$$1 + 2 + 4 + 8 + 16 = 31\text{, etc.}$$

Négligeant 15, non premier, on forme alors les nombres parfaits successifs. En effet, suivant la méthode d'Euclide, 3, 7, 31 sont bien des nombres premiers. Les derniers termes sont bien respectivement : 2, 4, 16 ; ce qui donne, en multipliant la somme par son dernier terme :

$$3 \times 2 = 6$$

$$7 \times 4 = 28$$

$$31 \times 16 = 496$$

Remarque

Le procédé d'Euclide est tel que les nombres parfaits trouvés sont toujours pairs puisqu'on multiplie par une puissance de 2.
On ignore s'il existe une infinité de tels nombres parfaits pairs.
On ignore aussi s'il existe ou non des nombres parfaits impairs.
Belles questions ouvertes depuis plus de deux millénaires !

Nombres parfaits et équilibre de la personnalité

Les Grecs anciens appelaient un nombre parfait un *arithmos téleios*, ce qui signifie quelque chose comme : "nombre accompli en lui-même". Selon cette considération, l'on se sent formellement invité à établir une comparaison avec les événements humains et l'on pense, en face des nombres parfaits, à des personnalités homogènes, équilibrées en elles-mêmes, tandis que la plupart des gens sont comparables à ces nombres qui, en fin de compte, ont un contenu moindre que ce qui apparaît au premier regard ; la troisième sorte de nombres, plus rare, évoque symboliquement ces personnalités dont on ne remarque pas d'emblée la richesse intérieure.
Que de telles comparaisons aient vraiment été faites dans les temps anciens, cela transparaît dans un fait précis. Dans la Grèce ancienne, on s'occupait des couples de nombres constitués de telle façon que le "manque" de l'un fût contrebalancé par le "surcroît" de l'autre. Cette particularité est incarnée par les nombres 220 et 284, que nous évoquerons plus loin plus en détail. Comme cela peut facilement être établi d'après ce qui précède, la somme des diviseurs, ou le "contenu", de 220 est le nombre 284, tandis que la somme des diviseurs, ou le "contenu", de 284 est 220. Ce qui manque en contenu à l'un des nombres (284), l'autre nombre (220) le possède en surcroît.
On désignait de manière significative de tels couples de nombres comme *philoï arithmoï*, nombres amis (ou amiables). Leur nom venait ainsi directement du domaine des relations morales humaines. On voit que partout, qu'on le veuille ou non, la façon de considérer les nombres par subdivision de l'unité conduit au-delà d'elle-même, c'est-à-dire que nous passons, dans ces réflexions, de la physique des nombres à leur métaphysique !

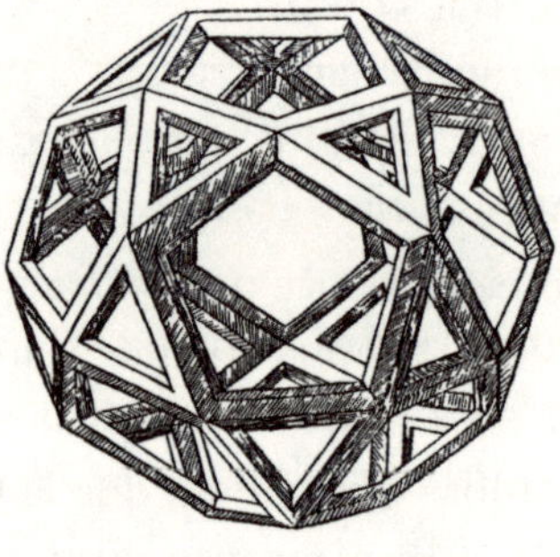

Icosidodécaèdre (polyèdre archimédien) creux, dit aussi dodécaèdre tronqué ou triacontadoèdre (dessin attribué à Léonard de Vinci).

2

Les mystères du 6 et du 28

La neige parle à la blancheur
un langage que le riz ignore.
Edmond Jabès

Les nombres parfaits mis en évidence par Pythagore et son école se retrouvent dans d'autres traditions, et en particulier dans les textes de la Bible et de la kabbale.

En effet, il ne fait pas l'ombre d'un doute que la tradition kabbaliste non seulement connaît mais utilise les nombres parfaits, et ceci depuis l'Antiquité la plus reculée. Les patriarches bibliques les utilisaient, et la formulation du texte biblique en est la preuve la plus pertinente.

La perfection du 6

Le onzième chapitre du *Tiqouné Zohar* (un des livres essentiels de la Kabbale) enseigne : "Que signifie le mot *beréchit*, premier mot du livre de la Genèse ? La traduction littérale est 'au commencement', mais la tradition kabbaliste décompose le mot *beréchit* en deux mots et lit *bara chit*, c'est-à-dire : 'Il a créé six'."

Pour les kabbalistes, le commencement, la genèse de l'univers s'inaugure par la création du "six".

La structure même du texte souligne cette idée ; en effet, le premier mot de la Bible, *beréchit*, qui signifie 'Il créa six', se compose de six lettres.

Premier mot de la Bible en hébreu : *Beréchit.*

On comprend peut-être alors pourquoi toute la structure du temps hébraïque est fondée sur l'existence de ce nombre 6.
Le monde est créé en 6 jours. Puis vient le chabbat.
L'esclave travaille 6 années. Il est libéré la septième.
On peut travailler la terre pendant 6 années, la septième la terre se repose, c'est la *chemita.*
Le monde est créé pour 6 000 ans, le septième millénaire sera le temps messianique, etc.

Chez les commentateurs et théologiens chrétiens, la perfection de ces nombres n'est pas passée inaperçue. En témoignent les remarques de saint Augustin qui disait, dans *La Cité de Dieu* :
"Que Dieu, bien qu'il eût pu créer le monde en un instant, avait décidé de lui consacrer six jours afin de refléter la perfection de l'univers".
En outre, saint Augustin avançait que 6 n'était pas un nombre parfait parce que Dieu l'avait choisi, mais plutôt parce que la perfection était inhérente à la nature de l'univers : "6 est un nombre parfait en lui-même et non pas parce que Dieu a créé toutes choses en six jours ; c'est plutôt le contraire qui est vrai ; Dieu a créé toutes choses en six jours parce que le nombre est parfait. Et il demeurerait parfait même si le travail des six jours n'avait pas eu lieu."

La sagesse du nombre 28

Les commentateurs hébraïques font remarquer que le premier verset de la Genèse comporte précisément 28 lettres, soit le deuxième nombre parfait. Le *Livre du Zohar* insiste toujours sur cette structure du premier verset par l'expression "les 28 lettres de la création du commencement" (*kaf-hèt atvan de maassé beréchit).*

א ב בְּרֵאשִׁית בָּרָא אֱלֹהִים אֵת הַשָּׁמַיִם וְאֵת הָאָרֶץ׃

Premier verset de la Bible en hébreu.

Dans d'autres textes, le nombre 28 est longuement évoqué. On peut remarquer que ce nombre s'écrit en hébreu *kaf-hèt*, deux lettres qui signifient la "force".

Le mot *hokhma*, "la sagesse", est lu comme *koah-ma*, expression qui peut signifier la force du quoi, c'est-à-dire la "force du questionnement" ou "Qu'en est-il du 28 ?" comme si l'interrogation sur ce nombre 28 était en soi une forme particulière de sagesse.

Le grand commentateur Rachi ne s'y trompe pas, consacrant son premier commentaire sur la Genèse à une évocation de cette "force-28". Il cite le verset 6 du psaume 111 qui dit *Koah maassav higuid léamo* : "C'est la force (*koah*, le 28) de ses actions qu'il raconte à son peuple."

Les kabbalistes font remarquer que le nombre des phalanges de la main est de 14. Ce chiffre s'écrit en hébreu : 10 + 4, c'est-à-dire *yod-dalèt*, précisément le mot *yad*, "la main".

Le mot "main" serait ainsi le lien entre le corps, les chiffres et les lettres. La structure anatomique de l'organe (14 phalanges) énonce un chiffre (14) qui devient lettres et mots (*yod-dalèt* = *yad*).

Rabbi Nahman de Braslav, maître hassidique du XIXe siècle, explique à partir de ces remarques l'importance de frapper dans les mains pendant la prière. En effet, les deux mains réunies ensemble produisent la somme de 14 + 14 = 28.

Remarquons que le mot *ahava*, "amour", lorsqu'il est lu selon la "*guématria* dynamique" (voir troisième livre sur la *guématria*), est aussi égal à 28. En effet, en hébreu, *ahava* s'écrit avec les lettres *aleph- hé-vèt-hé*.

Ce qui donne en *guématria* cumulative dynamique :

aleph	1
aleph- hé	1 + 5 = 6
aleph- hé-vèt	1 + 5 + 2 = 8
aleph- hé-vèt-hé	1 + 5 + 2 + 5 = 13
	Total = 28

Les 28 temps du monde

Il existe encore un autre texte, en dehors du premier verset de la Tora, qui nous donne une indication sur l'importance du nombre 28. Il s'agit d'un groupe de versets célèbres de *L'Ecclésiaste* (*Qohélèt*). Nous lisons au début du chapitre III :

Un temps pour enfanter, un temps pour mourir.
Un temps pour planter, un temps pour déraciner
Un temps pour tuer, un temps pour guérir.
Un temps pour faire brèche, un temps pour bâtir.
Un temps pour pleurer, un temps pour rire.
Un temps se lamenter, un temps danser.
Un temps pour jeter des pierres, un temps pour les ramasser
Un temps pour étreindre, un temps pour ne pas étreindre.
Un temps pour chercher, un temps pour perdre.
Un temps pour garder, un temps pour jeter.
Un temps pour déchirer, un temps pour coudre.
Un temps pour chuchoter, un temps pour parler.
Un temps pour aimer, un temps pour haïr.
Un temps, la guerre, un temps, la paix.

L'existence humaine est présentée en huit versets et 28 hémistiches, 28 temps fondamentaux qui découpent la vie dans ce qu'elle a de plus essentiel. La version hébraïque de ce texte souligne fortement cette structure de 28 en la mettant en évidence selon une mise en page appelée *chira* ou "cantique", extrêmement rare dans toute la Bible.

3

Les “nombres amicaux” Des talismans d’amour

Toute parole est un doute,
Tout silence, un autre doute.
Cependant,
La fusion des deux
Nous permet de respirer.

Tout dormir est un enfoncement,
Tout réveil, un autre enfoncement.
Cependant,
La fusion des deux
Nous permet de nous réveiller à nouveau.

Toute vie est une forme d’évanescence,
Toute mort en est une autre.
Cependant,
La fusion des deux
Nous permet d’être un signe dans le vide.
Roberto Juarroz

Des “imparfaits-parfaits”

Nous allons maintenant considérer un type de paires de nombres pour lequel ce caractère de paire est particulièrement important, les nombres amis, ou amiables, ou encore amicaux.

Les Grecs appelaient “parfait” un nombre égal à la somme de ses diviseurs, comme nous venons de le voir. Ils tendirent alors à transférer cette notion de perfection d’un nombre isolé à une paire de nombres. Il s’agissait de trouver deux nombres dont chacun fût “imparfait” lui seul, tandis que les deux assemblés le devenaient, en ayant tous deux la même somme des diviseurs.

Exemple :
16 et 33 sont des nombres de ce type ; 16 a en effet pour diviseurs 1, 2, 4 et 8, dont la somme donne 15 ; 33 possède les diviseurs 1, 3 et 11, avec la même somme de ces diviseurs, 15.
Ce qui fait de 16 et 33 une paire, c'est leur "contenu" commun, 15. Cependant, la "parité" peut encore aller plus loin, être structurée de façon encore plus intense. 16 et 33 ne deviennent une paire que grâce à quelque chose qui se situe en dehors d'eux, à savoir le nombre 15.
La "parité" serait encore plus étroite si le domaine commun des deux nombres devant former une paire n'avait pas besoin d'être obtenu au moyen de l'adjonction d'un troisième nombre qui représente leur contenu commun. Cette exigence serait remplie si l'on pouvait trouver des paires de nombres pour lesquelles la somme des diviseurs de l'un des deux nombres donnerait l'autre nombre ; si donc, pour en rester à notre exemple, la somme des diviseurs de 16 était 33, et celle des diviseurs de 33 était 16. Ce qui n'est bien sûr pas le cas pour ces deux nombres-là.

Les nombres amicaux

Mais il existe des nombres qui répondent à ce critère. Il s'agit des "nombres amicaux".
Les nombres que l'on dit "amicaux" sont des proches parents des nombres parfaits qui avaient fasciné Pythagore.
Ils sont constitués de paires dont chacune est la somme des diviseurs de l'autre. Les pythagoriciens avaient fait la découverte extraordinaire que 220 et 284 sont des nombres amicaux.
En effet, les diviseurs de 220 sont :

1, 2, 4, 5, 10, 11, 20, 22, 44, 55 et 110,

dont la somme est 284.

Par ailleurs, les diviseurs de 284 sont :

1, 2, 4, 71 et 142

dont la somme est 220.

Talisman d’amour hébraïque (constante 34).

Ainsi, la paire 220 et 284 est considérée comme symbolique de l’amitié. Dans son livre *Le Spectacle magique mathématique*, Martin Gardner évoque les talismans du Moyen Âge sur lesquels ces nombres étaient inscrits, et dont le port était censé favoriser l’amour.

Un numérologiste arabe atteste de la coutume de graver 220 sur un fruit et 284 sur un autre, de manger l’un et de donner l’autre à l’aimé en guise d’aphrodisiaque mathématique.

Al-Farisi (1260-1320) découvrit le couple constitué par :

17 296 et 18 416

connu sous le nom de “couple de Fermat”, parce que Fermat l’a redécouvert plusieurs siècles après, en 1636 ! Al-Yazdi découvrit vers 1500 le couple :

9 363 584 et 9 437 056

connu comme le “couple de Descartes”, parce que Descartes l’a redécouvert un siècle après !

Leonhard Euler inventoria jusqu’à soixante-deux paires de nombres amicaux. Bizarrement, tous avaient négligé des nombres bien moindres : en 1866, à l’âge de seize ans, Niccolo Paganini découvrit, en effet, la paire :

1 184 et 1 210

Les nombres sociables

Au XXe siècle, les mathématiciens ont poussé l'idée plus loin, partant à la recherche des nombres dit “sociables” ; ce sont ceux qui vont par trois ou davantage et forment des ensembles clos. Par exemple, dans l'ensemble constitué des cinq nombres 12 496, 14 288, 15 472, 14 536 et 14 264, la somme des diviseurs du premier nombre forme le deuxième, la somme des diviseurs du deuxième nombre forme le troisième… et la somme des diviseurs du cinquième forme le premier.

La plus grande série sociable connue comporte 28 nombres, dont le premier est 14 316.

La fabrication des nombres amicaux

Pour pouvoir trouver la paire 220 et 284, et encore d'autres, il existe une technique compliquée mais intéressante car elle est fondée sur une dynamique des trois premiers nombres.

En effet, si l'on prend les nombres 1, 2 et 3 dans l'ensemble qu'ils forment, dans leur unification (1 + 2 + 3), on obtient le premier nombre parfait : le 6.

On utilise ensuite comme matériau suivant la série de redoublements construite sur le 6 :

6, 12, 24, 48, 96, 192…

et l'on en extrait toujours deux nombres consécutifs ; cela conduit aux binaires 6, 12 ; 12, 24 ; 24, 48 ; 48, 96 ; 96, 192 ; etc.

On ajoute alors un troisième nombre à chaque binaire de nombres ; dans ce troisième nombre, chacun des deux nombres doit être contenu, c'est-à-dire qu'il s'agit de leur produit ; il résulte de cela les triades numériques suivantes :

6 12	12 24	24 48	48 96
72	288	1152	4608

On doit alors transformer chacune des triades en une triade nouvelle, en diminuant de 1 chaque nombre de la triade ; on obtient ainsi les triplicités :

5 11	11 23	23 47	47 95
71	287	1151	4607

À partir de là, on ne s’occupe plus que des triades dont les trois nombres sont tous des nombres premiers ; il ne reste alors parmi les triades présentées ici dans notre exemple que :

5 11   23 47
71   1151

Ensuite, on fait le produit des deux nombres d’en haut :

55   1081
71   1151

On inscrit alors au-dessous de toutes les triades la série de redoublements construite sur le nombre 4 :

4 8 16 32 64

et l’on multiplie les nombres précédents par le multiple de 4 qui leur correspond (dans notre cas, 4 et 16) :

220   17296
284   18416

Dire la paix et l’amitié

Revenons à la paire 220 et 284. Elle est considérée comme symbolique de l’amitié.

Or le texte biblique mentionne un de ces nombres dans un contexte où, à l’évidence, il fonctionne dans le cadre de cette symbolique.

> “Lorsque le patriarche Jacob est poursuivi par son frère Esaü qui veut le tuer, il décide de l’accueillir et d’essayer de se réconcilier avec lui. Mais il se prépare malgré tout à la guerre, au cas où Esaü n’accepterait pas la réconciliation. De plus, il se met à prier et lui fait parvenir de somptueux cadeaux pour le mettre dans de bonnes dispositions. Ces cadeaux sont constitués de troupeaux successifs. Les deux premiers troupeaux qu’il envoie sont précisément de 220 têtes.” (Cf. Genèse 32, 14.)

Quand les versets ne contiennent pas de nombres, les commentaires en créent en utilisant les jeux de chiffres et de lettres. Quand les nombres sont explicitement mentionnés dans le texte, ils disent *darchénou* : "Interprète-nous !"

Que signifient ces nombres 200 et 284 ? Comment ont-ils été choisis ? Quels secrets cachent-ils ? La seule réponse plausible est celle de la connaissance par Jacob de la tradition du couple de nombres amicaux 220 et 284.

"La carte du tendre"

Déclarer son amour

220 et 284 semblent ressortir d'une tradition déjà connue des patriarches. Mais quel sens leur donner au-delà de leur aspect purement numérique ?

220 s'écrit en hébreu *rèch-khaf*, se prononce *rakh* et signifie "tendre".

284 s'écrit *rèch-pé-dalèt*, se prononce *rapad* ; c'est une racine hébraïque qui signifie "préparer un matelas", "préparer un lit d'amour".

On trouve cette racine dans le *Cantique des Cantiques* (2, 5) :

> "Soutenez-moi alors que je suis défaillante.
> Préparez-moi un lit dans la pommeraie car je suis malade d'amour."

Ainsi l'envoi du message "220/tendre" invite à la réponse "284/le lit d'amour a été préparé".

La "carte du tendre" comporte parfois de réels "dangers" !

Les nombres anthropomorphiques, gravure du XIXe siècle.

Quatrième partie

Passion triangles

Nombres triangulaires

Le triangle de Pythagore

Le triangle isiaque

Pythagore, Fermat et Wiles

Le triangle de Pascal

Le nombre d'or

1

Nombres triangulaires

La géométrie ne peut définir
ni le mouvement, ni les nombres, ni l'espace ;
et cependant ces trois choses sont celles
qu'elle considère particulièrement.
Blaise Pascal

Les Grecs se sont illustrés par une idée tout à fait remarquable : se servir de l'espace pour représenter les nombres. L'idée géométrique consiste à projeter dans l'espace les diverses réalités mathématiques. Si, au lieu d'écrire les nombres au moyen d'un système de numération, on les représente par des groupes de points, on découvre des propriétés arithmétiques remarquables.

On peut ainsi imaginer le nombre – ainsi que n'importe quel principe abstrait – comme une réalité tangible : on peut, sinon le matérialiser, du moins le visualiser.

Les pythagoriciens représentaient les nombres simples sous forme de dispositions de points dans l'espace, sans doute par analogie avec la disposition des étoiles. Cette "arithmo-géométrie" leur permettait de distinguer plusieurs familles, outre le nombre ponctuel unique "•" qui appartient à tous les groupes et dont il est l'ancêtre commun.

Les nombres linéaires

• • •

(nombre 3)

• • • • •

(nombre 5)

Les nombres triangulaires “T”

Nombres	RANG				
	1	2	3	4	5
TRIANGULAIRES	•	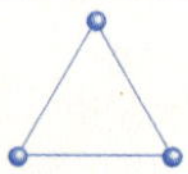	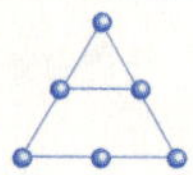	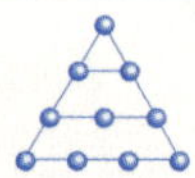	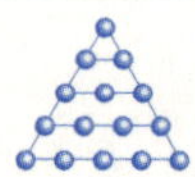

Le principe de cette disposition en triangle – que l’on appelle aussi parfois “addition théosophique” – permet de déterminer, en numérologie par exemple, la valeur secrète d’un nombre, c’est-à-dire le total de ce qu’il contient d’apparent et de caché.

Par exemple, le nombre 4 contient : 1, 2, 3 cachés, et 4 apparent.

Ces nombres triangulaires sont appelés nombres sacrés.

D’une façon générale, on peut calculer la valeur secrète d’un nombre selon la règle suivante : si n est le nombre naturel de base, son nombre triangulaire T répond à la formule :

$$T = \frac{n\ (n+1)}{2}$$

Exemple :

pour n = 3,

$$T = \frac{3\ (3+1)}{2} = \frac{12}{2} = 6$$

Les nombres carrés “K”

Nombres	RANG				
	1	2	3	4	5
CARRÉS	•	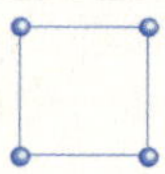	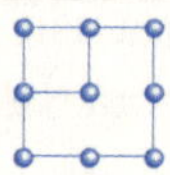	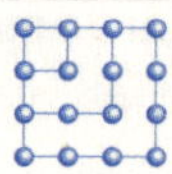	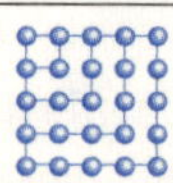

Une curieuse propriété géométrique permet d'obtenir un nombre carré en ajoutant à un autre carré un nombre impair "en équerre".

Ainsi, les nombres carrés successifs se construisent en emboîtant les unes dans les autres des séries d'équerres, ce que les pythagoriciens appelaient des "gnomons" ou "mesures".

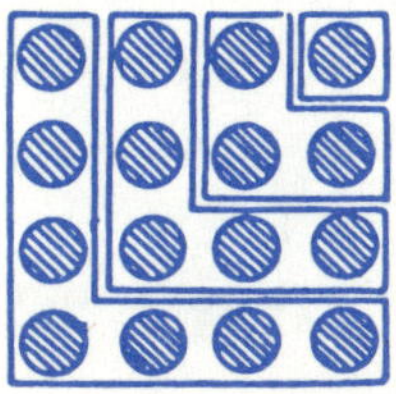

Il est important et intéressant de noter qu'un nombre carré se décompose en deux nombres triangulaires différents successifs alors qu'un nombre rectangle (ou hétéromèque, c'est-à-dire à longueur différente) contient deux nombres triangulaires identiques.

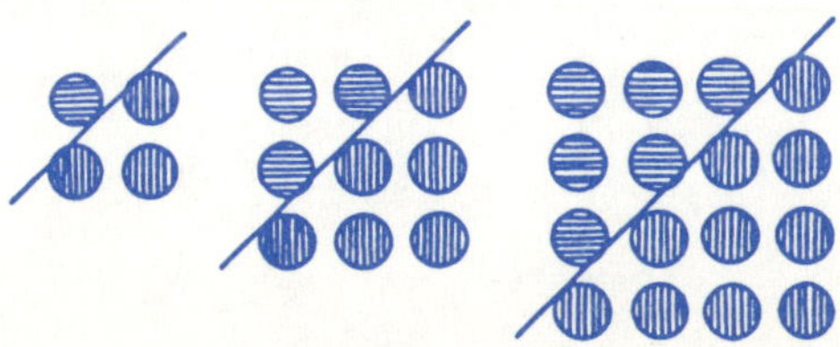

Si l'on note K le nombre carré (certains notent C), nous avons la formule suivante :

$$K1 = 1^2 = T1$$
$$K2 = 2^2 = T1 + T2$$
$$K3 = 3^2 = T2 + T3$$

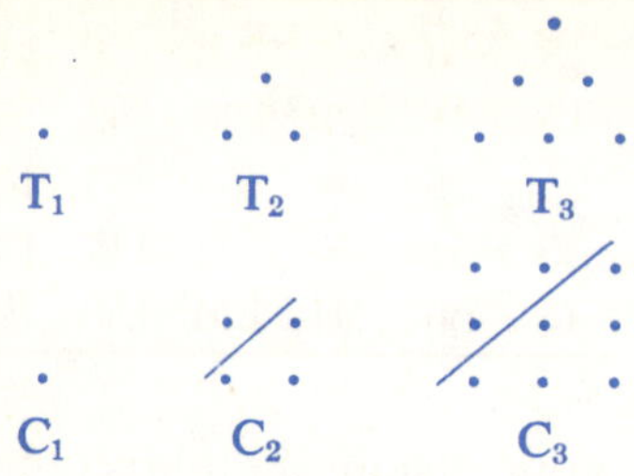

$$C_1 = T_1$$
$$C_2 = T_1 + T_2$$
$$C_3 = T_2 + T_3$$

Les nombres polygonaux

Les nombres triangulaires et carrés ou rectangles que nous venons de voir dessinent des figures géométriques de base qui sont des polygones lorsqu'ils sont au-delà du point que l'on nomme figure de rang 1. Ainsi, sur la figure du triangle se construisent les nombres triangulaires, et sur le carré, les nombres carrés ; nous aurons ainsi de suite des nombres pentagonaux (5), hexagonaux (6), heptagonaux (7), etc.

Le tableau suivant donne les premiers nombres polygonaux (écrits en chiffres) :

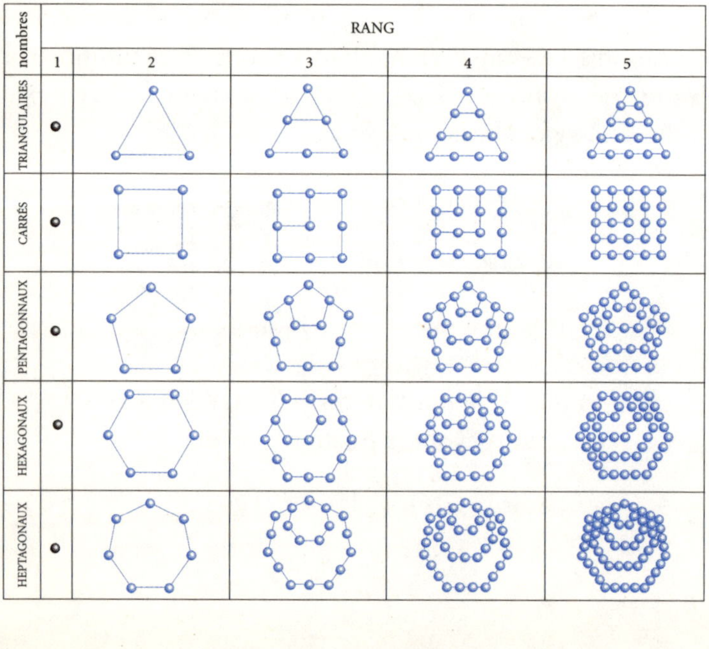

Rang	1	2	3	4	5	6	7	8	9	10
Triangulaire	1	3	6	10	15	21	28	36	45	55
Carré	1	4	9	16	25	36	49	64	81	100
Pentagonal	1	5	12	12	35	51	70	92	117	145
Hexagonal	1	6	15	15	45	66	91	120	153	190

Il existe des formules mathématiques pour chaque nombre polygonal. Nous avons indiqué plus haut la formule des nombres triangulaires, voici celle par exemple des nombres pentagonaux :

Si n est le nombre naturel de base, son nombre pentagonal P répond à la formule :

$$p \; \frac{n\ (3n - 1)}{2} \qquad \text{Exemple : si } n = 3,\ p = \frac{3\ (9 - 1)}{2} = 12$$

Quelques propriétés des triangulaires

La somme des n premiers cubes est le carré du n[e] nombre triangulaire. Par exemple, la somme des 4 premiers cubes est égale au carré du 4e nombre triangulaire : $1 + 8 + 27 + 64 = 100 = 10^2$.

Les additions de nombres triangulaires révèlent de nombreux motifs intéressants :

$$T1 + T2 + T3 = T4$$
$$T5 + T6 + T7 + T8 = T9 + T10$$
$$T11 + T12 + T13 + T14 + T15 = T16 + T17 + T18$$

15 et 21

15 et 21 constituent la plus petite paire de nombres triangulaires dont la somme et la différence (6 et 36) sont aussi triangulaires.
À propos de 15 et de 21, nous pouvons remarquer que ce sont les valeurs numériques respectives des deux noms de Dieu :

Yah (yod-hé) et EHYéH (aleph-hé-yod-hé)

10 + 5 = 15 et 1+ 5 +10 + 5 = 21

La découverte de Gauss

Tout nombre peut s'exprimer comme la somme d'au plus trois nombres triangulaires.

Karl Friedrich Gauss, mathématicien allemand et philosophe dans l'âme, tint un journal tout au long de sa vie. Sa phrase la plus célèbre, datée du 10 juillet 1796, en est sans doute la ligne isolée :

$$\text{Euréka} = \Delta+\Delta+\Delta$$

laquelle signifie qu'il avait découvert que tout nombre s'exprime comme la somme de trois nombres triangulaires.

Palindromes

On rencontre des nombres triangulaires exceptionnels, comme les triangulaires palindromes, c'est-à-dire qui se lisent de la même façon de gauche à droite et de droite à gauche :

666 et 3003

Ou encore le 2662ᵉ nombre triangulaire qui est 3544453, où le nombre et son indice sont tous deux palindromes.

Le mathématicien Charles Trigg a trouvé que T1111 et T111111 sont aussi, eux et leurs indices, des nombres palindromes :

Une remarque sur le rapport entre les nombres carrés et les triangulaires :

617716 et 6172882716

on peut remarquer facilement que le carré d'un nombre pair est pair et celui d'un nombre impair est impair.

Ainsi :	$2^2 = 4$	nombre pair
	$3^2 = 9$	nombre impair
	$4^2 = 16$	nombre pair
	$5^2 = 25$	nombre impair
	$6^2 = 36$	nombre pair
	$13^2 = 169$	nombre impair

C'est Diophante, un pythagoricien qui vécut deux cents ans après Pythagore, qui mit en évidence la loi suivante :

Tout nombre carré impair est égal à la somme
de huit triangulaires plus l'unité.

$$K = 8T + 1$$

On peut le vérifier sur 9, 25 et 169 par exemple.
Si l'on consulte le tableau des nombres triangulaires, on s'aperçoit que le premier nombre est 1.
9 est le carré de 3, il est égal à : (rappelons que $T_1 = 1$)

$$9 = 8T_1 + 1$$
$$9 = (8 \times 1) + 1$$

25 est le carré de 5, il est égal à : (rappelons que $T_2 = 3$)

$$25 = 8T_2 + 1$$
$$25 = (8 \times 3) + 1$$

169 est le carré de 13, il est égal à : (rappelons que $T_6 = 21$)

$$169 = 8T_6 + 1$$
$$169 = (8 \times 21) + 1$$

Soit le diagramme suivant. Il possède 169 petits carrés. Cela représente le nombre K = 169 qui est un carré impair ($13^2 = 13 \times 13$). Un petit carré noir est placé au centre de la figure et les 168 autres sont groupés en 8 "triangles" rectangles. Un de ces triangles est grisé.

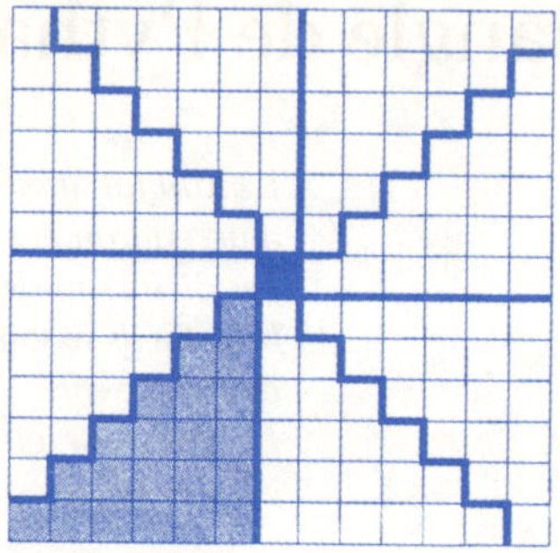

Les nombres polyédraux

Les nombres triangulaires ou carrés sont des nombres qui existent et se visualisent dans le plan. Il existe des nombres dont l'existence géométrique est à trois dimensions : les nombres polyédraux.

Il existe cinq polyèdres réguliers :

Symboles	Noms	Nombres de faces F	Nombres d'arêtes A	Nombres de sommets S	Nature des faces
T	TÉTRAÈDRE	4	6	4	P_3 = triangle équilateral
C	CUBE	6	12	8	P_4 = carré
O	OCTAÈDRE	8	12	6	P_3 = triangle équilatéral
D	DODÈCAÈDRE	12	30	20	P_5 = pentagone
I	ICOSAÈDRE	20	30	12	P3 = triangle équilatéral

Le nombre polyédral le plus connu est le cube.

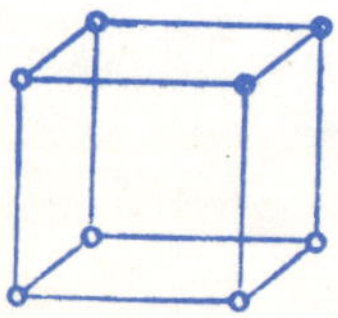

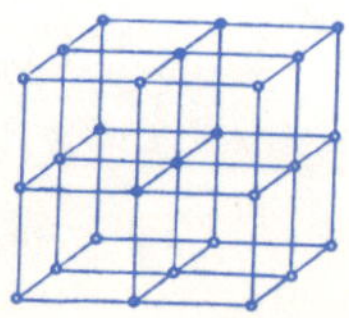

2

Le triangle de Pythagore

L'infini lui aussi
a un endroit et un envers.
Les dieux sont toujours à l'endroit,
bien qu'ils se souviennent parfois
de l'autre côté.
L'homme est toujours à l'envers
et ne peut se souvenir d'ailleurs.

Mais l'infini lui aussi
peut tournoyer dans l'air
comme une monnaie
dont on ne sait qui la lance
avec ses miroitements sarcastiques.

Ainsi parfois s'échangent les rôles,
mais non sans doute la mémoire.
L'homme est l'envers de l'infini,
bien que le hasard la place un instant
de l'autre côté.
Roberto Juarroz

De tous les liens entre les nombres et la nature étudiés par la Fraternité pythagoricienne, le plus important est celui qui porte le nom du fondateur : le théorème de Pythagore.

Ce dernier offre une équation qui s'applique à tous les triangles rectangles et qui définit donc l'angle droit lui-même. À son tour, l'angle droit définit la perpendiculaire, c'est-à-dire le rapport de la verticale à l'horizontale et, en fin de parcours, les relations entre les trois dimensions de notre univers familier. Grâce à l'angle droit, les mathématiques définissent la structure même de l'espace dans lequel nous vivons.

La corde à nœuds

C'est sans doute d'ailleurs au cours d'un de ses voyages que Pythagore fit connaissance avec la corde à nœuds.

On peut rappeler qu'historiquement, les premiers instruments de mesure identifiés apparaissent avec la géométrie en Babylonie et en Égypte, le plus connu étant la corde à douze nœuds utilisée par les constructeurs des pyramides. D'une longueur totale légèrement supérieure à six mètres, elle était divisée en douze segments égaux mesurant chacun une coudée,

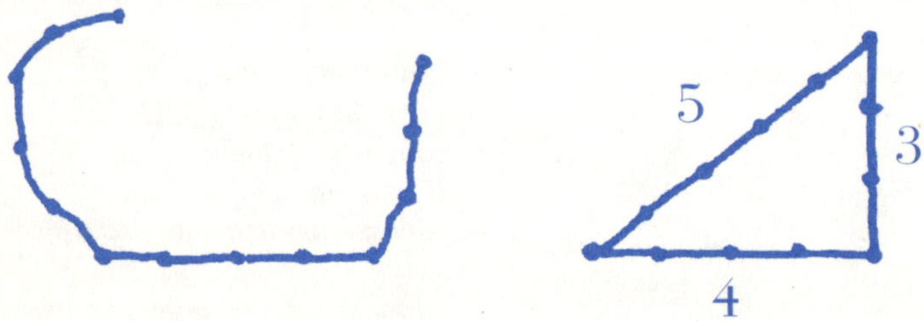

distance séparant le coude de l'extrémité du majeur et représentant environ 50 centimètres. Le nombre 12 est dû à une base douze en usage en Babylonie. Refermée en un triangle dont les côtés correspondent respectivement à 3, 4 et 5 segments (triangle égyptien), elle permet de déterminer l'angle droit puisque le triangle ainsi formé est un triangle rectangle. Cette remarque est importante car elle explique l'intérêt porté à cette forme et ces mesures.

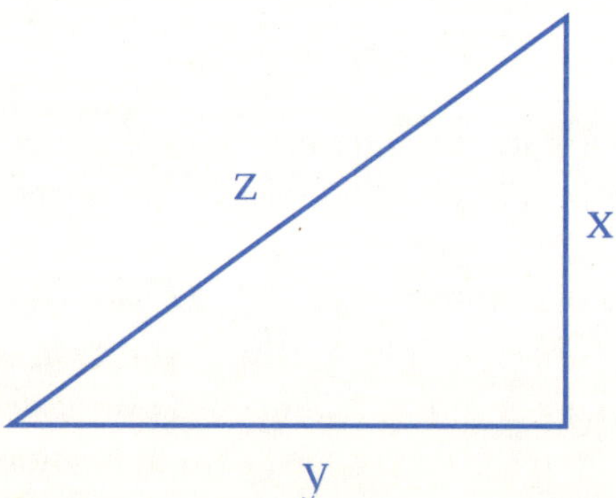

Une formule simple

Tous les triangles rectangles obéissent au théorème de Pythagore.

On mesure le côté le plus long d'un triangle rectangle, z, qu'on appelle hypoténuse, et on porte sa valeur au carré. Le résultat le plus remarquable de cette opération est que z^2 sera toujours égal au nombre obtenu par la somme des carrés des deux autres côtés x et y !

Dans un triangle rectangle, le carré de l'hypoténuse est égal à la somme des carrés des deux côtés de l'angle droit.

En d'autres mots (ou plutôt en d'autres symboles) :

$$x^2 + y^2 = z^2$$

Sur les ruines de Nippur, ville de Mésopotamie située au sud de Bagdad, on a notamment retrouvé une tablette, la "Plimpton 322", de près de 4 000 ans (-1900 env.), sur laquelle est inscrite une quinzaine de triplets de nombres, vérifiant la célèbre relation de Pythagore.

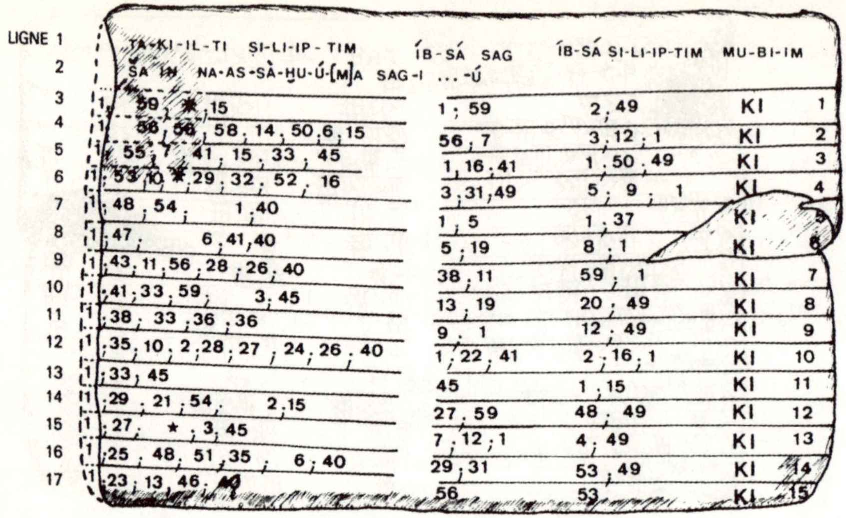

Tablette "Plimpton 322" transcrite en chiffres.

Quelle nouveauté ?

La notion de preuve mathématique

Le théorème de Pythagore n'est pas de Pythagore. Bien avant lui, les Égyptiens et surtout les Babyloniens avaient découvert une certaine relation liant des triplets de nombres entiers, celle précisément désignée par le fameux théorème.

Sur une tablette babylonienne, la tablette Plimpton 322, du nom de l'archéologue anglais qui l'a découverte, un scribe a consigné une quinzaine de triplets de nombres entiers dont la somme des carrés de deux d'entre eux était égale au carré du troisième. La tablette a été gravée plus de mille ans avant la naissance de Pythagore !

En quoi donc ce théorème de Pythagore constitue-t-il une nouveauté et un événement si extraordinaire pour les mathématiques, et la civilisation en général ? En fait, ce qui est remarquable, c'est que le théorème de Pythagore est vrai pour tous les triangles rectangles imaginables. C'est une loi universelle mathématique. (Inversement, si un triangle se conforme au théorème de Pythagore, c'est un triangle rectangle.)

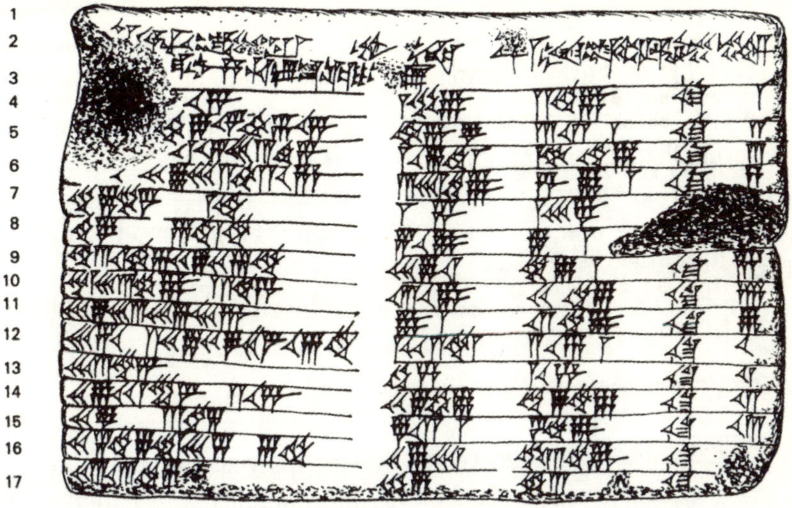

Tablette "Plimpton 322".

La nouveauté de Pythagore est la preuve qu'il apporte de l'universalité de ces propriétés du triangle rectangle.

Car les prédécesseurs de Pythagore usaient des propriétés du triangle rectangle mais ne savaient pas que ces propriétés étaient valables pour tous les triangles rectangles. Elles s'appliquaient certes aux triangles qu'ils considéraient, mais ils ne disposaient d'aucune démonstration pour les autres.

La raison pour laquelle Pythagore put revendiquer ce théorème est qu'il en démontra la validité universelle. Et la raison de sa certitude réside dans le concept de la preuve mathématique.

L'idée de la preuve mathématique classique prend racine dans une série d'axiomes, propositions dont on peut supposer qu'elles sont vraies ou évidentes. Le raisonnement logique permet ensuite de parvenir, pas à pas, à une conclusion. Si les axiomes et la logique sont corrects, la conclusion sera indiscutable. Cette conclusion est le théorème.

Les preuves mathématiques se fondent sur ce processus logique et, une fois qu'elles sont établies, elles restent valides jusqu'à la fin des temps.

Bien que le philosophe Thalès eût déjà offert quelques preuves géométriques élémentaires, Pythagore en poussa l'idée beaucoup plus loin et put énoncer des propositions mathématiques beaucoup plus ingénieuses.
La démonstration de la preuve du théorème de Pythagore fut tellement sensationnelle que cent bœufs furent sacrifiés en témoignage de gratitude envers les dieux. Elle marqua une grande étape dans l'histoire des mathématiques et l'une des percées les plus mémorables dans l'histoire de la civilisation. Sa signification était double.
D'abord, elle développait le concept de preuve. Un résultat mathématique revêtait une vérité plus profonde que n'importe quel autre, parce qu'il procédait d'une logique déductive.

Ensuite, le théorème de Pythagore rattachait la méthode abstraite mathématique à un objet concret. Pythagore montrait que la vérité mathématique peut s'appliquer au monde scientifique et lui fournir un fondement logique.

La naissance des triplets !

Nous avons déjà indiqué plus haut que le théorème de Pythagore était connu depuis fort longtemps.
Pour un triplet donné, on en déduit aussitôt une infinité d'autres en multipliant chaque nombre du triplet par la suite des entiers naturels. Certains des triplets babyloniens proviennent de cette généralisation immédiate du triplet standard (3, 4, 5) par lequel $9 + 16 = 25$ ($3^2 + 4^2 = 5^2$). On peut ainsi avoir très simplement les triplets suivants : (6, 8, 10), (12, 16, 20), (24, 32, 40), etc.
Sans oublier la solution "banale" : (1, 0, 1).
D'autres triplets sont moins immédiats à obtenir. Certains s'obtiennent par la formule :

$$a^2 + (a + 1)^2 = b^2$$

Par exemple, les triplets 119, 120, 169 et 20, 21, 29.

3

Le triangle isiaque

Étant donné un mur
que se passe-t-il de l'autre côté ?
Jean Tardieu

Le "nombre nuptial" ou "le nombre"

Les nombres 3, 4, 5 étaient fort populaires dans l'Antiquité, notamment chez les Sumériens et les Babyloniens.

La grande unité babylonienne, le *sar* (le "cercle"), obtenue en élevant au carré la base 60, soit 3600, et qui représentait à l'origine pour les scribes le grand nombre, c'est-à-dire l'infini (comme le 20 000 pour les Hindous), fit place plus tard au grand sar : 60^3, soit 216.000 (qui fit lui-même place au *sar* de *sar* : 60^4, soit 12.960.000), c'est-à-dire "le nombre", ou "nombre nuptial", sous sa forme arithmétique $3^2 \times 4^2 \times 5^2$.

Nombre nuptial et le triangle sacré d'Isis

Le nombre nuptial est donc lié au triangle sacré 3, 4, 5, qui est en fait une variation d'un autre triangle sacré égyptien plus ancien, appelé triangle "isiaque", en référence à Isis comme le rapporte Plutarque au chapitre 56 de son livre *De Isis et Osiris* :

> "Il paraît probable que les Égyptiens ont considéré ce triangle rectangle comme le plus beau des triangles et que c'est surtout à cette figure qu'ils ont comparé la nature de l'univers."
> Platon d'ailleurs semble aussi s'en être servi pour représenter dans *La République* le mariage sous une forme géométrique.

Dans ce triangle rectangle, en effet, le nombre 3 représente un des côtés de l'angle droit, le nombre 4 la base, le nombre 5 l'hypoténuse, et le carré de celle-ci est égal à la somme des carrés des côtés qui contiennent l'angle droit. Il faut donc se représenter le côté de l'angle droit comme figurant le mâle, la base du triangle comme figurant la femelle et l'hypoténuse le produit des deux. On doit considérer Osiris comme le premier principe, Isis comme la substance qui en reçoit les influences et Horus comme l'effet qui résulte de l'union de l'un et l'autre."

Traduction Mario Meunier, 1924, ch. 56, p. 172, cité par Jouven, *Les Nombres cachés*.

Ainsi, peut-on souligner encore une fois que le triangle rectangle de côtés égaux ou proportionnels à 3, 4, 5, fut connu de toute éternité (on le trouve déjà mentionné par les Sumériens), mais c'est bien en Égypte qu'il fut le plus populaire.

Appelé "triangle isiaque", il servait matériellement à tracer les angles droits, et métaphysiquement à évoquer la trinité égyptienne Osiris, Isis et leur fils

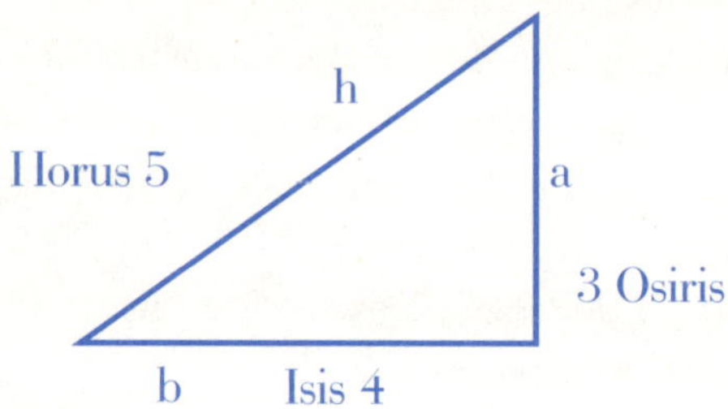

Horus. Les pythagoriciens, donnèrent à l'hypoténuse de ce triangle le nom d'"invincible" ou "dominatrice". Les nombres 3, 4, 5, qui expriment ses côtés, sont liés au nombre parfait 6 par la relation de perfection cubique $3^3 + 4^3 + 5^3 = 6^3$. Les Égyptiens connaissaient cette relation.

Le pythagoricien juif Philon d'Alexandrie (seconde moitié du Ier siècle après J.-C.) rapporte dans son *De Vita contemplativa* que les Thérapeutes, solitaires d'une secte judéo-pythagoricienne, tenaient assemblée tous les 7 et 50 jours, parce que 7 est le nombre vierge et que 50 est la somme des carrés construits sur le triangle sacré ($3^2 + 4^2 + 5^2 = 50$) ainsi que le produit de la pentade (5) par la décade (10), c'est-à-dire du microcosme par le macrocosme.

Quant à la trinité – Isis, Osiris, Horus –, sa légende écrite est aussi vaste que son iconographie. Le culte d'Isis, "la belle déesse" au front orné de cornes de vache symbolisant les croissants lunaires, fut le plus populaire et le plus constant des cultes égyptiens. Il gagna progressivement toute la Méditerranée, se répandant tout d'abord en Grèce où Isis fut assimilée à Cérès-Junon-Proserpine, puis à Rome, puis en Gaule en subissant de multiples mutations. Certaines sectes alexandrines de la Basse Époque assimilèrent même Isis à la Vierge Marie, mère du Christ, et le culte égyptien d'Isis, accompagnée de son mari Osiris et de son fils Horus, a quelquefois été comparé (toutes proportions gardées) à ce qu'est la trinité pour les chrétiens. (Sur le rapport de Moïse et du triangle isiaque, voir plus loin page 341.)

C'est encore Plutarque qui nous renseigne sur le culte rendu à la déesse :

> "Ensuite, vers le solstice d'hiver, ils portent en procession une vache avec laquelle on fait sept fois le tour du Temple.
> Ils disent aussi qu'Isis n'est pas différente de la Lune et ils en donnent pour preuve que dans ses images, les cornes qu'elle porte désignent la Lune dans son croissant.
> Aussi invoquent-ils la Lune pour le succès de leurs amours, et Eudoxe [Eudoxe de Cnide, 409-356 av. J.-C. ; astronome et mathématicien grec] dit qu'Isis présidait à la tendresse.
> Isis est dans la nature comme la substance femelle, comme l'épouse qui reçoit tous les germes productifs. Platon dit qu'elle est le récipient universel, la nourrice de tous les êtres. Elle a un amour inné pour le premier être, le souverain de toutes choses, qui est le même que le bon principe ; elle le désire, elle le recherche…
> Elle s'offre à lui volontiers, afin qu'il la féconde, qu'il verse dans son sein ses influences actives, qu'il lui imprime sa ressemblance. Elle éprouve une douce joie, un vif tressaillement, lorsqu'elle sent en elle les gages certains d'une heureuse fécondité ; car la production des êtres est l'image de la substance qui la rend féconde, et l'être produit est la représentation du premier être, imprimé dans la matrice."
> Plutarque, *ibid.*, 52, 53.

Pierre de Fermat (1601-1665)

4

Pythagore, Fermat et Wiles

La prétention nouvelle du savoir
est la prétention mathématique.
C'est de Kant que provient la phrase
souvent citée mais encore peu comprise :
'J'affirme que dans chaque théorie
particulière de la nature il ne peut se trouver
de science proprement dite que dans
la mesure où s'y trouve de la Mathématique.'
Martin Heidegger

Fermat

Pierre de Fermat est le fondateur de la théorie des nombres, branche des mathématiques qui traite des propriétés des nombres entiers. Né en 1601 près de Toulouse, Fermat vécut dans le sud de la France, bien loin des grands centres intellectuels européens. Ce n'était pas un mathématicien professionnel, mais un magistrat dont les travaux mathématiques ne furent pas publiés de son vivant. Il participa à la vie mathématique de son époque uniquement à travers une correspondance privée avec d'autres savants. Fermat énonça un grand nombre de théorèmes intéressants qui ne furent démontrés que longtemps après sa mort.

Fermat fut l'un des mathématiciens les plus brillants et les plus étonnants de l'histoire. Il ne pouvait pas avoir vérifié tous les nombres, mais la raison de sa certitude qu'il n'existait pas de solution en nombres entiers à l'équation $x^n + z^n = z^n$ si $n > 2$, se fondait sur une preuve, tout comme Pythagore qui n'avait pas vérifié tous les triangles pour démontrer la validité de son théorème. Une note en latin confirme ce fait, puisqu'il écrivit dans les marges de la version latine de l'*Arithmetica* de Diophante d'Alexandrie (qui vécut vers 250 avant notre ère) : "J'ai une démonstration véritablement merveilleuse de cette proposition, que cette marge est trop étroite pour contenir."

C'est cette conjoncture qui se nomme "le grand théorème de Fermat". Ce théorème est l'un des problèmes les plus célèbres des mathématiques modernes. Et les plus puissants esprits de tous les siècles et de toutes les nations tentèrent de venir à bout de cette équation. Leonhard Euler, génie du XVIIIe siècle, dut admettre sa défaite. Au XIXe siècle, Sophie Germain prit l'identité d'un homme pour se lancer dans des études jusque-là interdites aux femmes. Évariste Galois, la veille de sa mort, jeta sur quelques feuilles une théorie (voir Glossaire des noms propres) qui allait révolutionner la science. Yutaka Taniyama se suicida par dépit alors que Paul Wolfskehl trouva dans cette énigme une raison de vivre.

Andrew Wiles

Enfin, en 1993, "un jeune Anglais, Andrew Wiles, professeur de Princeton, réussit à régler, après sept années de recherche solitaire et quelques mois de doute, le sort de ce fantastique problème devant la communauté scientifique émerveillée". (S. Singh, *Le Dernier Théorème de Fermat*)

Selon ses biographes, le dernier théorème de Fermat avait captivé l'imagination du jeune Andrew Wiles qui avait découvert cette énigme dans un livre de mathématiques, *Le Problème ultime* de E.T. Bell.

> "Assis dans la salle de la Milton Road Library, un garçon de dix ans butait sur le pire problème des mathématiques. D'habitude, la moitié de la difficulté consiste à comprendre la question, mais là, elle était simple : 'Prouvez qu'il n'existe pas de solution en nombres entiers à l'équation $x^n + y^n = z^n$ quand n est plus grand que 2. Insensible au fait que des génies s'y étaient heurté sans succès, Wiles se mit sur-le-champ au travail, utilisant toutes les techniques de ses livres de classe pour tenter de reconstituer la démonstration. Peut-être parviendrait-il à trouver quelque astuce que tout le monde, à l'exception de Fermat, avait négligée. Il rêva d'étonner le monde.

Trente ans plus tard, Wiles était prêt. Dans l'auditorium de l'Isaac Newton Institute, après plusieurs heures de démonstration, il griffonna encore une équation sur le tableau noir et, tentant de réprimer une expression de triomphe, il fit face à l'auditoire. La conférence atteignait son apogée et le public le savait. Une ou deux personnes avaient subrepticement introduit des caméras dans la salle et des flashes ponctuèrent la conclusion de Wiles.
Le bâton de craie en main, il se tourna une dernière fois vers le tableau noir. Quelques lignes de logique conclurent la démonstration. Pour la première fois, en plus de trois siècles, la gageure de Fermat avait été relevée. D'autres flashes crépitèrent pour fixer ce moment historique. Wiles écrivit le dernier théorème de Fermat, se tourna vers l'auditoire et dit modestement : 'Je pense que je m'arrêterai ici.'
Deux cents mathématiciens applaudirent et poussèrent des hourras. Même ceux qui s'attendaient au résultat souriaient d'incrédulité. Après trois décennies, Andrew Wiles avait réalisé son rêve."
S. Singh, *op. cit., ibid.*

Andrew Wiles, un génie heureux !

Blaise Pascal (1623–1662), physicien, philosophe et mathématicien français de génie – et, le saviez-vous ?, inventeur du carrosse à 8 places, premier transport en commun à Paris (au prix de 5 sols) créé en 1662.

5

Le triangle de Pascal

Le monde, pour nous, est redevenu infini,
en ce sens que nous ne pouvons pas
lui refuser la possibilité de prêter
à une infinité d'interprétations.
Friedrich Nietzsche

Si le triangle sacré et le théorème de Pythagore ont retenu l'attention des mathématiciens et des métaphysiciens, il existe un autre triangle tout aussi important et qui comporte une infinité de propriétés que découvre et commente la théorie des nombres. Il s'agit du "triangle de Pascal".

Les 7 premières lignes du triangle de Pascal se représentent par :

1		1
1 1	ou	1 1
1 2 1		1 2 1
1 3 3 1		1 3 3 1
1 4 6 4 1		1 4 6 4 1
1 5 10 10 5 1		1 5 10 10 5 1
1 6 15 20 15 6 1		1 6 15 20 15 6 1

En 1653, Blaise Pascal a été le premier en Occident à écrire un traité sur cette progression de nombres.
Regardons le triangle de droite de la page précédente. Nous pouvons voir que chaque entrée autre que 1 est la somme des deux nombres du dessus. Par exemple, pour obtenir le 2 de la troisième ligne, on ajoute les deux 1 de la seconde ligne. Pour obtenir le 6 de la dernière ligne, on ajoute le 5 et le 1 de la sixième ligne. Cette opération se répète indéfiniment.
Il existe de nombreux schémas fascinants dans ce triangle. Par exemple, si nous commençons à n'importe quel 1 du côté gauche, et considérons la diagonale montante, nous trouverons que la somme est un nombre de Fibonacci (suite de Fibonacci 1, 1, 2, 3, 5, 8, 13... où chaque nombre est la somme des deux précédents).

1
1 1
1 2 1
1 3 3 1
1 4 6 4 1
1 5 10 10 5 1
1 6 15 20 15 6 1

1 = 1
1 + rien = 1
1 + 1 = 2
1 + 2 = 3
1 + 3 + 1 = 5
1 + 4 + 3 = 8
1 + 5 + 6 + 1 = 13

Remarque

Une diagonale sur deux se termine par 1, l'autre par la suite des nombres 1, 2, 3, 4, 5....

Beaucoup de chercheurs ont découvert des formes géométriques envoûtantes dans les diagonales, outre l'existence de carrés parfaits avec de nombreuses propriétés hexagonales. Ils ont étendu le triangle à des entiers négatifs et à des dimensions supérieures.

Les graphiques obtenus par ordinateur sont une bonne méthode pour mettre en évidence les formes internes remarquables du triangle de Pascal.

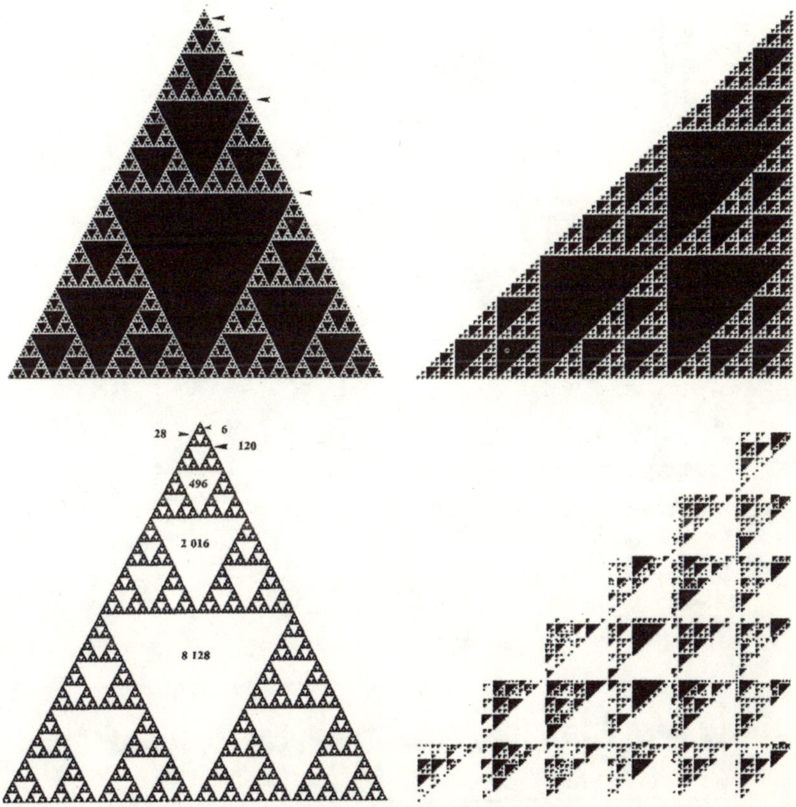

Formes internes remarquables du triangle de Pascal obtenues par ordinateur.

Il est important de signaler que ce célèbre triangle était déjà connu des Arabes (Omar Khayyâm mentionne le schéma dans les années 1100) et des Chinois, comme en témoigne le triangle du savant mathématicien chinois Chu Shih-Chieh, qui publia en 1303 un ouvrage où figure le diagramme suivant :

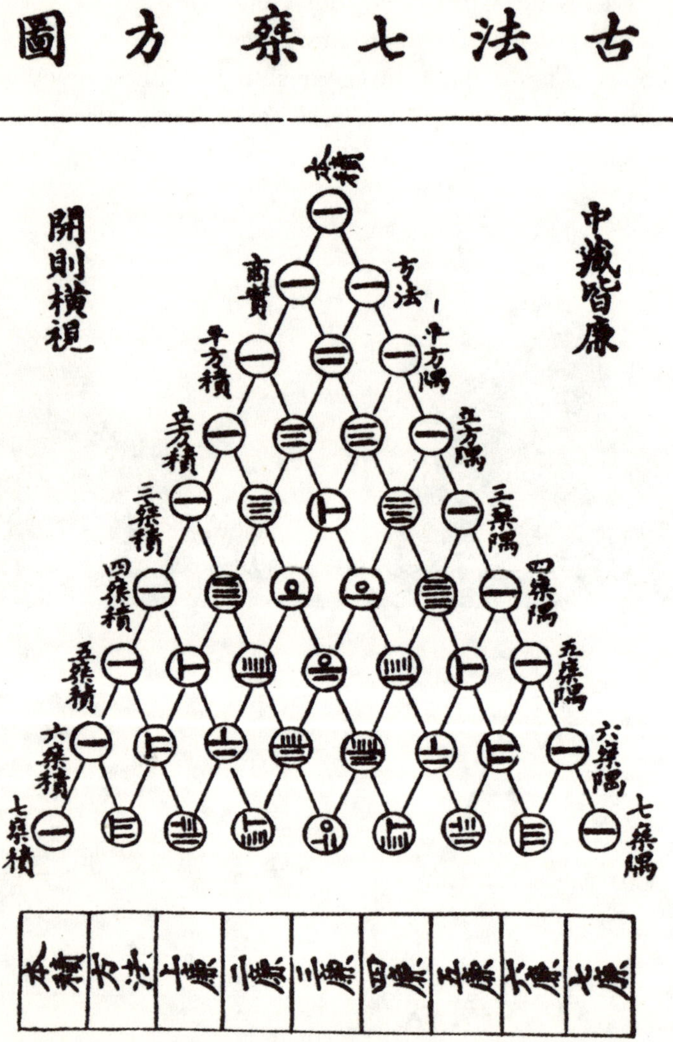

Page extraite de l'ouvrage intitulé *Su yuan yu zhian*
et publié en 1303 par le mathématicien chinois Zu shi jie.

6

Le nombre d'or

La merveilleuse consolation
de trouver le monde entier dans une âme,
mon espèce tout entière
dans la créature amie que j'embrasse.
Friedrich Hölderlin

Le nombre d'or de génération en génération

Le nombre d'or est un nombre qui permet des constructions harmonieuses et équilibrées et que l'on retrouve dans la nature et dans de nombreux rapports mathématiques ou géométriques.

Les Égyptiens avaient employé le nombre d'or en lui donnant la valeur de 1,614. On le trouve entre autres dans la pyramide de Kheops et dans le temple de Louqsor.

Le triangle "1, 2, √5"

Il existe un triangle rectangle très simple, très facile à construire : celui qui a pour petit côté 1 et pour grand côté 2. L'hypoténuse mesure alors √5 (racine de 5). L'hypoténuse n'est pas, comme dans le triangle de Pythagore, un nombre entier.

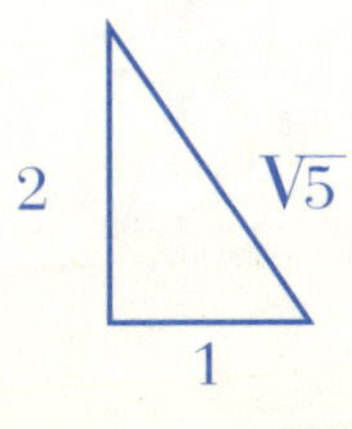

En effet, dans le triangle dit de Pythagore, les côtés sont 3 et 4 et l'hypoténuse est de 5.

Si nous prenons pour base notre système métrique et nos procédés de calcul actuel, nous avons :

Petit côté :	1
Grand côté :	2
Hypoténuse :	$\sqrt{5}$ = 2,236
Total :	5,236

La coudée royale

Notons ici la dimension de la coudée "royale" égyptienne : 0,5236 mètre.

Remarque

Il est intéressant de noter que les mesures anciennes étaient généralement basées sur les mensurations d'un personnage : roi ou empereur. C'est ainsi que le pied, en France, fut la mesure du pied, fort grand, de Charlemagne, soit 0,324 m et appelé "pied de roi".

La longueur de la coudée, suivant les époques et les pays, fut très variable, allant de 0,442 à 0,720 m.

L'Égypte se servit de deux coudées différentes : la coudée royale, que nous venons d'évoquer et qui se divisait en 7 palmes, et la petite coudée, ne comprenant que 6 palmes, dont la mesure était 0,450 m.

La coudée royale et le nombre d'or

La moitié de la coudée royale est le pied : 0,2618.

On découvre que :

2,618 moins 1 (petit côté) = 1,618

2,618 moins 2 (grand côté) = 0,618

Or, 1,618 est le fameux "nombre d'or" = Phi (prononcer "phi") et 0,618, son inverse 1/Phi.

Les Grecs

En Égypte, le nombre d'or figurait parmi les connaissances secrètes des prêtres. C'est Euclide qui en découvrit la démonstration géométrique.
Les Grecs, qui s'en servirent pour le Parthénon, attribuaient la découverte du nombre d'or à Pythagore.
En 1225, Fibonacci énonça la valeur du nombre d'or (1,618), et c'est à cette mesure que l'on s'arrête habituellement.
Le portail royal de la cathédrale de Chartres en est un bel exemple.

Ce nombre d'or est souvent la clé de l'équilibre d'un tableau ou d'une construction. Les peintres de la Renaissance, comme Titien et Michel-Ange, l'ont utilisé.

Détail du portail principal de la cathédrale de Chartres.

Rogier van der Weyden (1400–1464), *Descente de croix,* 1435.
Ce tableau est réalisé selon une organisation très précise autour du nombre d'or.

Des compagnons à Le Corbusier

Au Moyen Âge, les confréries, les compagnonnages, les guildes et la franc-maçonnerie se transmettaient cette notion pour aboutir à l'édification des cathédrales. Si beaucoup d'architectes, comme Le Corbusier, ont utilisé délibérément les propriétés du nombre d'or, il est sans doute des artistes qui l'ont fait sans calcul, par instinct de l'harmonie.

Pour un corps humain de proportions harmonieuses, la distance du nombril au sol multipliée par 1,618 donne la taille.

On retrouve le module Phi dans les mesures de l'œuf et du pentagone régulier (voir ci-dessous).

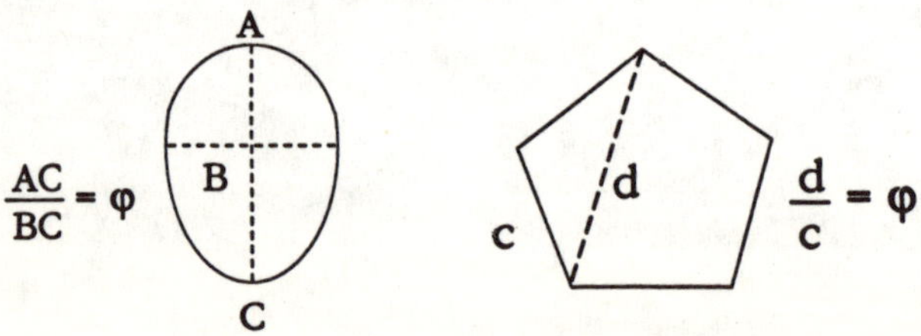

Certains théoriciens ont retrouvé le nombre d'or dans le squelette humain, dans le sang même, et ont déclaré que notre corps était construit selon le nombre d'or. Platon allait plus loin encore quand il prétendait que la pensée humaine, en calculant le nombre d'or, avait atteint un des canons qu'employa Dieu lorsqu'il résolut d'ordonner l'Univers !

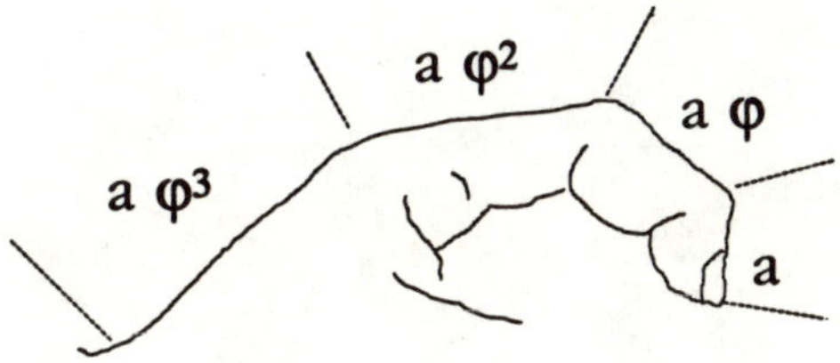

Le nombre d'or, une présence universelle

Ce nombre d'or était le préféré à la fois de la nature et des artistes, ce qui venait à l'appui de la théorie de Pythagore, établissant que musique, beauté, architecture, nature et cosmos étaient tous liés et inséparables. Selon l'idée de Pythagore, le nombre d'or régnait sur l'univers, et ce qui était vrai pour les pythagoriciens devint vite vrai pour l'ensemble du monde occidental : le lien surnaturel entre l'esthétique, les proportions et l'univers demeura longtemps un des principaux dogmes de la civilisation occidentale.

À l'époque de Shakespeare, les scientifiques parlaient encore de la révolution de sphères de différentes tailles et discutaient de la musique céleste diffusée dans tout le cosmos.

Dans l'art

On trouve la présence de Phi dans la géométrie et aussi dans les arts.

Nombreuses sont les statues antiques dont les proportions, à l'étude, se révèlent calquées soit directement sur le nombre d'or, soit sur l'une des séries de Fibonacci. Les esquisses de Léonard de Vinci regorgent de telles références. Il en va de même pour des objets moins importants et spectaculaires que ceux de la statuaire, mais tout aussi artistiques, tels que peuvent l'être par exemple les vases anciens, ou encore certains accessoires de culte.

Un très grand nombre de tableaux de maîtres, notamment de la Renaissance, sont fortement imprégnés par la présence du nombre d'or, et ce, à plusieurs niveaux.

Albrecht Dürer, *Melancholia,* burin, 1514.

Tout d'abord, leurs auteurs ont véritablement mis au point – et en valeur – un canon idéal de la beauté humaine, spécialement chez les femmes, qui ne doit rien au hasard mais respecte en tout point une échelle verticale basée sur le nombre d'or.
En outre, il est significatif de constater que les proportions des tableaux eux-mêmes étaient soigneusement calculées, les rectangles choisis – spécialement pour les tableaux en hauteur destinés à être pendus verticalement – étant le plus souvent proches de Phi, ce qui facilitait grandement une décomposition harmonique en Phi.

$$55 \div 34 = 1{,}617$$

$$89 \div 55 = 1{,}618$$

$$610 \div 377 = 1{,}618037$$

La musique est constituée par les rapports entre ces notes, les mesures et les rythmes selon lesquels elles sont agencées – autrement dit de nombres savamment “organisés”. Dans la Grèce antique, la musique, assimilée par certains à l'harmonie des sphères, était d'ailleurs considérée comme partie intégrante de la théorie des mathématiques, cette dernière étant elle-même issue de l'harmonie du cosmos. Ces rapports harmoniques sont étroitement liés au nombre d'or.
De même, beaucoup de luthiers, en créant leurs violons, étaient autrefois préoccupés par l'esthétique des proportions. Nombre d'entre eux, s'inspirant des lointaines idées de l'Antiquité, reprirent à leur compte certaines théories sur la beauté des formes et les moyens de la reproduire, spécialement avec le nombre d'or.
C'est ainsi que, appliquant des règles qui avaient quelque peu sombré dans l'oubli – du moins en apparence –, les maîtres luthiers de la Renaissance firent leurs quelques lois que nous avons déjà évoquées lorsqu'on partage un segment de droite en deux parties telles que le rapport entre le tout et la plus grande partie égal au rapport entre la grande et la petite partie. Si la longueur du tout est égale à 1, le point de partage en question se trouve

à 0,618 d'une extrémité. On peut dès lors imaginer une forme dont toutes les dimensions sont reliées entre elles par le nombre d'or.

Fibonacci et le nombre d'or

Fibonacci, que nous avons cité dans le Premier livre de cet ouvrage, expose une suite dite justement "suite de Fibonacci" dans laquelle chaque terme est égal à la somme des deux termes immédiatement précédents. Ainsi : 1, 1, 2, 3, 5, 8, 13, 21, 34, 55, 89, 144, 233, 377, 610, 987, 1597, 2584, 4181, 6765, etc.

Lorsqu'on divise chaque nombre par le nombre précédent, on obtient des valeurs plus ou moins égales à Phi.

Un exemple troublant

La majorité des plantes ont un nombre de pétales de 3, 5, 8, 13, 21, 34, 55 ou 89.

Les nombres que l'on rencontre chez les plantes – non seulement en ce qui concerne les pétales, mais aussi pour d'autres éléments – présentent des régularités mathématiques. Ils correspondent au commencement de la suite de Fibonacci.

Les pétales ne sont pas les seuls à faire intervenir la suite de Fibonacci. Si vous regardez un tournesol géant, vous verrez que sa tête porte un ensemble de toutes petites fleurs – qui deviendront les graines – arrangées en motif (le fleuron). Cet agencement consiste en deux familles de spirales en intersection, l'une tournant dans le sens des aiguilles d'une montre, l'autre en sens inverse. Pour certaines espèces, le nombre de spirales tournant dans le sens des aiguilles d'une montre est de 34, et le nombre de celles qui tournent en sens contraire de 55. Ce sont des nombres de Fibonacci consécutifs. Les nombres précis dépendent de l'espèce considérée, mais ce sont fréquemment 34 et 55, ou 55 et 89, ou même 89 et 144 – encore des nombres consécutifs de la même suite. De même, les ananas ont 8 rangées d'écailles tournant en spirale vers la gauche – écailles en forme de diamant – et 13 s'enroulant en spirale vers la droite. Deux nombres de Fibonacci !

Quelques propriétés de Phi

Phi est un nombre aux propriétés remarquables.

Longueur d'un arc de 15° = 2,618
(pour un cercle de rayon 1)

Ce qui signifie que le demi-périmètre qui fait 12 arcs de 15°(= 180°) est égal à :

12 x 0,2618 = 3,1416

Et que la circonférence, 24 arcs de 15°, est de :

24 x 0,2618 = 6,2832

Ainsi, le nombre π se rattache-t-il directement au triangle 1, 2, √5, donc directement aussi au nombre d'or (1, 618).

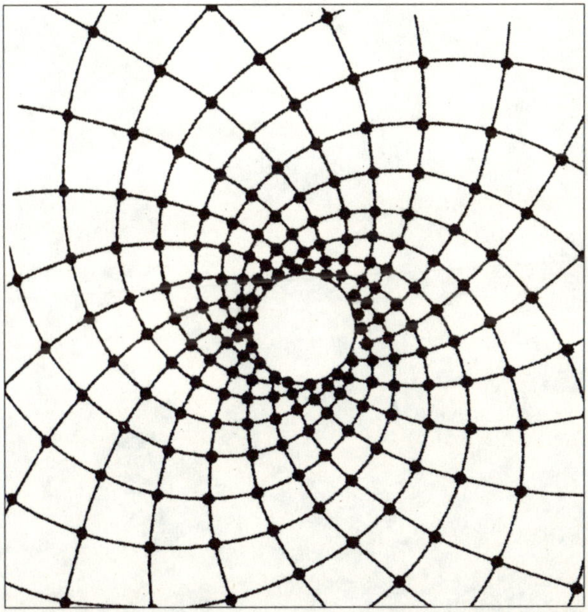

Tête de tournesol géant dont les petites fleurs sont agencées en spirales selon le nombre d'or.

Troisième livre

Formes
Les carrés magiques et autres talismans

3

Première partie

Les carrés magiques

1

Définition

Je veux que cet ouvrage soit écrit dans
un style de mon invention, qui permette
de passer et de repasser merveilleusement
du bizarre au commun, de la fantaisie
à la rigueur extrême, de la prose aux vers,
de la plus plate vérité aux idéaux,
les plus… les plus fragiles…
Paul Valéry

Le carré magique est un procédé qui consiste à assembler des nombres dans un cadre donné pour obtenir des sommes égales, quelles que soient les lignes (ou rangées), les colonnes, ou les diagonales. Le plus simple des carrés magiques est d'ordre 3.

- On appelle "ordre" d'un carré le nombre d'entrées dans une colonne, une ligne ou une diagonale. Un carré d'ordre 3 contient 9 nombres. Un carré d'ordre 5 en contient 25 ;
- les carrés construits sur un nombre pair, 4 par exemple, sont des carrés pairs les carrés construits sur un nombre impair, 5 par exemple, sont des carrés impairs ;
- les carrés impairs ont un nombre central de symétrie que l'on appelle centre ou repère. Les carrés pairs n'ont pas un nombre central mais quatre nombres centraux ;
- dans les carrés magiques d'ordre impair, le nombre qui est au milieu de la suite des nombres employés se trouve placé au centre du carré ;

- on appelle “constante” d’un carré la somme identique que donne chaque ligne, chaque colonne et chaque diagonale, et parfois le centre du carré pair (voir exemple ci-dessus).
- on appelle “somme” d’un carré la somme de tous les nombres qui s’y trouvent. Elle est toujours égale au nombre triangulaire du dernier nombre de la suite utilisée, si celle-ci est de type (0, 1, 2, 3, 4, 5, etc.).

Exemples

4	**9**	**2**
3	**5**	**7**
8	**1**	**6**

Carré impair d’ordre 3.
On remarque le centre 5 qui est bien le centre de la suite des nombres : 1234 **5** 6789.

- chaque colonne ou ligne ou diagonale possède 3 nombres, il est donc d’ordre 3 ;

- la somme des nombres de chaque rangée, de chaque colonne, de chaque diagonale est 15. Il est donc de constante 15 ;
- la somme des nombres de ce carré magique est 45 et correspond au nombre sacré ou nombre triangulaire de 9 ;
- dans la kabbale, ce nombre symbolise “l’homme” et sa capacité de questionnement, puisque 45 signifie “quoi ?”. C’est aussi un des développements guématrique, du nom tétragramme de Dieu (*Yhvh*).

1	**16**	**11**	**6**
13	**4**	**7**	**10**
8	**9**	**14**	**3**
12	**5**	**2**	**15**

Carré pair d’ordre 4, la constante du carré est ici 34.

Les carrés magiques possèdent le plus souvent des propriétés remarquables. Ainsi, pour le premier carré, un des plus simples et des plus connus (nous verrons plus loin ses rapports avec l'alchimie), nous pouvons remarquer que :

$$4^2 + 9^2 + 2^2 = 8^2 + 1^2 + 6^2$$

et

$$4^2 + 3^2 + 8^2 = 2^2 + 7^2 + 6^2$$

Il est intéressant de voir que le trajet de la dynamique interne d'un carré magique donne un diagramme dont l'équilibre géométrique est toujours surprenant.

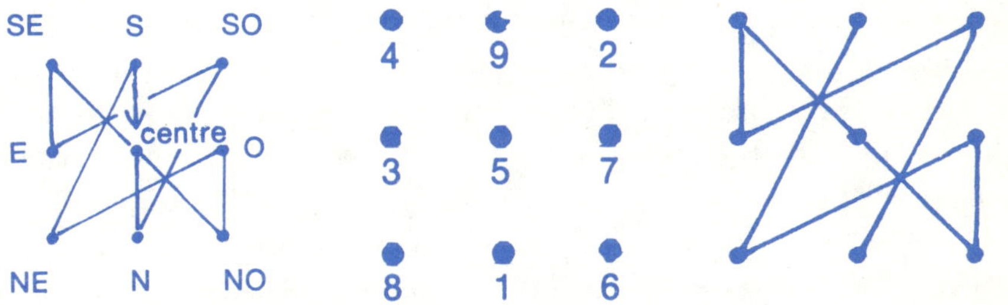

Remarque

Il n'y a qu'un carré magique d'ordre 3 qui utilise les neuf premiers nombres. Les autres jouent sur la rotation ou la symétrie. (Cf. plus loin exemple du carré Lo-Chou.)

Une belle harmonie

Nous regardons le monde et nous le trouvons beau, pour ses couleurs, ses formes, son mouvement, et souvent par la grâce des enchaînements dynamiques de figures géométriques qui produisent des harmonies et éveillent en nous un plaisir esthétique.

Mais il existe aussi des harmonies plus abstraites, qui visent à réjouir l'intelligence plutôt qu'à émouvoir les sens.

Nous avons déjà rencontré, dans les chapitres précédents, beaucoup de ces harmonies qui unissent les nombres entre eux et qui constituent la théorie des nombres. En un sens, les carrés magiques entrent dans cette catégorie. En effet, le carré magique est un ensemble de nombres réunis dans une structure carrée, dont l'intelligence, souvent ludique des liens remarquables qu'ils entretiennent, nous éveille et nous émerveille !

Nous disons "intelligence" en en soulignant un des sens étymologiques dérivés de *intellegere,* qui peut vouloir dire "lier ensemble".

En quoi ces carrés sont-ils magiques ? Selon un texte de Goethe dans le *Faust* que nous citons un peu plus loin, ils semblent avoir eu des vertus magiques, comme la possibilité de rendre efficaces des philtres en tout genre dont celui du rajeunissement. Nous verrons d'autres exemples.

Ils ont été des talismans portés autour du cou ou tout simplement dissimulés dans une poche de vêtement, écrits sur parchemin ou brodés sur un tissu, etc.

Le carré magique d'ordre 3, le plus simple donc, possède dans sa forme première un centre de 5. Ce nombre magique et protecteur se voit de façon dérivée dans des amulettes diverses, en particulier en pays musulmans et chez les juifs, dans la représentation de la "main" de Fathima souvent associée avec un ou plusieurs poissons qui protègent du mauvais œil.

Ce 5 comme talisman ou amulette se retrouve aussi fréquemment dans les représentations du pentagone étoilé inscrit dans un cercle qui fut un des symboles fondamentaux des pythagoriciens.

Il constitue aussi le sceau de Salomon, dont la valeur est de 15, tout comme la constante du carré de 3.

Signalons au passage le lien entre cette figure et le nombre d'or, puisque l'on retrouve ce nombre dans le rapport entre différentes sections des traits de cette étoile.

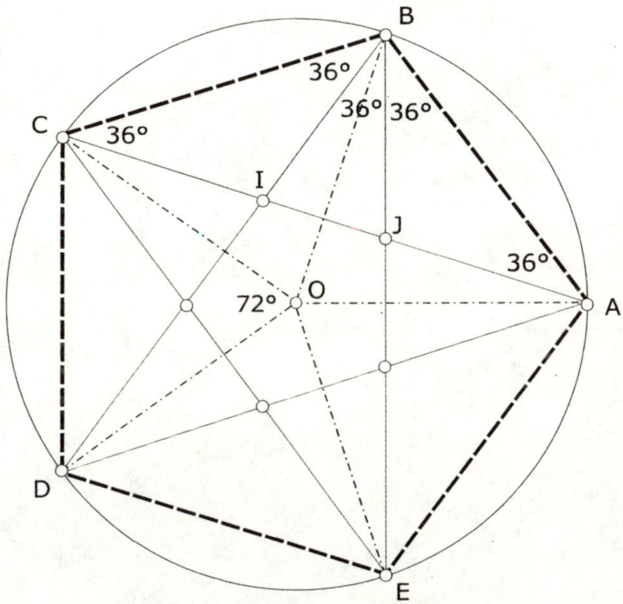

$$\frac{CA}{CJ} = \frac{CJ}{JA} = \Phi$$

Le mathématicien chinois, Li Shanlan (1811-1882),
auteur de *L'Impact des mathématiques occidentales sur la Chine.*

2

Une origine chinoise

Des rêves sont venus en remontant le fleuve.
On s'arrête, on parle avec eux, ils savent
bien des choses, sauf d'où ils viennent.
Franz Kafka

L'origine chinoise des carrés magiques est considérée comme relativement certaine, mais nous montrerons plus loin la possibilité d'une provenance grecque.

Les traditions les plus anciennes à propos de ces carrés remontent en effet aux textes chinois, qui offrent de nombreuses variantes d'un mythe fondateur, dont cette légende du XXIIIe siècle avant notre ère : une tortue sort du fleuve Lo révélant ainsi à l'empereur Yü un carré magique gravé sur son dos.

Ce carré devint célèbre sous le nom de carré de Lo-Chou ("L'Écrit de la rivière Lo"). Il sert de base à une numérologie chinoise ainsi qu'à différentes numérologies dérivées et simplifiées.

4	9	2
3	5	7
8	1	6

Le féminin et le masculin : le *yin* et le *yang*…

En Chine, le principe binaire est représenté par le *yin* et le *yang* : dans un cercle, deux formes sont étroitement imbriquées.

L'une noire, l'autre blanche, avec chacune un petit noyau de la teinte opposée. Leur forme et leur disposition évoquent le mouvement circulaire, l'alternance des jours et des nuits, des étés et des hivers, des cycles fastes et néfastes. Le *yin*, noir, est considéré comme passif et féminin, le *yang*, blanc, comme actif et masculin.

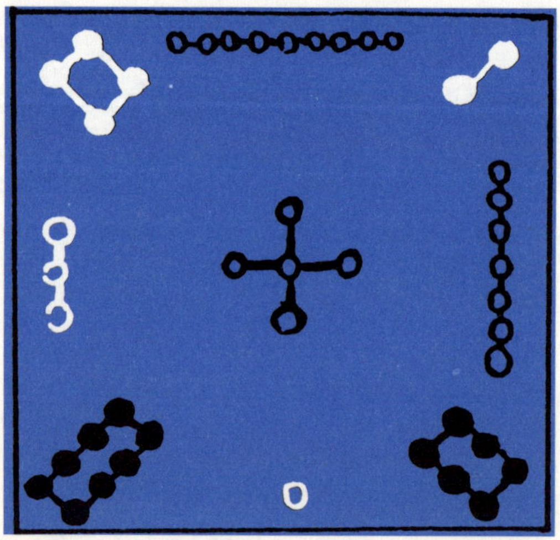

Le carré Lo-Chou, dans sa forme originelle, était écrit en chiffres chinois anciens. Les nombres pairs sont féminins et sont dits *Yin*. Ils sont représentés par des points pleins, reliés par des traits.

Les nombres impairs sont masculins et sont dits *Yang*. Ils sont représentés par des petits cercles vides et reliés par des traits.

Notons la forme en croix du 5 qui est justement le centre du carré. Cette forme en croix révèle que la forme graphique des chiffres provient à l'origine du carré magique d'ordre 3 avec un repère 5.

Si les nombres sont soit masculins, soit féminins, on peut cependant en souligner la nature composée : masculin et féminin (*Yang* et *Yin*). Le 5 jouant un peu le rôle d'une base, nous obtenons les équivalences suivantes :

$$6 = 5 + 1$$
$$7 = 5 + 2$$
$$8 = 5 + 3$$
$$9 = 5 + 4$$
$$10 = 5 + 5$$

Par exemple : 6 en soi est pair et féminin. Mais il devient masculin et féminin, lorsqu'on le lit avec le "centre-base" : 5 + 1 = 6.
C'est le sens métaphysique de l'addition. C'est ce que révèle le carré appelé Ho Tou.

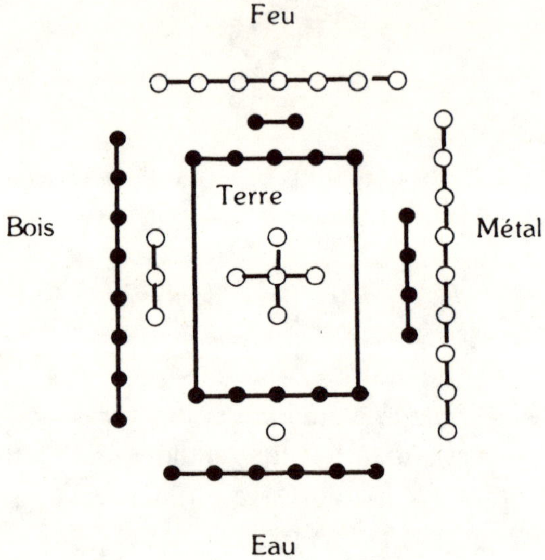

On voit bien ici que chaque côté du carré, chaque orientation, comporte deux nombres : 2 et 7 sont ensemble, de même que 1 et 6, 3 et 8, etc.
Et l'on voit bien aussi que le Ho Tou fonctionne comme un tableau qui offre les règles de l'addition : 5 + 1 = 6, 5 + 3 = 8, etc.

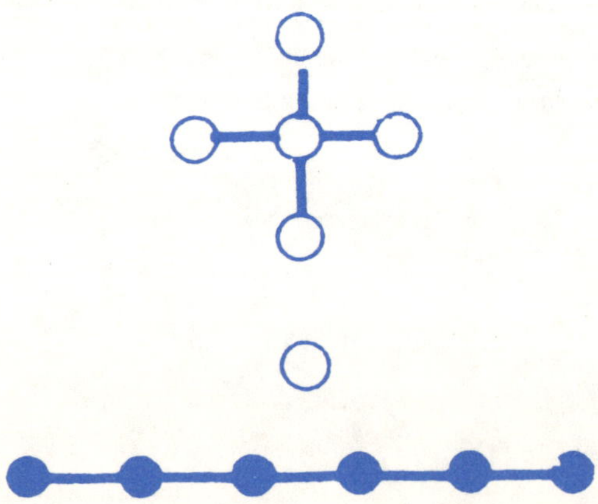

Le carré Lo-Chou

Dans la numérologie chinoise, le carré Lo-Chou est un support important pour l'interprétation du caractère et des "lignes du destin". Chaque carré correspond à une année selon un cycle de 9 ; tous les neuf ans, on retrouve le même carré. Chaque mois et chaque jour ainsi que chaque heure possèdent un lien avec le carré.

Nous donnerons un exemple à la fin de ce chapitre.

Pour obtenir les neuf carrés Lo-Chou, il suffit de faire se mouvoir les nombres à l'intérieur du carré selon une logique très simple que voici :

À partir du carré Lo-Chou de base,

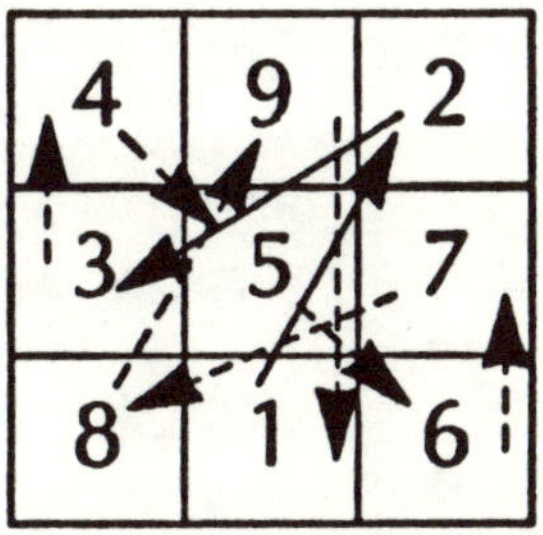

Le 1 va en 2, le 2 en 3, le 3 en 4, le 4 en 5, le 5 en 6, le 6 en 7, le 8 en 9 et le 9 en 1, ce qui donne le nouveau carré :

3	8	1
2	4	6
7	9	5

Ce nouveau carré à son tour devient un troisième carré par déplacement des nombres selon le même procédé. On poursuit ainsi jusqu'au retour du carré de base. Cela donne en tout neuf carrés Lo-Chou.

Le lieu de chaque nombre est appelé "maison" et le nombre au centre du carré est dit "repère". Le carré de base a un repère 5, le second dérivé par mouvement des nombres a un repère 4, et ainsi de suite jusqu'au carré de repère 9.

Ces neuf carrés forment la base d'une numérologie chinoise qui, comme les autres numérologies populaires, permet de souligner les caractéristiques de la personnalité, ses points forts et faibles, et les grandes lignes d'une existence.

9	5	7
8	1	3
4	6	2

Repère 1

1	6	8
9	2	4
5	7	3

Repère 2

2	7	9
1	3	5
6	8	4

Repère 3

3	8	1
2	4	6
7	9	5

Repère 4

4	9	2
3	5	7
8	1	6

Repère 5

5	1	3
4	6	8
9	2	7

Repère 6

6	2	4
5	7	9
1	3	8

Repère 7

7	3	5
6	8	1
2	4	9

Repère 8

8	4	6
7	9	2
3	5	1

Repère 9

3

Comment construire un carré magique ?

Une fois écrit, il n'y a pas de livre qui ne soit livres, ni de mot qui ne soit mots…
Edmond Jabès

La construction d'un carré d'ordre 3

Le carré magique de trois se construit aisément. Disposant en file la série des neuf premiers nombres, Théon de Smyrne remarque que deux nombres symétriques par rapport au pivot qu'est 5 donnent une somme égale à dix.

1 2 3 4   5   6 7 8 9

Quoi de plus naturel alors que de placer le cinq dans la case centrale d'un ensemble carré à neuf cases, puis de mettre 1 et 9, par exemple, dans la colonne centrale ?

x	1	x
x	5	x
x	9	x

La somme de la colonne est 15. Si l'on cherche à compléter la ligne inférieure par deux nombres tels que la somme de cette ligne soit également de quinze, seuls 2 et 4 conviennent.

x	1	x
x	5	x
2	9	4

Il faut alors écrire 6 et 8 dans les cases diagonalement symétriques par rapport au pivot central.

6	1	8
x	5	x
2	9	4

Il reste enfin une façon et une seule de disposer les deux nombres restants, 3 et 7, de telle sorte que les sommes des colonnes correspondantes valent 15, elles aussi.

x	1	x
7	5	3
2	9	4

Comment fabriquer un carré magique impair ?

Il existe un procédé pour établir un carré magique impair (cf. définition du carré impair dans le premier chapitre).

Placez ainsi les éléments :

		1		
	4		2	
7		5		3
	8		6	
		9		

Appliquez le quadrillage et mettez chaque élément hors cadre à son antipode.

		1		
	4		2	
7		5		3
	8		6	
		9		

→

4	9	2
3	5	7
8	1	6

Autre exemple :

Placez ainsi les éléments :

				1				
			6		2			
		11		7		3		
	16		12		8		4	
21		17		13		9		5
	22		18		14		10	
		23		19		15		
			24		20			
				25				

Appliquez le quadrillage et mettez chaque élément hors cadre à son antipode.

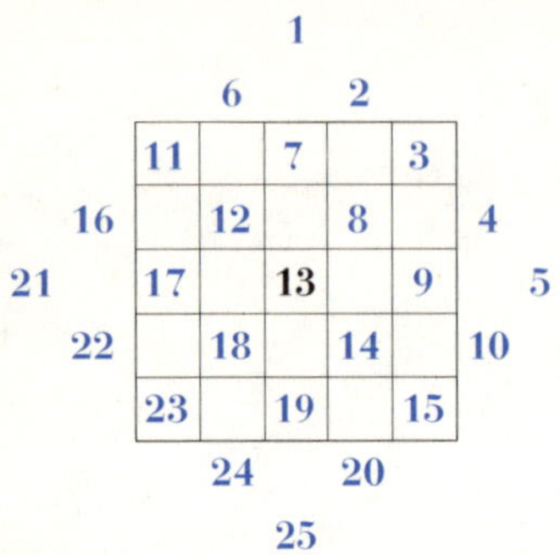

→

11	24	7	20	3
4	12	25	8	16
17	5	**13**	21	9
10	18	1	14	22
23	6	19	2	15

Remarque

Un carré reste magique si l'on augmente ou diminue d'un même nombre tous les éléments. Le carré ci-dessous est réalisé avec les éléments du carré d'ordre 4 vu précédemment au chapitre 1, augmentés de 5 unités, la constante passant de 34 à 54.

6	20	19	9
17	11	12	14
13	15	16	10
18	8	7	21

De même, le carré reste magique si l'on multiplie tous les éléments par un même nombre.

Comme nous l'avons vu dans les définitions du premier chapitre, dans un carré magique d'ordre impair, le nombre qui est au milieu de la suite des nombres employés se trouve placé au centre du carré. (Dans le cas du carré de notre deuxième exemple, c'est le 13 qui est au centre de la suite et du carré.)

4

Faust, Goethe et les carrés magiques

La recette du kouglof :
Mélanger deux cent cinquante grammes
de sucre au zeste d'une orange et d'un citron,
puis tamiser le sucre en poudre
afin d'enlever tous les grumeaux.
Ajouter six jaunes d'œufs puis remuer de
tout délicatement durant une demi-heure.
Y verser un peu de jus de citron et délayer
une quantité de fécule équivalente au poids
de deux œufs durs, rajouter six blancs d'œufs
battus en neige, et faire cuire ensuite la pâte
obtenue dans un moule beurré au préalable
et saupoudré de farine.
Anna Pouzovna

Un philtre magique pour rajeunir de trente ans

Dans son drame de *Faust*, Goethe en vient à parler de l'ensemble significatif représenté par les dix premiers nombres, bien que ce soit d'une manière qui s'éloigne considérablement des observations habituelles. Il est ici question de Faust, conduit par Méphistophélès dans la cuisine de la sorcière pour y recevoir un philtre qui doit le rajeunir de trente ans.
Au cours de la préparation du breuvage, la sorcière récite ces vers lus dans un grand livre :

"Comprends bien !
Du Un fais Dix
Et laisse Deux tranquille et fais pareil pour Trois. Te voilà riche !

Perds le Quatre de Cinq et Six, la sorcière le dit,
Fais Sept et Huit. Ainsi c'est accompli !
Et Neuf est Un et Dix n'est rien."

C'est là le "Une fois Un" de la sorcière…

On a fait, sur ces paroles énigmatiques, toutes les considérations possibles, sans toutefois prêter attention au fait que Goethe les met dans la bouche d'une sorcière. Le "charme" qui doit se trouver à l'intérieur du breuvage au terme de sa préparation doit tout d'abord y être introduit par toutes sortes d'opérations "spirituelles". Un tel "charme", une telle sorcellerie doivent par conséquent être contenus dans le "Une fois Un" de la sorcière…

Carré magique ?

Tentons une lecture ligne à ligne du texte de Goethe pour découvrir s'il s'agit d'un éventuel carré magique.

Première ligne

On inscrit les nombres 1 à 9 pour former selon un ordre numérique :

1	2	3
4	5	6
7	8	9

On lui applique alors les paroles de Goethe : du 1 on fait tout d'abord un 10 ("D'Un fais Dix") ; on conserve le 2 ("Et laisse Deux tranquille") ; on fait pareil pour 3 ("Et pour Trois fais de même").

La première ligne du carré se lit alors, non plus 1, 2, 3, mais 10, 2, 3. Cela donne déjà la somme partielle 15. Ainsi, on est devenu riche ("Te voilà riche.").

Deuxième ligne

C'est maintenant le tour des nombres 4 à 9. Le 4 doit être éliminé, d'où l'apparition d'une place vide dont le signe numérique est 0 ("Perds le Quatre."). Les nombres 5 et 6 doivent être remplacés par le couple 7 et 8

("De Cinq et Six, la sorcière le dit, Fais Sept et Huit."). De cette manière, l'ancienne deuxième ligne 4, 5, 6 est transformée en la nouvelle 0, 7, 8, dont la somme est encore 15.

Troisième ligne

Pour la nouvelle troisième ligne, sont déjà connus les deux premiers nombres, 5 et 6. Pour avoir, ici encore, la somme 15, il faut que le dernier nombre soit 4, qui a donc été perdu à la place qu'il occupait primitivement au début de la deuxième ligne ; ainsi, ce que l'on perd n'a pas complètement disparu mais a pris une autre place qu'on ne supposait pas.
Quand Goethe fait suivre les neuf premiers vers du dixième : "Ainsi c'est accompli", il en ressort que la dernière ligne du carré doit être 5, 6, 4.

En ce qui concerne l'interprétation des deux vers de conclusion : "Et Neuf est Un/Et Dix n'est rien", cela signifie que la sorcière a fait disparaître les deux nombres réguliers 9 et 1 et a suscité par tricherie à leur place les deux nombres irréguliers 10 et 0 (rien). Le 9 a dû subir le même destin que le 1, à savoir de ne pas avoir été pris en compte. Neuf est comme Un. De même Dix est comme Zéro, les deux n'auraient absolument pas dû apparaître, mais par suite de l'expulsion de Neuf et de Un, ils ont trouvé une place. Le carré modifié est alors :

10	2	3
0	7	8
5	6	4

Un carré imparfait

Dans ce dernier, les sommes par lignes, et aussi par colonnes, donnent bien la même valeur, 15 ; l'une des sommes en diagonale produit aussi ce résultat, mais ce n'est pas le cas de l'autre. Ce vice de forme distingue le carré du véritable carré magique traditionnel, lequel donne la somme 15 pour les deux diagonales.

Carré magique de Dürer, de constante 34 – détail de l'œuvre *Melancholia* (reproduite en page 240 de cet ouvrage). La date de 1514 figure au bas.

5

Melancholia

Soleils-filaments
Au-dessus du désert gris-noir.
Une pensée haute comme un arbre
accroche le son de lumière :
il y a encore des chants à chanter
au-delà des hommes.
Paul Celan

Le plus célèbre des carrés magiques est celui que le peintre graveur Albrecht Dürer a fait figurer dans l'estampe intitulée *Melancholia*.

Personnalité marquante de la Renaissance allemande, Albrecht Dürer (1471-1528) se rendit par deux fois en Italie s'initier à une tradition redécouverte grâce à l'arrivée de savants byzantins fuyant Constantinople, à la suite de sa prise en 1453 par les Turcs de Mahomet II.

Un premier voyage eut lieu en 1494. Le jeune artiste venait juste de terminer sa formation avec Michel Wohlgemüth, puis avec les frères Schongauer, de Colmar. Il rencontra le néo-platonicien Jacopo de Barbari qui ne lui révéla que des bribes de son savoir. Dürer écrivit à ce sujet : “Jacobus ne voulait pas m'indiquer clairement ses rapports… Il me montra toutefois un homme et une femme tracés selon certaines mesures. À l'époque, il me tenait moins à cœur de visiter des pays inconnus que de pénétrer ses théories.”

C'est dans la plénitude de son talent que l'artiste germanique retourna une seconde fois dans la péninsule. Il avait alors trente-quatre ans. On sait qu'il rencontra alors le franciscain Fra Luca Pacioli di Borgo, et l'on peut supposer que ce dernier lui enseigna la “Divine Proportion” de Platon et de Pythagore.

Fra Luca publia en effet quatre ans plus tard un ouvrage portant ce titre. (Cf. chapitre sur le nombre d'or.)

De Dürer graveur, on connaît les quinze planches gravées sur bois de l'*Apocalypse* (1498) et aussi de splendides cuivres, comme *Le Chevalier et la Mort*, ou encore *Melancholia*. On peut souligner comment, dans cette dernière œuvre, l'ange méditatif s'inscrit dans un pentagone étoilé (le "pentagramme" pythagoricien). On peut s'attarder aussi sur la curieuse pierre taillée placée au pied d'une échelle à sept barreaux (la traditionnelle "échelle des sages"). (Voir illustration reproduite page 240.)

Sur le mur est gravé un carré magique d'ordre 4 et de constante 34. Albrecht Dürer s'est amusé à faire en sorte que la date de son œuvre, 1514, apparaisse en clair dans le carré – dans les deux cases médianes de la dernière ligne.

Albrecht Dürer, *Les Chevaliers de l'Apocalypse*, 1498.

6

Quelques carrés magiques remarquables

Dieu n'existe pas
et nous sommes son peuple élu.
Woody Allen

Les seize premiers nombres peuvent être disposés différemment. Par exemple, Frenicle a montré qu'il y avait 878 arrangements aptes à produire un tel carré d'ordre 4, avec les seize premiers nombres.

1	16	11	6
13	4	7	10
8	9	14	3
12	5	2	15

La somme des chiffres du carré central est aussi égale à la constante du carré : 34.

Carrés magiques et figures géométriques

Si l'on essaie de figurer le chemin que suit le passage d'un nombre à l'autre à l'intérieur d'un carré magique, on s'aperçoit que le graphisme résultant est d'une grande précision et d'une grande beauté géométrique.

Voici un carré d'ordre 4 et de constante 34 dans lequel les éléments ont été disposés selon un certain dessin :

1	15	14	4
12	6	7	9
8	10	11	5
13	3	2	16

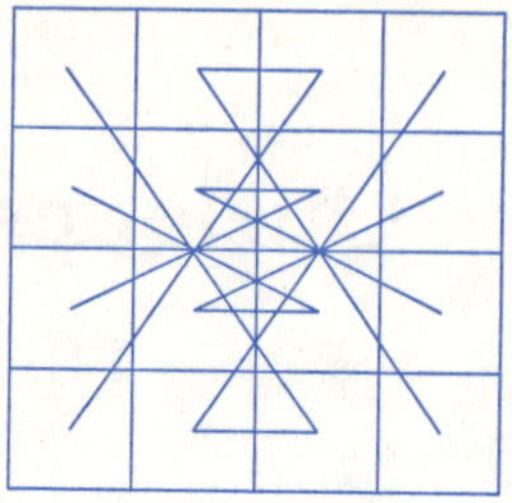

Carré magique d'ordre 6

Chaque alignement a pour total 111.
Ce carré est intéressant, car 111 est la valeur numérique développée de la lettre *aleph* : aleph-lamèd-pé : 1 + 30 + 80 = 111.

6	25	24	13	7	36
35	11	14	20	29	2
33	27	16	22	10	3
4	28	15	21	9	34
32	8	23	17	26	5
1	12	19	18	30	31

Le carré magique le plus ancien

Un carré indien

À Khajuraho (Inde), il existe un temple, édifié aux XIe et XIIe siècles, dont un pilier porte un quadrillage qui en fait le tour et qui, mis à plat et traduit dans notre écriture des nombres, serait :

7	12	1	14
2	13	8	11
16	3	10	5
9	6	15	4

Le total des lignes, des colonnes et des diagonales est 34. C'est probablement le carré magique le plus ancien.

Les carrés diaboliques

Carré du silence ou carré du maître ou encore carré du sanctuaire

Certains carrés magiques sont dit "diaboliques" et possèdent des particularités intéressantes. Par exemple, dans le carré ci-dessous, la somme de chaque rangée, colonne ou diagonale est 65.

Si l'on coupe ce carré diabolique par une ligne verticale entre deux colonnes quelconques et si l'on fait permuter les deux morceaux, on obtient toujours un carré magique. En coupant par une ligne horizontale, on aura le même résultat.

On peut aussi remarquer qu'un quelconque losange (9 sont possibles) découpé dans le carré diabolique a pour somme de ses éléments le même total de 65.

1	20	9	23	12
24	13	2	16	10
17	6	25	14	3
15	4	18	7	21
8	22	11	5	19

Un carré magique et kabbalistique

Il est possible aussi de réaliser un carré diabolique de constante 65 contenant un carré magique central de constante 39.

23	8	5	4	25
20	14	15	10	6
19	9	13	17	7
2	16	11	12	24
1	18	21	22	3

Ce carré semble particulièrement important, car les nombres qui y sont révélés sont des nombres fondamentaux dans la kabbale hébraïque.
65, la constante de ce carré, est la valeur numérique du nom *adonay* (cf. plus loin le chapitre sur les noms Dieu), et 39 est la valeur de l'expression *Yhvh éhad*, "Dieu est un". 65 est aussi la valeur numérique de "silence" (*hass*) et de "sanctuaire" (*hékhal*). En ce sens, ce carré magique aurait une valeur talismanique proche de la *mezouza* hébraïque, petit parchemin que l'on appose à l'entrée des maisons et des portes. Le caractère kabbalistique de ce carré est vérifié par le fait que la différence des deux constantes est :

$$65 - 39 = 26$$

26 étant précisément la valeur numérique du saint tétragramme *Yhvh.*

Le carré ultra-magique

Voici un carré ultra-magique, dans lequel le total de 40 est obtenu de vingt-deux manières différentes selon les quatre rangées horizontales, les quatre colonnes verticales, et les deux diagonales. (Rappelons que 22 est le nombre de lettres de l'alphabet hébraïque ainsi que le nombre de lames du tarot, sans jouer ici sur le rapprochement possible entre Torah et tarot.)

1	15	20	4
18	6	7	9
8	16	11	5
13	3	2	22

De plus, l'addition des éléments portés aux quatre coins de douze quadrilatères donne aussi la même somme de 40.

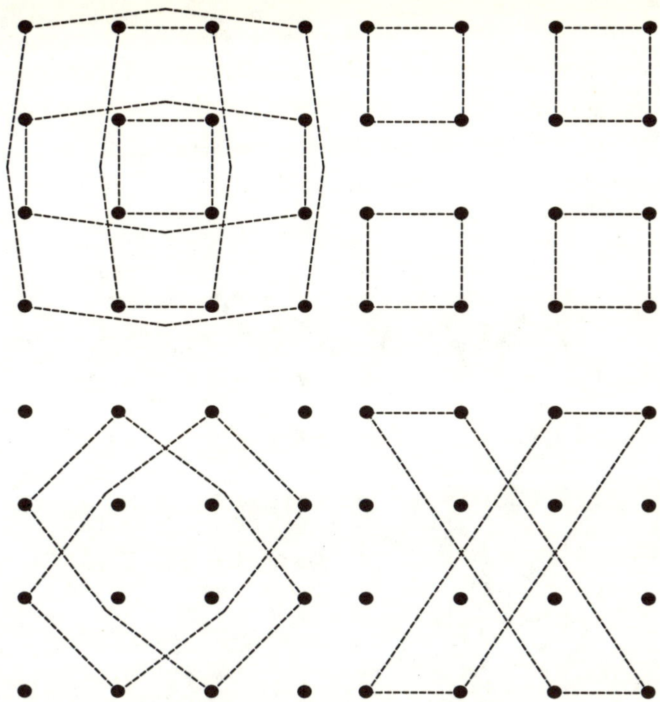

Une particularité intéressante

Le carré de Dürer, *Melancholia*, présente les mêmes propriétés, avec en plus le schéma :

16	3	2	13
5	10	11	8
9	6	7	12
4	15	14	1

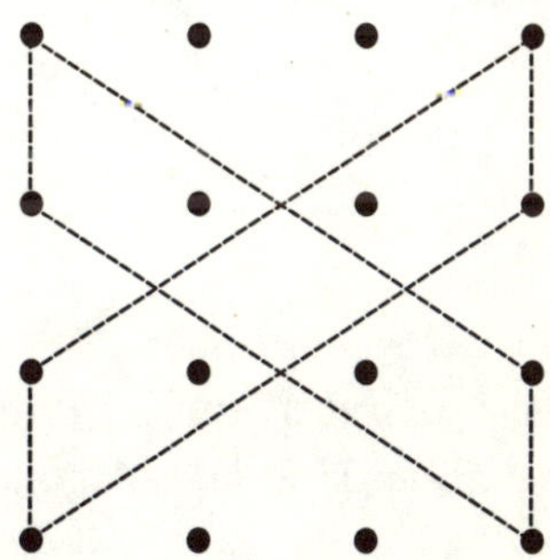

$$(16 + 5) + (12 + 1) = 34$$

$$(9 + 4) + (13 + 8) = 34$$

Le carré magique d'Euler

Ce très grand mathématicien allemand combina un jour, par délassement, le carré magique suivant dans lequel la somme de tous les nombres figurant sur une ligne horizontale ou verticale est égale à 260.
La somme de chaque demi-ligne est égale à 130.

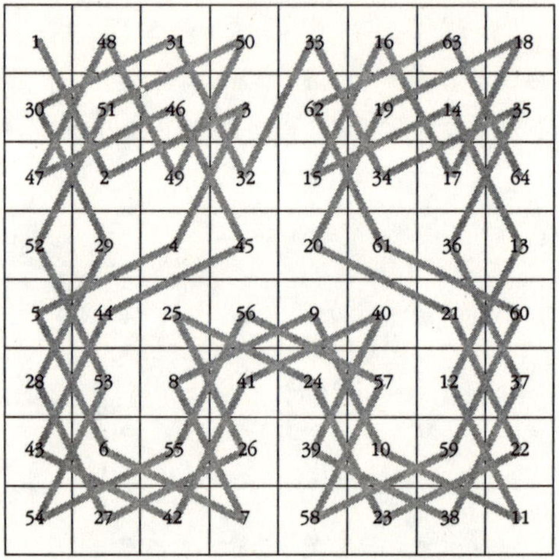

Au niveau kabbaliste, ces nombres sont importants. 260 est la guématria différentielle de *chèm*, le "nom", et 130, la guématria simple de *soulam* qui veut dire "l'échelle" comme dans le passage biblique du rêve de Jacob.
En outre, si l'on part du 1 en se déplaçant comme le cavalier du jeu d'échecs pour aller au 2, puis au 3…, on dessine le réseau symétrique figuré ci-dessous.

Les étoiles magiques

Il existe aussi des étoiles magiques. Il est possible de les réaliser dans des polygones étoilés. Il s'agit de disposer les nombres de telle sorte que les sommes de ceux qui figurent sur un quelconque côté de l'étoile soit toutes égales entre elles. Il est ainsi possible de construire des heptagones étoilés.
Soit, celui-ci de constante 30 :

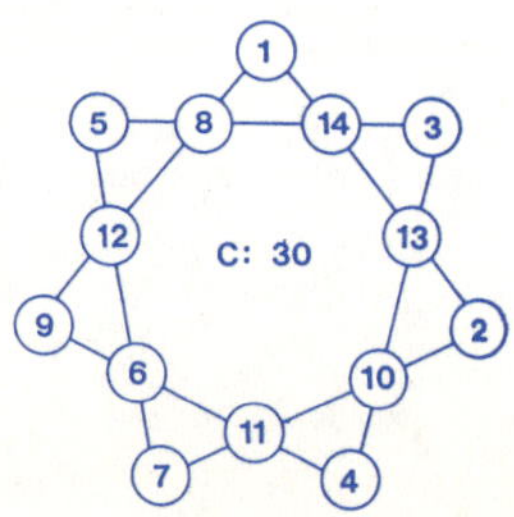

À partir de l'hexagramme, les étoiles magiques parfaites existent. Ces étoiles se nomment pour certains “sceau de Salomon”, pour d'autres “bouclier de David”. La constante en est souvent de 26, la valeur numérique du tétragramme YHVH.

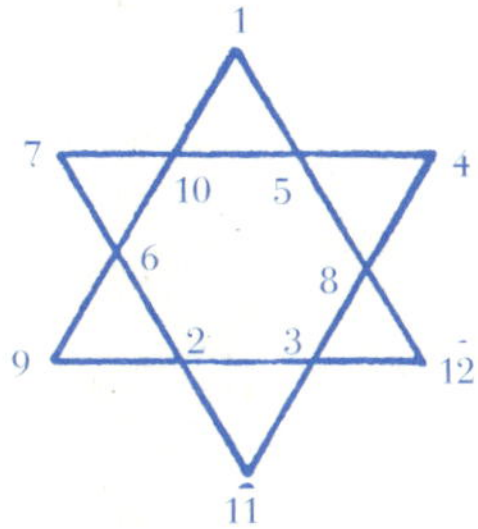

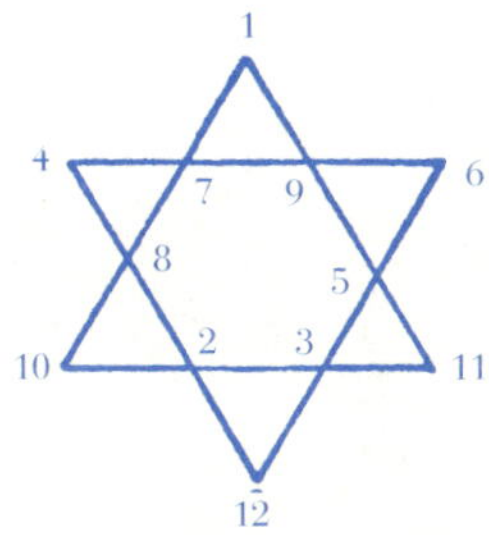

S'il y a des nombres uniquement aux extrémités de l'étoile la somme est de 21, le triangulaire de 6, et la valeur numérique du nom de Dieu, *Ehyé.*

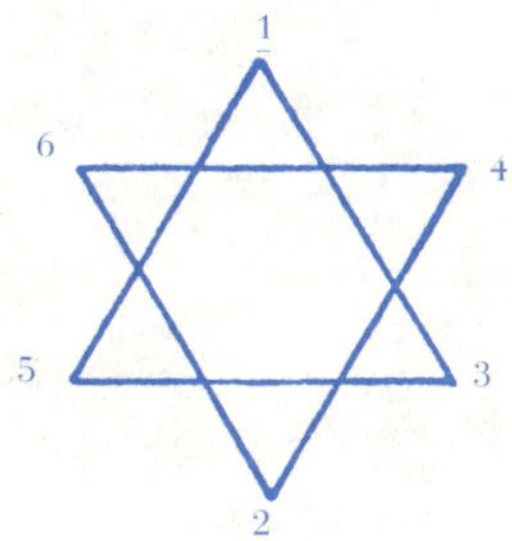

L'hexagone magique de Clifford W. Adams

Adams mis 47 ans avant de découvrir, en 1957, cet hexagone (de constante 38), mais ayant égaré le papier où il avait noté la solution, il chercha de nouveau 5 ans, avant de retrouver… le papier !

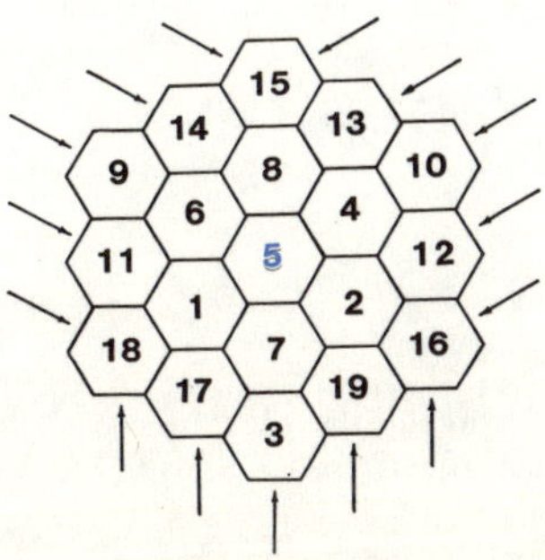

Deuxième partie

Alchimie et talismans

L'alchimie

La Bible

Le monde ennéadique

Guérison et relaxation

Thésée et le Minotaure dans *L'Histoire du mythe de Thésée*
par le maître Cassoni Campana, vers 1510.

1

L'alchimie

Il ne faut pas toucher aux idoles,
car la dorure reste collée sur les doigts.
Gustave Flaubert

Les alchimistes à la recherche de la pierre philosophale ont défini des carrés magiques en fonction des planètes et des matériaux utilisés dans leurs diverses expériences. Nous les présentons ici, avec à chaque fois un petit commentaire.

Le carré de Saturne

(ordre 3)

C'est le plus universellement connu. On le rencontre sous le nom de Lo-Chou et aussi carré de Salomon. Sa constante de 15 correspond en hébreu au nom de Dieu Yah (YH).

4	**9**	**2**
3	**5**	**7**
8	**1**	**6**

Le matériau correspondant à ce carré de Saturne est le plomb ; car en général inscrits sur du plomb et parfois aussi sur des tissus neufs ou du parchemin vierge. Ils étaient connus comme talismans magiques facilitant l'accouchement. Ainsi, on les inscrivait sur un morceau de tissu ou de parchemin que l'on mettait aux pieds de la femme qui accouchait.

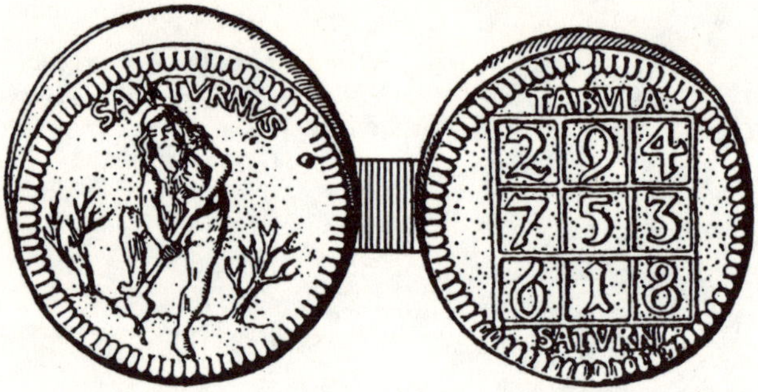

Médaillon-talisman portant le carré de Saturne.

Pairs et impairs

Nous pouvons rajouter ici une propriété à ce beau carré magique.
Les nombres impairs constituent une croix :

4	9	2
3	5	7
8	1	6

Le carré de Jupiter

(ordre 4)

4	14	15	1
9	7	6	12
5	11	10	8
16	2	3	13

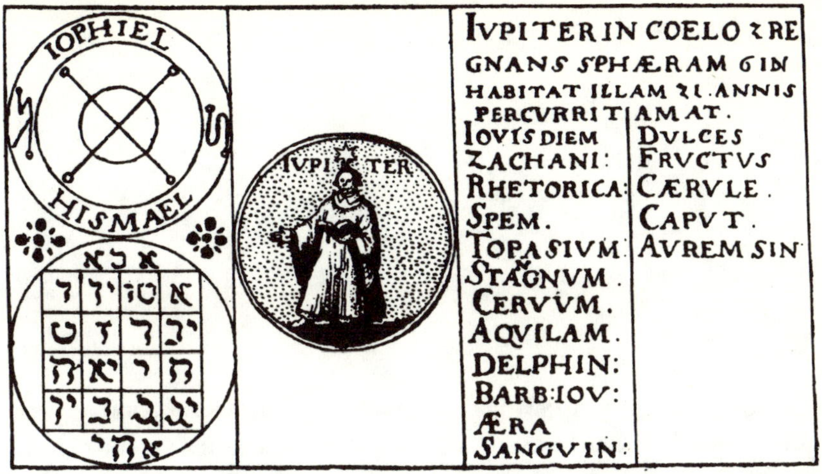

Amulette portant le carré de Jupiter avec une inscription en hébreu et en latin.
Le carré lui-même est en chiffres-lettres hébraïques.

Ce carré est de constante 34. Le matériau correspondant est l'étain. On l'utilise gravé sur du corail, contre les maléfices.

Un autre (ci-dessous) composé d'une combinatoire de 8, 6, 4, 2, placé sous une aile de colombe blanche, a la propriété de convaincre une jeune fille d'accepter une demande en mariage.

8	6	4	2
4	2	8	6
2	4	6	8
6	8	2	4

Le carré de Mars

(ordre 5)

11	24	7	20	3
4	12	25	8	16
17	5	13	21	9
10	18	1	14	22
23	6	19	2	15

La constante de ce carré est 65. Ce nombre que nous rencontrerons dans les noms de Dieu, signifie aussi le "silence" et le "sanctuaire". La somme de ce carré est de 325. Le métal correspondant est le fer.

Le carré du Soleil

(ordre 6)

6	32	3	34	35	1
7	11	27	28	8	30
19	14	16	15	23	24
18	20	22	21	17	13
25	29	10	9	26	12
36	5	33	4	2	31

Sa constante est de 111 et la somme du carré est de 666, nombre mythique dont la signification reste encore énigmatique. Ce carré comporte 36 cases, nombre que nous avons rencontré plus haut comme celui, dans la Kabbale, des justes cachés.

Le centre ou "cœur" de ce carré donne 2 fois 37 qui est le "nombre d'homme" ($n^2 + 1$) de 6 (6^2+1). Remarquons que 666 divisé par 37 donne 18, nombre dans lequel on retrouve 666 en tant que 6 + 6 + 6. 18 est également le nombre de la vie en hébreu. Il se prononce "Hay" et se porte souvent autour du cou comme bijou-talisman.

Le carré de Vénus
(ordre 7)

22	47	16	41	10	35	4
5	23	48	17	42	11	29
30	6	24	49	18	36	12
13	31	7	25	43	19	37
38	14	32	1	26	44	20
21	39	8	33	2	27	45
46	15	40	9	34	3	28

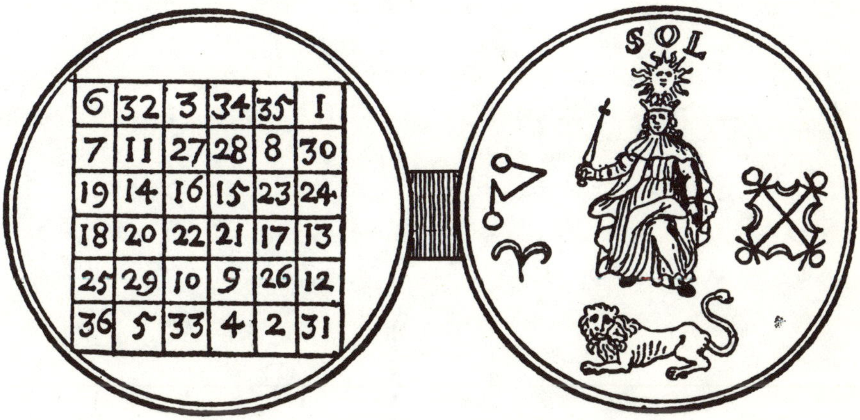

Médaillon-talisman avec le carré magique du Soleil.

La constante de ce carré est de 175. La somme du carré équivaut au nombre triangulaire de 49 (49 + 48 + 47... + 1 = 175).
On le nomme aussi sceau d'Abraham, car Abraham vécut, selon le texte biblique, jusqu'à 175 ans.
Comme nous l'avons montré à plusieurs reprises, les carrés magiques offrent une géométrie interne d'une grande harmonie qui souligne leur caractère structuré. Voici la géométrie interne du sceau d'Abraham, ou carré de Vénus. Ce carré est un talisman pour vivre longtemps et heureux.

Le carré de Mercure

(ordre de 8)

Le carré de Mercure possède une constante de 260, nombre que nous rencontrerons comme valeur différentielle du mot "nom" en hébreu (*chem*) et des deux premières lettres du nom de Moïse (voir plus loin chapitre : Dynamique de la guématria).

La somme totale de ce carré est 2080. L'alliage d'argent lui est attribué en tant que métal. Dans sa structure, ce carré correspond au plateau de l'échiquier, 8 sur 8. Il revient donc aussi à 2 fois 32 (les 32 voies de la Sagesse). Son cœur est un croisement de 2 fois 65, l'un des nombres que nous avons rencontré plus haut. (cf. plus haut, carré de 65). C'est le carré de la sagesse et de l'intelligence.

8	58	59	5	4	62	63	1
49	15	14	52	53	11	10	56
41	23	22	44	45	19	18	48
32	34	35	29	28	38	39	25
40	26	27	37	36	30	31	33
17	47	46	20	21	43	42	24
9	55	54	12	13	51	50	16
64	2	3	61	60	6	7	57

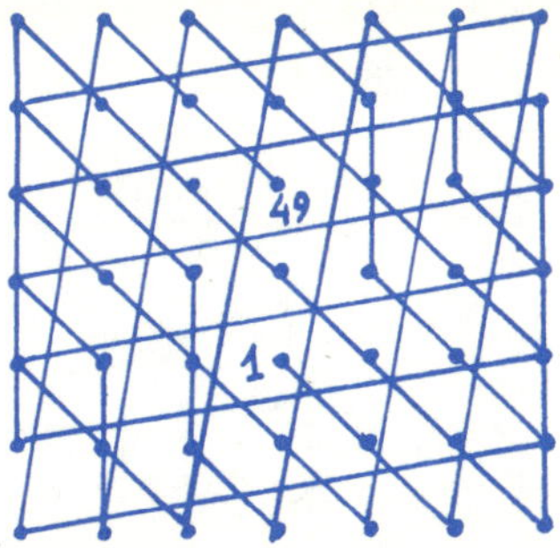

Géométrie et dynamique interne du sceau d'Abraham.

Le carré Lune

(ordre 9)

La somme totale du carré est de 3321. Sa constante est de 369. Ce nombre de 369 est, selon la valeur numérique, équivalent à l'expression hébraïque “corne d'or”, *kérèn hazahav.* De ce fait, il peut être considéré comme un talisman pour la réussite et la chance. Malgré l'“or” que nous venons d'évoquer, “l'argent” est le métal qui lui correspond. Peut-être une manière toute alchimique de transformer l'argent en or.

37	78	29	70	21	62	13	54	5
6	38	79	30	71	22	63	14	46
47	7	39	80	31	72	23	55	15
16	48	8	40	81	32	64	24	56
57	17	49	9	41	73	33	65	25
26	58	18	50	1	42	74	34	66
67	27	59	10	51	2	43	75	35
36	68	19	60	11	52	3	44	76
77	28	69	20	61	12	53	4	45

Le carré Terre

(ordre 10)

La constante du carré est de 505 et sa somme totale de 5050.

1	99	98	4	95	6	7	93	92	10
90	12	13	87	16	85	84	18	19	81
80	22	23	27	75	76	74	28	29	71
31	69	68	34	36	65	37	63	62	40
50	49	53	47	45	46	57	58	59	41
51	52	48	54	55	56	44	43	42	60
61	39	38	64	66	35	67	32	33	70
30	72	73	77	26	25	24	78	79	21
20	82	83	17	86	15	14	88	89	11
91	9	8	94	5	96	97	3	2	100

2

La Bible

La médisance apparaît comme un refus de
la complexité du réel – telle est sa gravité…,
dysfonctionnement de la parole…,
expression dévoyée d'une parole religieuse
qui exigerait qu'une connaissance
soit toujours vraie ou toujours fausse –
objectivement – et que quelqu'un ait
ou bien raison, ou bien tort.
Dans ce ou bien, ou bien est contenue
une incapacité à supporter la relativité
des choses humaines. Comme si l'univers
se dévoilait sous la forme d'un affrontement
simple entre le bien et le mal. C'est en effet
un penchant des intégrismes que de se croire
en mesure de répondre à toutes les demandes
et de colmater les brèches du sens.
Expliquer l'inexplicable, justifier Dieu.
Or, le Talmud a pour vocation de dire
l'ambiguïté du monde et d'éduquer l'homme
à une sagesse qui est celle de l'incertitude,
à un esprit qui est celui de la complexité.
Gilles Bernheim

Le pectoral du grand prêtre

Si l'origine chinoise du carré magique est avérée dans les textes traditionnels, nous pensons que l'imaginaire né du carré magique, le fait qu'il ait retenu l'attention des mages, des alchimistes et des kabbalistes, trouve sa source dans un passage de la Bible concernant un des "habits" du grand prêtre.

Pour effectuer le service dans le sanctuaire du désert (*michkane*) et plus tard dans le saint temple de Jérusalem, le grand prêtre portait huit vêtements ; sacerdotaux décrits dans le texte biblique de l'Exode (chapitre 28, versets 2 et ss).: Selon le Talmud, ces vêtements avaient un pouvoir de réparation des fautes ; il est intéressant de souligner que le "manteau" faisait réparation pour la médisance.

Le vêtement le plus extérieur était le pectoral, en hébreu *hochèn*, une plaque carrée, d'une demi-coudée sur une demi-coudée (environ 25 cm sur 25), faite d'or, d'azur et de pourpre, laquelle était enchâssée dans douze pierres précieuses portant gravés les noms des douze tribus d'Israël. (Exode 28,15).

Le serpent, le devin et le Messie

Le verset insiste bien sur le mot "carré" : *Ravoua yihyé kafoul, zérèt orko ve zérèt rohbo* – "Carré il sera, double, une demi-coudée de long sur une demi-coudée de large."

Le mot *hochèn* qui désigne ce carré est important car les trois lettres qui le composent signifient, dans un ordre différent, "deviner" (*nahoch)*, et l'homme qui utilise ce carré en devient un "devin". Remarquable aussi le fait que ce verbe "deviner" signifie en hébreu le serpent, *nahach,* ce serpent qui apparaît plusieurs fois dans le texte biblique avec des fonctions différentes et à première vue paradoxales : serpent de la faute originaire, serpent des prodiges de Moïse et des magiciens du pharaon, serpent qui mord et tue dans le désert, serpent qui guérit dans le même désert – d'où l'origine du caducée.

Importante aussi, la valeur numérique de ce mot qui est de 358 – même valeur que le mot *Machiah* qui signifie le "Messie".

Lire, combiner, interpréter et prévoir

Ce carré était réellement "magique" dans la mesure où il avait une fonction oraculaire. Le grand prêtre, le roi ou le prophète posait une question, et les pierres s'éclairaient et clignotaient pour inscrire la réponse en fonction des lettres des noms gravés sur les pierres précieuses. Restait alors un grand travail d'interprétation, car dans chaque nom se trouvaient plusieurs lettres ; il fallait effectuer un choix puis combiner les lettres retenues pour en faire des mots et des phrases. Quoi qu'il en soit, l'idée d'un carré possédant des pouvoirs magiques, s'est imposée, nous semble-t-il à partir de cette période.

Le nombre de la bête : "666"

L'Apocalypse, dernier livre du *Nouveau Testament*, est un message prophétique de Jésus adressé par l'intermédiaire de son "serviteur Jean" (1, 1) aux sept Églises d'Asie mineure. Il est important de souligner que le mot "apocalypse" signifie "dévoilement" et non "destruction finale de la fin des temps".

Cette révélation-dévoilement de Jean est faite sous la forme d'un somptueux et dramatique poème annonçant le règne de la Justice divine sur Terre ; les images en sont plus symboliques que descriptives et Jean, qui possédait un grand savoir arithmologique dérivé directement de la guématria kabbaliste, recourt sans cesse au langage des nombres et des couleurs.

Le nombre de la Bête, le célèbre 666, est le plus connu de toute cette arithmologie. Jean était sans aucun doute intellectuellement initié et devait parfaitement connaître tout l'arsenal des nombres pythagoriciens.

À la fin du chapitre 13 de son poème, Jean pose la plus célèbre charade jamais posée, à la façon dont Platon quelques siècles auparavant avait posé aux philosophes grecs la charade de l'Âme du Monde rendant compte des rapports musicaux.

Après avoir dit que personne ne pourra acheter ou vendre, sinon celui qui a la marque, le nom de la Bête ou le chiffre de son nom, il en formule ainsi l'énoncé :

> "Ici est la Sagesse ! Que celui qui a de l'esprit calcule le nombre de la Bête, car c'est un nombre d'homme et son nombre est 666."
> Apocalypse 13, 18.

Pourquoi 666 ? Une énigme à méditer…

Terminons ce chapitre par ce prodige mathématique : le carré magique de l'Apocalypse – un carré magique de taille 6 par 6 assez étrange dans lequel toutes les valeurs sont des nombres premiers (seulement divisibles par eux-mêmes et par 1), et dont la somme de chaque ligne, colonne et diagonale est égale à 666, le Nombre de la Bête.

3	107	5	131	109	311
7	331	193	11	83	41
103	53	71	89	151	199
113	61	97	197	167	31
367	13	173	59	17	37
73	101	127	179	139	47

3

Le monde ennéadique

Celui qui ne voit pas
dans chaque étoile
le sourire d'un enfant,
ne sait pas regarder le ciel.
Proverbe juif traditionnel

Si nous avons pu montrer que l'origine des carrés magiques remontait mythologiquement à une tradition chinoise, ils découlent en fait d'une organisation toute simple des neuf chiffres dans un carré de 3 sur 3.

1	4	7
2	5	8
3	6	9

Dès la plus haute Antiquité, nous trouvons ces dispositions caractéristiques de carrés ennéadiques, c'est-à-dire des carrés de 9 signes ou 9 nombres occupant dans un ordre déterminé les 9 cases d'un quadrillage dont chaque côté compte 3 divisions. Cette représentation devint d'ailleurs l'expression habituelle du chiffre 9 en Mésopotamie vers le XXe siècle avant notre ère, mais elle existait déjà depuis bien longtemps en Égypte.

Remarques sur la spiritualité égyptienne

C'est par le déchiffrement de l'héritage secret tant spirituel que matériel laissé dans la vallée du Nil par cinq siècles de cohabitation égyptienne et hébraïque que nous accédons le plus aisément à la connaissance des nombres cosmogoniques ; au cours de cette longue période, les nomades du désert, dont la religion était encore en gestation, inspirèrent la spiritualité égyptienne comme ils s'inspirèrent également d'elle.

Le fait que Moïse fût un prince égyptien l'a nécessairement conduit à être initié à l'ensemble des secrets de cette spiritualité égyptienne, l'une des plus évoluées et des plus riches qui ait jamais existé… Soulignons que le nom de Moïse (la valeur numérique de son nom étant précisément 345) est l'admirable véhicule de la transmission secrète du théorème dit de Pythagore, que les Égyptiens connaissaient depuis plusieurs millénaires.

Plusieurs textes sont ici incontournables pour la connaissance de cette spiritualité et de ses liens avec la symbolique des nombres. Ils rapportent la première mention commentée de “l'ennéade”, ce carré constitué par 9 signes groupés 3 par 3. Cette disposition fut plus tard secrètement reprise par les pythagoriciens pour disposer les neuf nombres représentant le “monde des nombres”, le “monde en neuf”.

Parmi ces textes, citons les textes des pyramides : inscriptions gravées en creux sur les parois des couloirs et des salles des pyramides des rois Ounas à Saqqarah (V^{e} et VIe dynasties). Ces inscriptions reprennent les éléments de textes plus anciens rédigés depuis l'apparition préhistorique des premières structures sociales, jusqu'à 2200 avant notre ère.

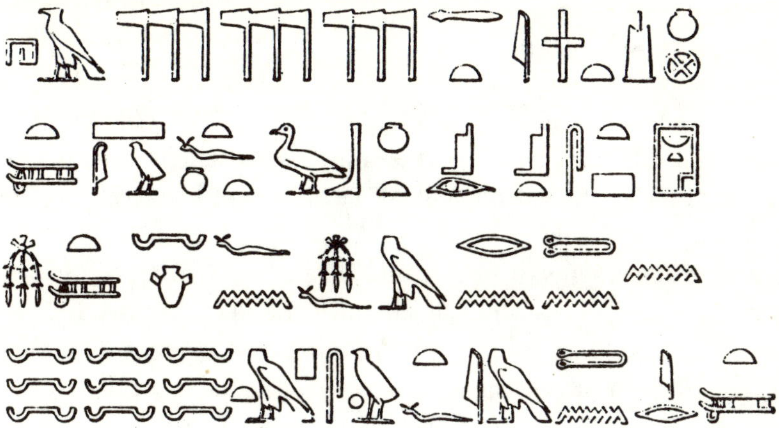

"Ô grande Ennéade (*psdj. t*) des Neter qui est dans Heliopolis : Toum, Shou, Tefnout, Geb, Nout, Osiris, Isis, Seth, Nephtys, que Toum met au monde par projection (*pdj*) de son cœur, comme sa propre naissance, en votre nom de 'neuf Arcs' (*psdj, hdj. t*) aucun d'entre vous ne se sépare de Toum."

Traduction Schwaller de Lubicz, *Le Roi de la théocratie pharaonique.*

Et aussi :

"Je suis Tem (qui) créa (vit) le ciel, (qui) façonna les êtres sortis de la terre, (qui) fait paraître (éclore) la graine semée, maître de tout ce qui existe (ou encore 'la graine de ce qui existera, qui enfante les Dieux'). Le Grand (Unique) Dieu, qui s'est créé lui-même, maître de la vie (ou toute vie), qui donne la fraîcheur (la jeunesse) à l'ennéade divine."

"Papyrus Nu", chapitre 79, p. 8, 1. 2, traduction Enel, *Les origines de la Genèse et les temples de l'ancienne Égypte.*

Les autres textes sources de la spiritualité égyptienne sont les textes des sarcophages, que les Égyptiens eux-mêmes appelaient "Livres de justification pour l'autre Monde". Ces textes apparaissent sur les sarcophages de la première période intermédiaire et du Moyen Empire (de 2200 à 1800 avant notre ère). Ils procuraient au mort les moyens de franchir les obstacles du grand voyage. Il existe également aussi "Le Livre des Morts", retrouvé en des centaines d'exemplaires.

De tous ces documents, il ressort que la religion égyptienne fut dès son origine une religion panthéiste, dissimulant derrière une infinité de divinités le grand Dieu unique, seul ordonnateur du monde qu'il a créé.

Nous ne saurons probablement jamais qui, à la suite des Égyptiens et des Mésopotamiens, a le premier dessiné à l'aide des 9 nombres le "carré ennéadique". La disposition en est si instinctive qu'elle a dû exister bien avant Pythagore, mais ce sont les pythagoriciens qui l'ont exploitée et les néo-pythagoriciens qui l'ont rendue publique au Ve siècle après J.-C., après que le "Secret mathématique" eut pratiquement disparu.

Le monde selon la représentation ennéadique fournissait aux anciens une représentation chiffrée du cosmos, constituée par ses 9 nombres disposés par paires opposées autour du centre du monde, le nombre 5. De plus, chacune de ces paires totalisait la divine Tetraktys, composante constante du macrocosme et nombre sacré de la secte pythagoricienne.

1	**4**	**7**
2	**5**	**8**
8	**6**	**9**

Dans ce carré ennéadique, l'ennéade grecque par excellence, les diagonales et les lignes formant la croix centrale ont tous une somme égale à 10, si le 5 a fonction de centre et n'est pas compté.

Les additions en ligne, colonne et diagonale, se lisent :

1 + 9 = 10 (2 mâles)
2 + 8 = 10 (2 femelles)
3 + 7 = 10 (2 mâles)
4 + 6 = 10 (2 femelles)

On peut lire aussi, en suivant les lignes et les diagonales :

6 - 5 = 5 - 4 = 1
7 - 5 = 5 - 3 = 2
8 - 5 = 5 - 2 = 3
9 - 5 = 5 - 1 = 4

On sait que l'ennéade égyptienne, lointaine origine non chiffrée de l'ennéade grecque, avait rangé et opposé autour d'un centre quatre couples de deux divinités, l'une féminine, l'autre masculine.
L'ennéade pythagoricienne chiffrée opposait 4 couples mâles et femelles deux à deux, les deux diagonales mâles équilibrant les deux perpendiculaires femelles.

Nous ne connaissons pas de représentation graphique de l'ennéade à la haute époque. Platon fait dire à Parménide : "Le nombre 9 concerne les choses absolues", mais cela ne va pas plus loin. L'ennéade demeura en Grèce le domaine des initiés.
Cependant, l'ennéade ne représentait pas l'ensemble des nombres faisant suite à la Tetraktys, c'est-à-dire les nombres supérieurs aux 9 nombres simples de l'ennéade.
Sans doute existait-il des tables ennéadiques ainsi qu'une multitude d'autres tables aujourd'hui disparues.
La preuve en est l'existence de tables de multiplication sous forme de carré, qui permettaient de trouver la solution d'une addition ou d'une multiplication de façon quasi instantanée.

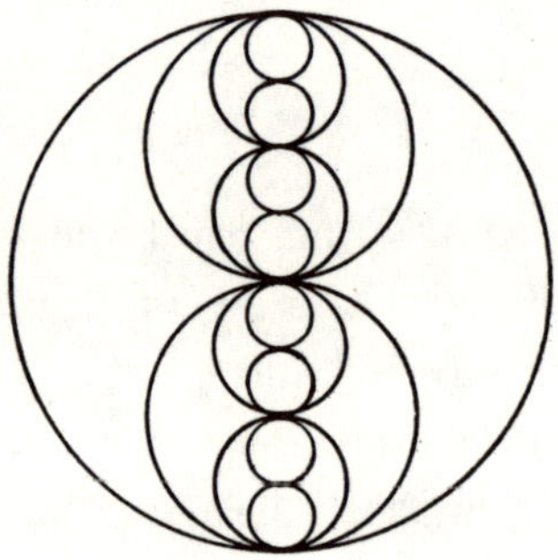

Schéma de la représentation égyptienne circulaire du Dieu Un (dédoublement).

4

Guérison et relaxation

Qu'appelle-t-on un classique ?
Un livre dont tout le monde parle
et que personne n'a lu !
Ernest Hemingway

La question qui revient souvent quand nous exposons le fonctionnement des carrés magiques est : "À quoi ça sert ?". La réponse est que cela ne sert "à rien", cela sert au "rien" pour lui permettre d'advenir.

Le carré magique a une fonction de relaxation, d'apaisement, un côté méditatif que l'on retrouve dans toutes les pratiques de méditation extrême-orientales où il s'agit à un moment ou un autre d'atteindre le "*no-mind*" (le "non-esprit") selon une expression anglaise utilisée couramment. Cet espace du "rien" ou "*no-mind-land*" peut être dit "degré zéro du sens" ou "parallèle zéro", qui ouvre l'homme à une profonde et parfois difficile dé-signification.

Celle-ci libère tous les éléments constitutifs de la langue et de l'esprit. Une nouvelle vie se crée à l'intérieur même des rythmes, de tout le matériel linguistique et numérique de la pensée. Les mots, les syllabes, les consonnes, les voyelles, les mesures, les rimes, les scansions diverses, tous se mettent à s'échanger, à parler, à se répondre. Ils sont rendus à l'échange (et ce processus est une jouissance). Il y a là un degré zéro du sens, qui n'est pas congélation du sens mais bien vie, mouvement et temps. Mouvement qui introduit à la circulation des énergies vitales et ainsi à un équilibre et bien-être. Il s'agit, par le jeu des chiffres et des lettres dont participent les carrés magiques d'une mise en mouvement de l'ensemble des processus psychiques, qui se produit aussi dans l'analyse des principes de fonctionnement de ces carrés.

Les constantes des carrés magiques, ou certains nombres qui en constituent la structure intime sont des nombres que l'on retrouve dans la kabbale. 45, 65, 111, etc.

Il est donc intéressant de donner quelques éléments de réflexion unissant la science "magique" des carrés et l'expérience ou un aspect de l'expérience spirituelle de la kabbale. Si l'on poursuit l'exemple du pectoral du grand prêtre, selon certains commentateurs, le côté magique de ce "talisman" repose dans le caractère combinatoire des lettres et de leur interprétation.

Il ne s'agit pas d'un *pouvoir magique passif,* le fait d'avoir accès aux lettres, à la combinatoire et à l'interprétation, qui ouvre des perspectives psychologiques nouvelles et dénoue des nœuds de langage et des situations difficiles.

Il faut comprendre que la magie des carrés ne tient pas essentiellement à l'existence du carré et au positionnement des chiffres et des nombres sur celui-ci, mais à tous les jeux et réflexions possibles que ce positionnement permet d'engendrer : à l'importance primordiale par exemple du calcul, qui vérifie la justesse de la constante de chaque ligne, de chaque colonne, et de chaque diagonale, à l'introduction de la pensée dans un mouvement dont les tours et détours subtils ont des vertus thérapeutiques.

Une poético-analyse

On peut, pour l'analyse de ces nombres et de ces lettres parler, comme le fait Gaston Bachelard, de poético-analyse : les images ouvrent à la rêverie. La poétique de l'image est une manière différente d'approcher l'homme. Comme dit Bachelard, “Les philosophes et les psychologues ne savent pas tout. Les poètes ont sur l'homme d'autres lumières”.

La vérité existentielle de l'être est, parfois, saisie beaucoup plus finement par l'imaginaire que par les statistiques, les tests et autres données dans lesquelles le quantifiable, pour précis qu'il soit, ne révèle pas le vécu.

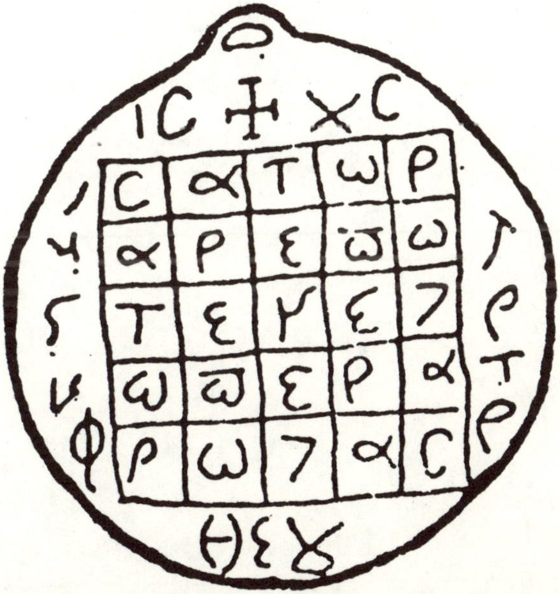

Médaillon portant le carré magique Sator-Rotas – un des carrés magiques les plus célèbres.
À gauche, son autre face avec de petits poissons porte-bonheur.

La poético-analyse apporte à côté de la philosophie et des autres sciences humaines une démarche par laquelle l'image nous donne à rêver, donc à réinventer, à retrouver le dynamisme de la création.

Par la poético-analyse, l'homme se débarrasse des idées et des images toutes faites, pour entrer dans une modalité dynamisée et créatrice de l'intelligence.

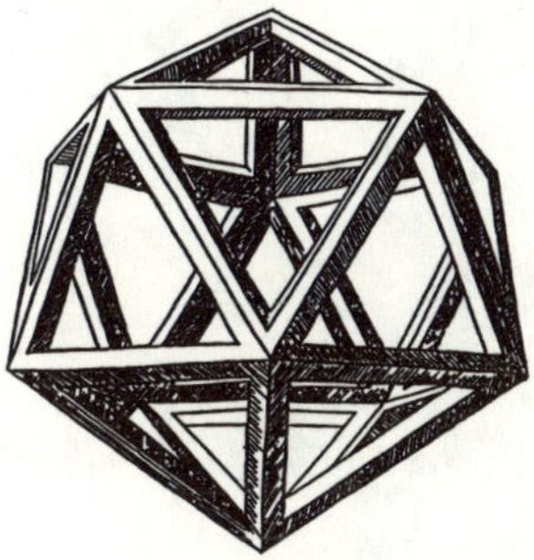

Icosaèdre creux attribué à Léonard de Vinci.

1 2 3 4 5 6 7 8 9

Quatrième livre

Lettres

Hébreux, Grecs et Arabes : les lettres et les chiffres

4

Première partie

La guématria
Les lettres et leurs valeurs numériques

1

Petite introduction à la kabbale

Par 32 voies merveilleuses de sagesse,
Dieu a tracé et créé le monde
par les trois sens de la racine SFR :
Le livre écrit, le nombre et le récit.
32 voies merveilleuses de sagesse :
Les 10 sefirot et les 22 lettres de l'alphabet...
32 voies merveilleuses, les 22 lettres
de l'alphabet et les 10 voyelles.
Séfer Yetsira

Une tradition de maître à disciple

Le mot "kabbale" désigne les mystères de la tradition mystique juive. La kabbale, à la fois une philosophie théorique et pratique proche de la méditation, est d'abord un chemin d'élévation spirituelle…

C'est une tradition d'abord transmise oralement de maître à disciple, puis transcrite dans des ouvrages qui restent encore aujourd'hui difficiles d'accès, le livre du Zohar étant sans doute le plus connu.

Le mot kabbale

Le mot "kabbale" vient de l'hébreu *qabbala.* C'est un dérivé du verbe *leqabbel* et de la racine *QBL* qui signifie "recevoir ou accueillir". Ainsi le mot "kabbale" veut dire "réception".

Pour respecter la forme hébraïque, il faudrait écrire *qabbale.* De fait, selon les auteurs, on trouve diverses orthographes dont *qabbale* ou *cabbale* ou encore *cabale, kabale* ou *kabbale.* La tradition de transcription la plus classique aujourd'hui est *cabale* ou *kabbale.*

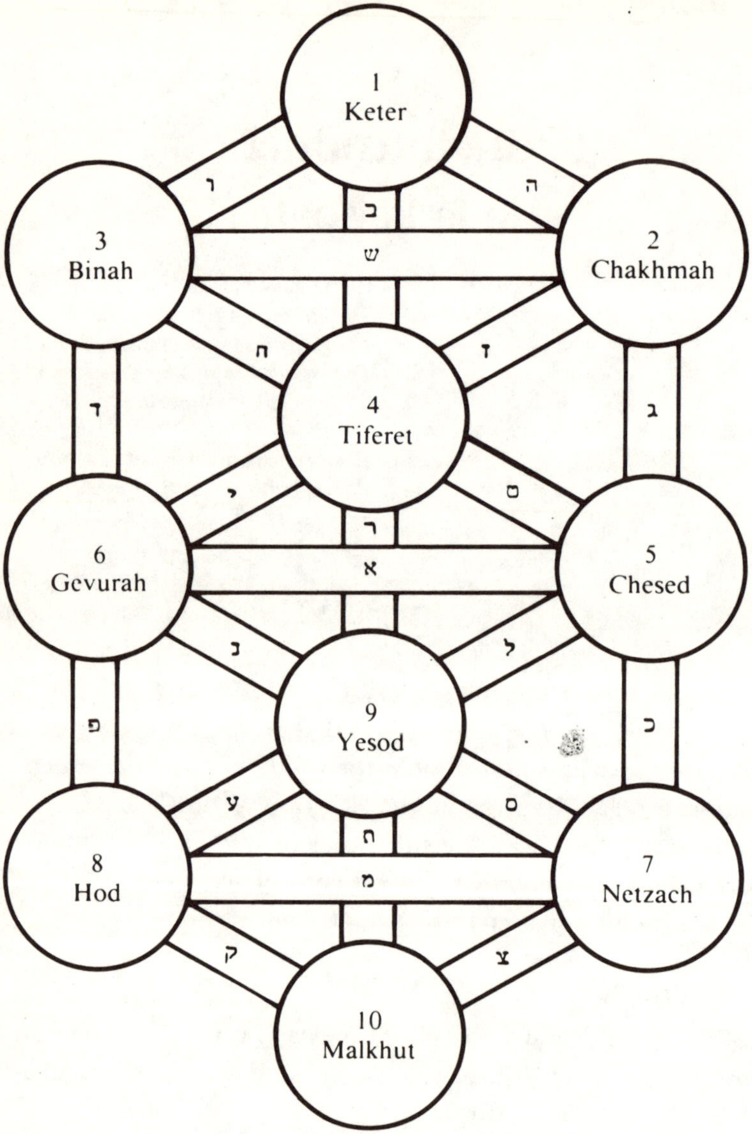

Les 10 *sefirot* (sphères) par lesquelles transite la lumière de l'Infini pour atteindre le monde des hommes.

Si nous commençons cette sur la kabbale par cette remarque sur la transmission, c'est pour souligner le lien essentiel de la Kabbale avec les mathématiques. Celles-ci sont en effet, dans leurs fondements premiers, à la fois "étude" et "enseignement", comme pratique et réflexion sur cet événement qu'est la transmission. Et il ne serait pas faux de dire que la meilleure traduction de *qabbala* serait "mathématique", plus juste en effet par exemple que "mystique". Le lien étroit entre les pratiques pythagoriciennes et kabbalistes, que ce soit dans la perception de la structure de l'univers ou tout simplement dans les modalités de la transmission de Maître à Disciple, en présente des indices d'une grande valeur.

La kabbale : un art de l'écoute et du regard

L'alphabet hébraïque comprend 22 consonnes et un système de vocalisation comprenant 10 signes voyelles. Seules les consonnes s'écrivent obligatoirement, l'adjonction des voyelles étant facultative et servant à faciliter la lecture. La lumière de l'Infini s'offre à la finitude des mondes, en passant de manière privilégiée par la décade des éléments fondamentaux, les *sefirot,* et par les 22 lettres de l'alphabet hébraïque et les lettres de la Torah.

La kabbale est un art de l'écoute des voix qui viennent d'ailleurs, depuis la grande symphonie des sphères célestes à l'humble prière des herbes mouillées et des arbres du chemin, en passant par le rythme des cœurs, discrètes sonates de la tendresse, et de l'amour...

Cette musique est aussi lumière intérieure, car dans son sens mystique, la kabbale possède une signification plus précise, proche de son origine étymologique : C'est le fait de recevoir ou d'atteindre la lumière de l'Infini et l'ensemble des techniques et des méthodes qui permettent la réalisation de cette réception.

Une philosophie de vie et une pratique

La kabbale, c'est une manière d'être, caractérisée par un surcroît de vitalité et de vivacité. Par une autre façon d'être au monde. Plus ouvert et plus éveillé au miracle de la vie.

La kabbale, c'est la merveille de sentir la vibration continue du monde, que toute chose a un sens, qu'il n'y a pas de "zone d'indifférence", qu'il n'y a pas de "temps mort". C'est la joie de vivre et l'enthousiasme de réaliser,

L'arbre de vie.

l'ensemble des modalités qui permettent à chacun de s'épanouir, de développer l'ensemble de ses capacités et de rencontrer la vocation unique dont il est porteur.

La kabbale, c'est donc une philosophie de la vie et une pratique. La kabbale n'est pas spéculative ou pratique, elle est les deux à la fois, ou elle n'est pas vraiment la kabbale.

La kabbale pratique veut insister sur des points comme la prière, la méditation, certains rituels de respirations, de chants et de danses. La kabbale pratique, c'est apprendre le calme et la sérénité, la générosité du temps que l'on peut offrir à l'autre, ou simplement un sourire ou une parole. Recherche donc d'une harmonie et d'un mieux être pour soi et au sein de la communauté des hommes.

Des chiffres et des lettres

Pour la kabbale, le monde a été créé avec les lettres de l'alphabet. Les lettres sont le centre de tout rapport au monde. Ainsi, vivre, c'est savoir lire et déchiffrer les textes et les interpréter. Les lettres ont un pouvoir et un rôle dans les processus de libération de l'âme et de guérison du corps. Ainsi existe-t-il des rapports entre la psychanalyse et la kabbale, et entre la kabbale et la thérapie en général.

Mais les lettres hébraïques sont aussi des chiffres ; le texte est donc, à proprement parler, un document chiffré. La kabbale devient ainsi un "art de faire parler les chiffres". Ce rapport entre les chiffres et les lettres, c'est la guématria.

Nous exposerons les différentes méthodes de cette étrange numérologie et ses applications dans l'art de chiffrer et déchiffrer les textes.
Cet art de la lecture et de l'interprétation trouve sa forme la plus haute dans la méditation des noms de Dieu et en particulier celle du tétragramme ineffable YHVH. Ce nom de Dieu écrit par quatre consonnes non vocalisées ne se prononce jamais. C'est à la fois un nom, un nombre et un arbre de vie par lequel transite toute l'énergie nécessaire au maintien de la création.

וַיַּעַשׂ אֶת־הַיָּם מוּצָק עֶשֶׂר
בָּאַמָּה מִשְּׂפָתוֹ עַד־שְׂפָתוֹ עָגֹל ׀ סָבִיב וְחָמֵשׁ בָּאַמָּה
קוֹמָתוֹ וְקָוֹה שְׁלֹשִׁים בָּאַמָּה יָסֹב אֹתוֹ סָבִיב׃

Le bassin d'airain du temple de Salomon.
Ses dimensions donnent une valeur à Pi d'environ 3.

2

La guématria

Les chiffres et les lettres

> ***L'étonnement ne consiste pas à être étonné par l'étonnant. Une telle situation n'a rien d'étonnant. Le véritable étonnement consiste à s'étonner devant quelque chose qui n'a rien d'étonnant. Rendre étonnant le paisible, le simple, le déjà compris, l'habituel et le mieux accepté et partagé par tous.***
> ***Voilà peut-être la fonction de l'art, ouvrir à un tel questionnement.***
> ***Une tête de Picasso, par exemple, a la signification de l'interrogatif comme tel ; même ressemblante elle ne deviendra jamais image ou photographie, elle restera une question sur le visage humain.***
> Jeanne Delhomme

Une numération littérale

La science mathématique de la civilisation biblique et hébraïque est quasiment identique à celle de ses voisines égyptiennes et babyloniennes de l'époque, desquelles elle reçoit et avec lesquelles elle partage des influences. On y trouve par exemple un même savoir géométrique, ce qui est attesté par la connaissance de π, donnée dans le texte biblique comme 3.

Bien que connaissant et utilisant la base 10 et la base 60, la numération hébraïque est cependant différente de l'égyptienne et de la babylonienne ; elle se rapproche davantage de celle découverte chez les Grecs, c'est-à-dire d'une numération littérale où ce sont les lettres de l'alphabet qui servent à la notation des nombres, c'est-à-dire que les lettres sont aussi des "chiffres". La numération des versets bibliques et les années hébraïques, par exemple, sont notés selon ce système :

Comme nous l'avons dit, cette équivalence entre les lettres et les nombres-chiffres se nomme la guématria, terme dérivé du grec geometria, qui a donné le mot "géométrie" que nous connaissons et qui signifie en grec "mesure de la Terre". La guématria est non seulement l'équivalence entre les lettres et les chiffres-nombres, mais aussi tout le travail d'interprétation possible à partir de cette équivalence. C'est l'ensemble des jeux, des résonances et des mises en équations herméneutiques qui constitue le sens réel et profond de la guématria.
La numérotation alphabétique hébraïque est de base décimale. Elle consiste à employer les 22 lettres de l'alphabet hébraïque, plus les cinq finales, en les associant dans cet ordre :

- les neuf premières lettres aux neuf unités simples, de 1 à 9,
- les neuf suivantes aux neuf dizaines, de 10 à 90,
- les quatre dernières aux nombres 100, 200, 300, 400,
- les cinq finales aux nombres 500, 600, 700, 800, 900.

Il y a ainsi trois niveaux de neuf éléments :

- les unités : 1, 2, 3, 4, 5, 6, 7, 8, 9,
- les dizaines : 10, 20, 30, 40, 50, 60, 70, 80, 90,
- les centaines : 100, 200, 300, 400, 500, 600, 700, 800, 900.

La guématria simple

La guématria simple est la plus usitée. C'est une transposition des mots en chiffres et en nombres selon le tableau de correspondance présenté plus haut.

Exemples :
- l'homme : le mot Adam s'écrit ADM et possède une guématria de 1 + 4 + 40 = 45. Ce nombre 45 s'écrit avec les deux lettres *mèm* et *hé*, se lit *ma* et signifie "quoi ?".

Aleph	a	a	1
Bèt ou vèt	b	b	2
Guimèl	c	c	3
Dalèt	d	d	4
Hé	e	e	5
Vav	f	f, u, v, w	6
Zayin	g	g, z	7
Hèt	h	h	8
Tèt	9	t	9
Yod	i	i, j, y	10
Kaf ou khaf	k	k	20
Lamèd	l	l	30
Mèm	m	m	40
Noun	n	n	50
Samèkh	x	x	60
Ayin	o	o	70
Pé ou phé	p	p	80
Tsadé	î	*tsé*	90
Qof	q	q	100
Rèch	r	r	200
Chin ou sin	s	s *ou ch*	300
Tav	t	t	400
Kaf final	K	k	500
Mèm final	M	m	600
Noun final	N	n	700
Pé final	P	p	800
Tsadé final	T	*tsé*	900

Tableau de correspondance de l'alphabet hébraïque.

- la lumière : la kabbale est l'ensemble des comportements, des pensées et des actions, études et rituels qui permettent à l'homme de recevoir la lumière de l'infini.

Cette "réception" est précisément la *qabbala* ou kabbale. La kabbale, c'est ressentir la dynamique et l'énergie de la lumière, qui traversent le vivant de part en part. La kabbale est une "métaphysique de la lumière".

Le mot "lumière", en hébreu *OR*, possède la même valeur numérique, 207, que l'expression *En-Sof*, "l'Infini" :

Lumière

aleph-vav-rèch

1 + 6 + 200 = 207

Infini

aleph-yod-noun-samekh-vav-phé

1 + 10 + 50 + 60 + 6 + 80 = 207

Pourquoi le nombre 13 est-il un nombre porte-bonheur ?

L'amour est le "secret des secrets", et c'est à partir de lui que se dévoile précisément le tétragramme YHVH. En effet, l'amour en hébreu se dit *ahava*, mot qui s'écrit *aleph-hé-bèt-hé* et dont la valeur numérique est 13.

Amour

aleph-hé-bèt-hé

= *ahava*

1 + 5 + 2 + 5 = 13

On comprend pourquoi ce nombre fut et reste très prisé comme porte-bonheur.

Kabbale, le masculin et le féminin

L'analyse de la guématria nous fait remarquer que le mot "masculin" en hébreu *zakhar* possède une valeur numérique de 227 c'est-à-dire 207 + 20, qui s'écrit en hébreu "comme la lumière" : *ké-or*.

(Le mot "comme" s'écrit *ké* et correspond à la lettre *kaf* = 20.)
Le mot "féminin" en hébreu *nequéva,* possède une valeur numérique de 157, c'est-à-dire 137 + 20, nombre qui correspond à l'expression "comme la réception" : *ké-qabbala.*

Masculin / "comme la lumière" = 227

70 = SOD=secret

Féminin / "comme la réception de la lumière" = 157

Ainsi, la distance et le lien qui existent entre masculin et féminin, entre 227 et 157 sont aussi de 70 et constituent le secret fondamental de la kabbale.

Lettres et *sefirot* emboîtés les uns dans les autres.

L'amour, fondement de l'existence

La rencontre amoureuse se traduit selon le schéma suivant :

$$13 + 13 = 26$$

Le nombre 26 auquel nous consacrerons un chapitre entier à propos des noms de Dieu, est précisément la valeur numérique du mot *havaya,* qui signifie "existence".

Havaya

hé-vav-yod-hé

$$5 + 6 + 10 + 5 = 26$$

L'on comprendra l'importance de ces remarques quand on rappellera que le mot *havaya* est un anagramme du tétragramme YHVH qui possède lui aussi une valeur numérique de 26.

Masculin

↓

havaya **= existence =** 26

↑

féminin

Étrange addition

– le père se dit en hébreu *av, aleph-bèt,*

– la mère se dit en hébreu *èm* et s'écrit *alèph-mèm.*

Le père, *av,* possède une valeur numérique de 3 (*aleph* = 1, *bèt* = 2), alors que la mère, *èm,* offre une *guématria* de 41 (*aleph* = 1, *mèm* = 40).

Mathématique étrange qui énonce que la rencontre des mots "père" et "mère", *av* et *èm,* se traduit numériquement par le nombre 44, qui est précisément la valeur numérique du mot *yélèd,* l'enfant.

Père + mère = 3 + 41 = 44 = enfant !

Père, *AV*, s'écrit *aleph-bèt*
= 1 + 2 = 3

Mère, *Em*, s'écrit *aleph-mèm*
= 1 + 40 = 41

Enfant, *YéLèD*, s'écrit *yod-lamèd-dalèt*
= 10 + 30 + 4 = 44

Étrange aussi…

Le mot *hérayon*, qui signifie la "grossesse de la femme", a une valeur numérique de H + R + Y + O + N, c'est-à-dire : 5 + 200 + 10 + 6 + 50 = 271. 271 est précisément le nombre de jours que dure la grossesse d'une femme ! (En effet, 9 mois de 30,11111 jours donnent 271 jours.)

Remarque

Comme nous le verrons à propos des codes, l'exposition d'un jeu numérique n'est pas suffisante pour dire qu'il y a de la pensée. Il faut mettre en œuvre un processus de réflexion qui développe l'aspect purement technique du jeu de mots et conduise à une formulation philosophique, poétique ou autre.
Il est possible aussi de considérer que le jeu de mots a pour but de nous faire simplement sortir du sens pour entrer dans le monde de la méditation, comme nous l'exposerons plus loin.

L'arche de Noé.

3

De la géométrie à la “logométrie”

Le texte, notre patrie.
Georges Steiner

La mathématique grecque établit d'abord un lien entre les nombres et des formes concrètes d'objets géométriques, même si, pour des raisons philosophiques, cette dimension concrète est réduite à la formule abstraite d'une loi mathématique ou géométrique.

Si, *a priori,* le mot guématria dérive du grec *geometria*, son essence, cependant, ne consiste pas à souligner ce lien qui existe entre les nombres et la réalité.

La guématria n'est pas une “mesure de la Terre”, ce qui est signification étymologique de “géométrie”, mais une “mesure du langage”. Elle étudie les rapports entres les lettres, les mots et les phrases. C'est donc une mathématique liée au sens. Elle évolue à un niveau que nous dirons sémantique. Dans la Bible, ce lien apparaît pour la première fois dans le célèbre passage de l'arche de Noé, où le texte donne précisément les mesures de l'arche : 300 coudées de longueur, 50 coudées de largeur et 30 coudées de hauteur (Genèse 6, 15). Les nombres étant des lettres selon l'équivalence de la guématria, ces mesures donnent les lettres suivantes : *chin, noun, lamèd,* trois lettres qui écrivent le mot *lachone*, lequel signifie la “langue”, à la fois l'organe et la structure linguistique.

Mesures de l'arche de Noé :
longueur = 300 = _chin_
largeur = 50 = _noun_
hauteur = 30 = _lamèd_
lamèd-chin-noun = _lachone_ = "langue"

Ce qui est extraordinaire dans ce texte, c'est le fait que le mot "arche" se dise en hébreu *téva* et signifie "boîte" et "mot", ce que l'on pourrait traduire par "espace de langage". Cet espace de langage a les dimensions d'une "langue", *lachone*, mot qui a lui-même une valeur numérique de 386 et qui est l'équivalent du mot *tsérouf*, lequel signifie "permutation".

Nous touchons ici à l'un des points essentiels de cette mathématique. Les nombres mesurent l'espace vital de l'humain, en tant qu'espace de langage dont l'essence est la dimension dynamique des permutations des lettres entre elles, ouvrant ainsi le mot aux mots et le sens aux sens. Cette ouverture est le mouvement inverse de celui qui réduirait la pluralité des sens d'un mot à un seul sens, ce que l'on peut nommer, avec Lacan, "l'un des sens".

La mathématique hébraïque n'est donc pas une géométrie, mais le passage de la géométrie à une logométrie

Philosophie de la guématria

La guématria n'est pas un jeu de chiffres et de lettres mais une méthode d'ouverture, d'interprétation et de dynamisation de la pensée.

C'est un outil pour interpréter et ouvrir les textes, casser les écorces qui recouvrent la lumière intérieure des mots et renouer ainsi avec la lumière infinie qui en est la source.

La guématria est une manière de s'ouvrir à autre chose : prétexte, tremplin, passage ; il ne suffit pas de poser des équations et de mettre en évidence des égalités. Le sens n'est ni dans le mot d'origine ni dans le mot d'arrivée, mais dans le mouvement dynamique entre les deux.

C'est un point de départ pour la pensée ; elle n'est pas la pensée.

Il est important de souligner que le lecteur doit moins prêter attention à la dimension des nombres qu'aux mots que les équivalences numériques mettent en rapport et dont le rapprochement est toujours d'une grande portée philosophique. C'est de ce rapprochement que jaillit le sens ; c'est là un processus de réflexion et de contemplation.

Le passage d'un "mot-en-lettres" à un "nombre-en-chiffres" qui retourne, à son tour, à un mot formé de lettres, et ainsi de suite, nous introduit dans une connaissance qui n'est plus une totalisation, mais une procédure d'ouverture et de dynamisation. Le mot sort de son sens premier donné par les lettres et entre dans une dynamique qui le fait tendre vers l'infini. La guématria n'est pas une traduction, mais une proposition, une invitation sur un chemin étranger. Elle permet d'aller "au-delà du verset", selon une belle expression d'Emmanuel Lévinas.

Le *tsérouf*

La kabbale s'intéresse à la dynamique des lettres et ainsi, de manière essentielle, à leur combinatoire.
L'idée de base de cette mise en mouvement du langage est que la lumière de l'infini arrive aux hommes par l'intermédiaire des lettres qui en sont comme son "véhicule". Le kabbaliste, c'est son rôle, reçoit la lumière et la transmet, dans une dynamique qui passe par un langage dynamique. L'énergie reçue par l'homme prend forme en lui et risque de devenir "prisonnière" si elle ne poursuit pas son voyage.
Dans ce cas, elle produit comme un nœud d'énergie qui bloque le flux du courant cosmique divin, et l'homme ne se sent plus habité ni traversé par la lumière. Il faut donc dénouer les nœuds, et ceci commence, pour la tradition kabbaliste, par le dénouement des nœuds du langage selon une technique très importante de combinatoire des lettres appelée *tsérouf.*

La combinatoire fait partie de la *guématria* dans la mesure où elle entre aussi dans le cadre de la logométrie que nous avons exposée.
Il nous semble que cette idée de combinatoire rejoint par certains côtés les premières intuitions de Galois. Évariste Galois est le premier à avoir employé, en 1830, le terme de "groupe" à propos de celui des permutations des quatre lettres a, b, c, et d. Le nombre de permutations avec n éléments est de n! – n factoriel.

עפ	צק	רש	תא	בג	דה	וז	חט	יכ	למ	נס
עצ	רת	בד	וח	יל	נע	צר	תב	דו	חי	לנ
עק	תג	וט	לס	צש	בה	חכ	נפ	רא	דז	ימ
ער	בו	ינ	צת	דח	לע	רב	וי	נצ	תד	חל
עש	רט	נק	בז	לפ	תה	יס	רג	חמ	צא	וכ
עת	ול	צב	חנ	רד	יע	תו	לצ	בח	נר	די
עא	חס	תז	נש	ומ	רה	לק	דכ	צג	יפ	בט
עב	יצ	דל	רו	נת	חע	בי	צד	לר	ונ	תח
עג	לש	חפ	דמ	תט	צה	נא	יק	וס	בכ	רז
עד	נב	לת	יר	חצ	וע	דנ	בל	תי	רח	צו

עו	צח	רי	תל	בנ	דע	וצ	חר	ית	לב	נר
עז	רכ	בס	וק	יא	נה	צט	תמ	דפ	חש	לג
עח	תנ	ור	לד	צי	בע	חת	נו	רל	דצ	יב
עט	בפ	יג	צכ	דק	לה	רמ	וש	נז	תס	חא
עי	דר	נח	בצ	לו	תע	יד	רנ	חב	צל	ות
עכ	וא	צמ	חג	רס	יה	תפ	לז	בק	נט	דש
על	חד	תצ	ני	וב	רע	לח	דת	צנ	יו	בר
עמ	יז	דא	רפ	נכ	חה	בש	צס	לט	וג	תק
ענ	לי	חו	דב	תר	צע	נל	יח	וד	בת	רצ
עס	נמ	לכ	יט	חז	וה	דג	בא	תש	רק	צפ

Table de combinaisons de lettres hébraïques.
Cette technique, le *tsérouf*, constitue un des fondements de la kabbale méditative.

Exemple

$$3! = 3 \times 2 \times 1 = 6$$

Le *tsérouf* est appelé dans certains textes *maassé merkava*, "œuvre du char céleste" – appellation fondamentale qui enseigne que la présence divine, ou *chekhina*, est portée par la mise en mouvement du langage par l'intermédiaire de l'infini des combinaisons. Ce qui vient peut-être souligner l'extraordinaire responsabilité de l'homme pour la Présence divine : c'est l'homme qui, par son habileté et son art de la combinaison, fait ou ne fait pas une place à la *chekhina* !

L'utilisation de la guématria ou valeur numérique va nous aider à mémoriser ce rapport fondamental entre "combinatoire" et "langage".
Ainsi, on peut remarquer que les mots *tsérouf* ("combinatoire") et *lachone* ("langue") ont la même valeur numérique : 386. *Tsérouf* s'écrit *tsadé, yod, rèch, vav, phé.* Ces lettres ont une valeur numérique respective de 90 + 10 + 200 + 6 + 80 = 386. *Lachone* s'écrit *lamèd, chin, vav, noun,* ce qui correspond à 30 + 300 + 6 + 50 = 386 (C.Q.F.D.).

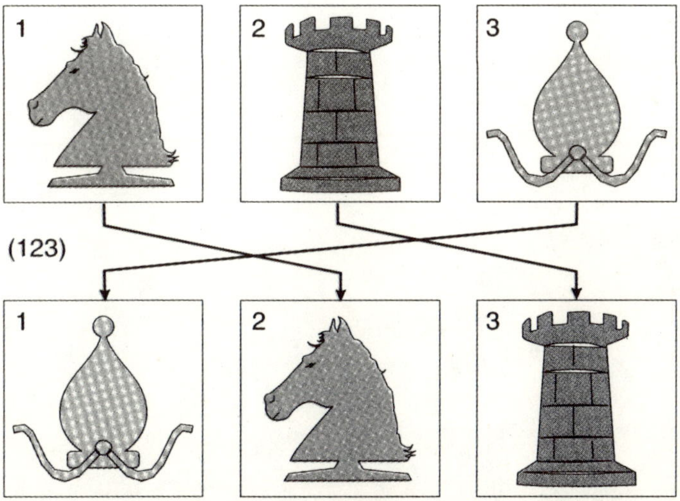

Une combinatoire d'échecs selon Galois.

Cette analogie numérique entre “combinatoire” et “langue” nous invite à penser que la langue est essentiellement le résultat de combinaisons infinies, c'est-à-dire que c'est essentiellement sa dimension de dynamique interne qui la constitue comme langue. Cette dynamique, ce voyage infini se nomme “voyage des étincelles”, voyage des lettres, petites étincelles dans le ciel du sens, où la langue ne se comprend plus comme langue instituée qui existe déjà dans les dictionnaires et dont les mots sont disponibles pour tout un chacun, mais comme langue qui se constitue et se renouvelle tout en renouvelant l'être qui la réinvente.

En cherchant les valeurs numériques des lettres qui composent un mot, en changeant, substituant, transposant, combinant, éclatant les lettres et les mots, le lecteur est entraîné dans une très longue méditation qui le conduit au cœur de la vie du langage et de la pensée.

4

Dynamique de la guématria

Dieu certes non incarné, mais en quelque façon inscrit, vivant sa vie – ou une part de sa vie – dans les lettres : dans les lignes et entre les lignes et dans l'échange d'idées entre lecteurs qui les commentent (...)
Emmanuel Lévinas

Dans ce chapitre, nous voulons présenter les autres guématria existantes mais très peu usitées du fait de leur plus grande complexité d'utilisation. Leur rareté d'usage ne doit cependant pas être considérée comme une marque de moindre importance. En ce qui concerne d'ailleurs la petite guématria peu en usage dans les textes de la kabbale, on la rencontre très fréquemment dans la numérologie ou autres techniques dérivées de la kabbale, ou encore dans la kabbale chrétienne.

La petite guématria

La petite guématria utilise les mêmes valeurs numériques que la guématria classique, mais ne tient compte que des unités. Ainsi, 10 et 100 deviennent 1, comme 20 et 200 sont 2, et 30 et 300 sont 3, etc.

Exemple

Nous avons vu que le mot *hérayon*, qui signifie la grossesse de la femme, a une valeur numérique de :

$$h + r + y + o + n,$$
$$5 + 200 + 10 + 6 + 50 = 271$$

En petite guématria, cela donne : 5 + 2 + 1 + 6 + 5 = 19.
19 devient lui-même 10 + 9 = 1 + 9 = 10 = 1.
On obtient le même résultat à partir de 271, dont la somme des chiffres est égale à 10, donc qui se retrouve égale à 1.
Cette guématria est très utilisée par les numérologues et les mystiques des nombres. Ils la nomment "réduction novénaire" ou "théosophique".

La guématria dynamique cumulative ou *riboua*

La "guématria dynamique cumulative" prend en compte le fait qu'un mot est une construction lettre à lettre selon différentes étapes successives qui ont chacune un sens en elle-même. C'est voir le mot et le monde non pas dans ce qu'il est mais dans sa constitution.

Exemple

Prenons tout d'abord un exemple en français. Soit, d'abord, le mot "enfant". Il peut s'écrire d'un coup "enfant", ou l'on peut souligner chaque étape de son écriture lettre après lettre. Ce qui donne :

E
EN
ENF
ENFA
ENFAN
ENFANT

Soit le mot *yélèd* (enfant), YLD. Il s'écrit, selon la méthode du *riboua* :

Y
YL
YLD

La guématria sera donc :

$$10$$
$$+ 10 + 30$$
$$+ 10 + 30 + 4$$
$$\text{Total} = 94$$

Remarque

La guématria cumulative dynamique correspond aux nombres triangulaires que nous avons vus dans le deuxième livre de cet ouvrage.

La guématria différentielle

La guématria différentielle consiste à calculer la valeur numérique qui existe entre deux lettres. (Nous remercions ici Laurent Picard, qui nous a fait découvrir cette forme de guématria qui est pour ainsi dire son *hidouch.* (sa découverte)

Soit le mot *chèm,* le “nom”, il se compose de deux lettres, *chin* et *mèm,* qui ont respectivement les valeurs numériques 300 et 40. La guématria différentielle consiste à comprendre ce qui articule les lettres *chin* et *mèm.* Le sens d'un nom n'est pas seulement l'addition des deux lettres *chin* + *mèm,* mais le mouvement, le chemin du sens qui conduit du *chin* au *mèm,* sens que nous découvrirons par les indices que nous donnent justement les valeurs numériques :

chin ⟶ ***mèm***

300 260 40

Pour passer du *chin* au *mèm,* de 300 à 40, il faut parcourir 260, qui est dans ce cas la guématria différentielle, nombre qui peut s'écrire en lettres *rèch-samèkh* ou *samèkh-rèch* ; c'est cette deuxième lecture que nous retiendrons ici parce qu'elle fait sens.

La guématria *sidouri*

Peu usitée, cette guématria consiste à donner aux lettres la valeur de la place qu'elles ont dans l'ordre de l'alphabet. Ainsi *aleph* est 1, et *kaf* est 11 et non pas 20, comme dans la guématria classique. Les valeurs des lettres vont de 1 à 22 ou de 1 à 27, si l'on compte les finales.

Exemple

Reprenons le même mot *yélèd*, "enfant". Il s'écrit Y-L-D en guématria classique ; il est d'une valeur de 44. En guématria, "selon l'ordre", nous obtenons :

Y = 10, L = 12, D = 4

Ce qui donne un total de 26.
Les kabbalistes en déduiront des conclusions passionnantes en rapport avec la *guématria* simple du tétragramme qui est aussi de 26, nombre pour lequel nous proposons une interprétation dans le chapitre sur les noms de Dieu.

La *guématria* de permutation AT-BaCh

Selon un ouvrage intitulé *Midrach Tanaïm*, un tableau de correspondance aurait été révélé à Moïse au mont Sinaï, dans lequel la première lettre de l'alphabet hébraïque, le *aleph*, est interchangeable avec la dernière lettre de l'alphabet, le *tav*, et la seconde lettre, le *bèt*, avec l'avant-dernière, le *chin*. Ces permutations se dénomment le *at-bach*, d'après les initiales des quatre premières lettres en jeu dans les permutations.

Ainsi, le mot BeRèCHYT, premier mot de la Bible hébraïque, devient ChaGuaBaMa. Ce dernier mot ne veut rien dire, mais offre une nouvelle guématria, est ouverture pour des réflexions importantes.
Comme nous l'avons déjà souligné, pour le mystique, le fait qu'un mot ne veuille rien dire est une porte vers la possibilité de se détacher des ancrages de ce monde et d'atteindre ainsi d'autres niveaux de conscience. C'est une façon de faire le vide et d'atteindre le *ayin*, le "rien". Il existe cependant de

nombreux cas où le mot qui apparaît par la permutation du *at-bach* possède lui-même une signification.

La *guématria* de permutation EL-BaM

Le *Midrach Tanaïm* rapporte un autre tableau de correspondances, lui aussi révélé au Sinaï. Le principe est identique au système de permutation précédent, mais le *aleph* est ici couplé avec le *lamèd,* et le *bèt* avec le *mèm,* d'où l'expression EL-BaM.

Guématria par saut de niveau dans la structure alphabétique : AYaQ BaKhaR

Nous avons vu au début de cette partie que les lettres étaient réparties selon trois niveaux :

- les unités : 9 lettres,
- les dizaines : 9 lettres,
- les centaines : 9 lettres avec les finales.

Selon cette règle, il est possible dans un mot de permuter les lettres par le second ou le troisième niveau, ce qui donnera des mots et des valeurs numériques différents.

Ce système de permutation se nomme AYaQ BaKhaR, selon les initiales des premières lettres et de leurs trois niveaux.

Aleph Yod Qof AYQ

(se prononce "AyaQ")

Bèt Kaf Rèch BKhR

(se prononce "BaKhaR")

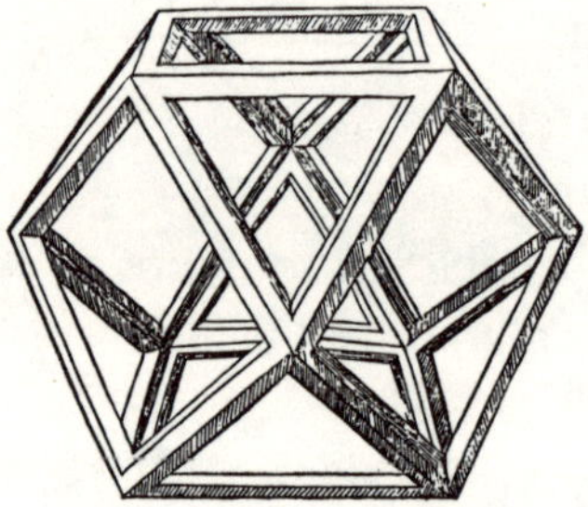

Cuboctaèdre (polyèdre archimédien) creux (dessin attribué à Léonard de Vinci).

5

La guématria et le zéro

J'ai des cachets pour rêver.
Ce soir, j'en prends un sur lequel
est écrit en tout petits caractères :
Voyages aux Indes (première partie).
Je l'avale avec un peu d'eau et je m'endors.
Tout va bien jusqu'à Bénarès
où l'on doit prendre un bain dans le Gange.
Le rêve est prévu pour quelqu'un
qui sait nager. Or je ne sais pas.
À peine à l'eau, je me noie.
Je ne saurai jamais la fin du voyage.
Pierre Bettencourt

Chaque guématria met en œuvre quelque chose de particulier et spécifique concernant la structure de l'être vivant.

Dans la guématria simple, les équivalences numériques réalisent, par le passage du mot au nombre une secousse de dé-signification par laquelle le lecteur échappe à la lourdeur d'un sens déjà existant qui risque d'être parole simplement parlée et non plus parole parlante. Dans cette secousse de dé-signification, le lecteur ne découvre pas tout de suite un nouveau sens, mais se retrouve au cœur d'une suspension du sens, dans un degré zéro du sens, une forme de silence essentielle de l'esprit qui ouvre ainsi à une forme privilégiée de méditation.

Lorsque le kabbaliste écoute la musique des mots, il est avant tout attentif au chant silencieux du vide.

Par la guématria se crée un silence que le kabbaliste modèle, module et essaie d'entendre vibrer.

Les chiffres et les nombres de la guématria sont ainsi un chemin et un écrin pour la mélodie de ce silence.

Ce silence du sens est un événement fondamental dans la logique de production du sens. Par la guématria, le lecteur-interprète atteint un "degré zéro de signification", un moment pré-sémantique ou post-sémantique par lequel il pourra et devra s'égarer hors sens.

L'homme atteint alors le "parallèle zéro", selon une belle expression de Maurice Blanchot : ligne imaginaire, point géographique nul, mais représentant précisément par sa nullité ce degré zéro vers lequel on dirait que l'homme tend, par le besoin d'atteindre un repère idéal d'où, libre de lui-même, de ses préjugés, de ses mythes et de ses dieux, il pourra revenir à lui avec un regard changé et une affirmation nouvelle.

La guématria et le zéro

Dans le premier livre de cet ouvrage, nous avons montré que la numération moderne se caractérisait par trois éléments essentiels qui sont :

- l'existence des dix chiffres 0, 1, 2, 3, 4, 5, 6, 7, 8, 9 ;
- une numération de position ;
- le zéro comme indicateur du vide et comme nombre à part entière (défini comme le nombre moins lui-même).

Il est important que nous indiquions ici comment se situe la numération hébraïque par rapport à ces trois questions.

Dans la numération hébraïque, il n'y a pas de numération de position ; et on peut dire que le nombre est indépendant de l'ordre des signes-chiffres qui le constituent. Ainsi, par exemple, que 26 s'écrive *kaf*/20, *vav*/6 ou "*vav-kaf*", cela ne change rien du tout.

De fait, le zéro comme discriminant n'est pas nécessaire. Et pourtant, on ne peut pas dire qu'il n'y a pas de zéro dans la tradition hébraïque.

Si la mathématique hébraïque est le passage d'une géométrie à une "logométrie", le zéro n'est pas, comme on l'a vu, une réduction et une annulation des différentes dimensions de l'espace, mais une réduction des différentes dimensions structurelles du langage. Dans le texte biblique, les mots commencent à se structurer en récit à partir de la phrase. Réduire les dimensions, c'est supprimer la phrase, puis le mot, puis les lettres, et ainsi arriver au silence.

Le silence est le "zéro *logométrique*" de l'hébreu !

6

L'isopséphie

Comme si le "vrai" et le "faux" étaient les deux seuls modes d'existence intellectuelle !
Maurice Merleau-Ponty

Un procédé identique à la guématria était connu et utilisé par les Grecs. Ce procédé est appelé isopséphie.

Chez les poètes grecs, comme Léonidas d'Alexandrie (qui vécut à l'époque de l'empereur Néron), cette pratique a ainsi donné lieu à des compositions littéraires d'un genre tout à fait particulier : celui des distiques et des épigrammes dits isopsèphes. Un distique (groupe de deux vers) est isopsèphe si la somme des valeurs numériques des lettres constituant le premier vers est égale à celle des lettres du second. Une épigramme (court poème versifié exprimant par exemple une pensée amoureuse) est isopsèphe si tous les distiques qu'elle comporte sont eux-mêmes isopsèphes et si la valeur correspondante est constante.

De manière plus générale, le procédé de l'isopséphie consiste à utiliser, comme dans la guématria hébraïque, la valeur numérique des lettres constitutives d'un mot ou d'un groupe de lettres et à transposer ce nombre pour le rapprocher d'un autre mot selon la valeur numérique obtenue.

À Pergame, on a ainsi retrouvé des inscriptions isopsèphes composées, dit-on, par le propre père du grand médecin et mathématicien Galien, dont le

UNITÉS			
Α	α	alpha	1
Β	β	bêta	2
Γ	γ	gamma	3
Δ	δ	delta	4
Ε	ϵ	apsilon	5
Ϛ	ϛ	digamma	6
Ζ	ζ	dzêta	7
Η	η	êta	8
Θ	θ	thêta	9

DIZAINES			
Ι	ι	iota	10
Κ	κ	kappa	20
Λ	λ	lambda	30
Μ	μ	mu	40
Ν	ν	nu	50
Ξ	ξ	ksi	60
Ο	ο	omikron	70
Π	π	pi	80
Ϟ	ϙ	koppa	90

CENTAINES			
Ρ	ρ	rö	100
Σ	σ	sigma	200
Τ	τ	tau	300
Υ	υ	upsilon	400
Φ	ϕ	phi	500
Χ	χ	khi	600
Ψ	ψ	psi	700
Ω	ω	oméga	800
Ϡ	ϡ	san (sampi)	900

Numération grecque alphabétique.

fils disait qu'il “maîtrisait tout ce qu'il était possible de savoir de la géométrie et de la science des nombres”. On a également découvert à Pompéi une inscription où l'on peut lire : “J'aime celle dont le nombre est 545” et où un certain Amerimnus rend hommage à la dame de ses pensées dont “l'honorable nom est 45”.

Hisab al-nim et *da'wa*

Le procédé de l'évaluation numérique des noms propres a été par ailleurs, chez les mages musulmans, à la base d'une pratique divinatoire dite *hisab al-nim*, servant à prédire, en période de guerre, lequel des deux souverains serait vainqueur. Ce procédé a été décrit en ces termes par Ibn Khaldùn dans ses *Prolégomènes* :

> “Voici comment se fait l'opération : on additionne les valeurs numériques des lettres dont se compose le nom de chaque roi ; ce sont des valeurs de convention attribuées aux lettres de l'alphabet ; elles vont depuis l'unité jusqu'au mille et se classent par unités, dizaines, centaines et milliers. L'addition faite, on retranche neuf de chaque somme autant de fois qu'il faut afin d'avoir deux restes moindres que neuf. On compare ces restes ensemble ; si l'un est plus fort que l'autre, et si tous les deux sont des nombres pairs ou nombres impairs, le roi dont le nom a fourni le reste le plus faible obtiendra la victoire. Si l'un des restes est un nombre pair et l'autre un nombre impair, le roi dont le nom a fourni le reste le plus fort sera le vainqueur. Si les deux restes sont égaux, et s'ils sont des nombres pairs, le roi qui est attaqué remportera la victoire ; si les restes sont égaux et impairs, le roi qui attaque triomphera.”

Chaque lettre arabe étant l'initiale d'un attribut d'Allah (*alif*, initiale d'Allah; *ba*, initiale de Bâgi, “celui qui reste”, etc.), la pratique de l'alphabet numéral arabe a conduit également à un système “très secret”. Chaque lettre s'y trouve affectée, non pas de sa valeur usuelle, mais plutôt de la valeur numérique de l'attribut divin dont elle est l'initiale. La lettre *alif* par exemple, qui a pour valeur usuelle 1, est assignée dans ce système à la valeur 66, qui est le nombre du nom d'Allah calculé selon le système *abjad*

LETTRES		VALEURS	ATTRIBUTS DIVINS ASSOCIÉS			VALEURS
			Noms		Sens	
ا	'alif	1	الله	ALLAH	Allah	66
ب	ba	2	باقي	BĀQĪ	Celui qui reste	113
ج	jim	3	جامع	JĀMI'	Celui qui assemble	114
د	dal	4	ديّان	DAYĀN	Juge	65
ه	ha	5	هادي	HĀDĪ	Guide	20
و	wa	6	ولي	WALĪ	Maître	46
ز	zay	7	زكي	ZAKĪ	Purificateur	37
ح	ha	8	حق	HAQ	Vérité	108
ط	ta	9	طاهر	TĀHIR	Saint	215
ي	ya	10	يسين	YASSĪN	Chef	130
ك	kaf	20	كافي	KĀFĪ	Suffisant	111
ل	lam	30	لطيف	LATĪF	Bienveillant	129
م	mim	40	ملك	MALIK	Roi	90
ن	nūn	50	نور	NŪR	Lumière	256

Ci-dessus et à droite : le système de la *da'wa*, lettres arabes et valeurs numériques associées aux différents noms de Dieu.

employé dans la théologie symbolique connue sous le nom de *da'wa*, "invocation", et qui permit aux mystiques et aux devins de faire des calculs prévisionnels et de spéculer sur le passé, le présent et le futur.

Le même genre de procédé a permis aux magiciens de confectionner des

LETTRES		VALEURS	ATTRIBUTS DIVINS ASSOCIÉS			VALEURS
			Noms		Sens	
س	sin	60	سميع	SAMĪ'	Auditeur	180
ع	'ayin	70	علي	'ALĪ	Élevé	110
ف	fa	80	فتاح	FATĀH	Qui ouvre	489
ص	ṣad	90	صمد	SAMAD	Éternel	134
ق	qaf	100	قادر	QĀDIR	Puissant	305
ر	ra	200	رب	RAB	Seigneur	202
ش	shin	300	شفيع	SHAFĪ	Qui accepte	460
ت	ta	400	توب	TAWAB	Qui ramène au Bien	408
ث	tha	500	ثابت	THĀBIT	Stable	903
خ	kha	600	خالق	KHĀLIQ	Créateur	731
ذ	dhal	700	ذاكر	DHĀQIR	Qui se souvient	921
ض	ḍad	800	ضار	DĀR	Punisseur	1 001
ظ	dḥa	900	ظاهر	DHĀHIR	Apparent	1 106
غ	gha	1 000	غفور	GHAFŪR	Indulgent	1 825

talismans et de se livrer aux pratiques les plus diverses. Pour offrir à leurs coreligionnaires le moyen de s'enrichir rapidement, de se préserver du mal et de s'attirer toutes les grâces de Dieu, certains *tolba* d'Afrique du Nord proposent ainsi aux intéressés un *herz* (talisman).

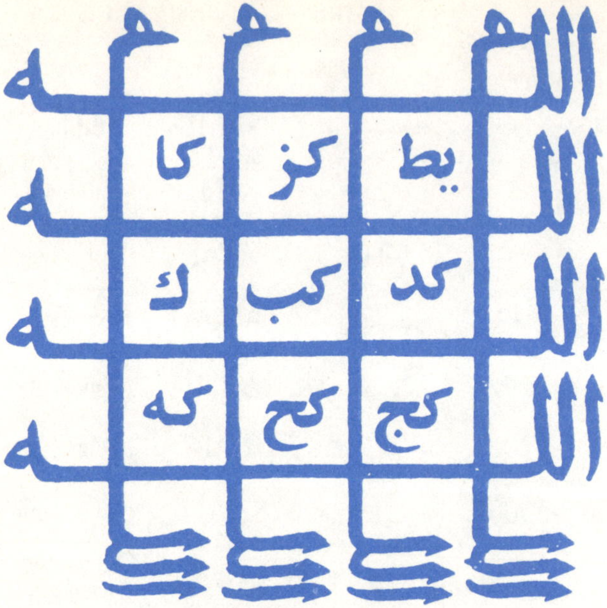

Herz, ou talisman d'Afrique du Nord.

21	26	19
20	22	24
25	18	23

Il s'agit d'un "carré magique" dont la valeur est 66 :
cette valeur étant elle-même le nombre du nom d'Allah calculé dans l'*abjad*.

Nom calligraphié d'Allah.

Deuxième partie

Le Dieu hébraïque est-il une hypothèse mathématique ?

Les valeurs numériques des noms divins

La transcendance de π

Fermat et la kabbale

La Bible, un document chiffré ?

1

Les valeurs numériques des noms divins

Inventer un conte. Une histoire.
Elle ne sera pas écrite pour un enfant,
pas non plus pour un adulte.
Écrite pour personne.
L'histoire de personne.
Cela commencera n'importe où,
n'importe comment.
Avec ce mot : Dieu.
Le reste suivra, tout seul…
Christian Bobin

Les différents noms de Dieu sont différentes manifestations de son essence

Une des questions essentielles de la kabbale est : "Qui est Dieu ?"
Cette question est écrite ici en français. Elle pourrait aussi être posée en d'autres langues, et l'on remplacerait alors le mot Dieu par *God*, *Got* ou *Zeus*, etc. Mais ces termes ne diront jamais la manière spécifique qu'a le judaïsme de parler de Dieu. Il possède en effet de multiples façons de dire le divin, qui ne sont pas équivalentes.
L'étude de ces différents noms de Dieu fait essentiellement l'objet de la kabbale des noms divins qui étudie la forme des lettres, les valeurs numériques de chaque nom et les forces particulières que ces noms recèlent.

Les dix noms de Dieu

La tradition kabbaliste révèle dix noms de Dieu. Certains sont plus usités et plus connus que d'autres. Ils correspondent chacun à une *sefira* particulière.

Yhvh ne se prononce pas. C'est le nom ineffable, ou *chem hameforach*, également appelé *chem havaya*. Ce nom est dit aussi de l'ordre de *midat ha héssèd* ou *midat harahamim* (générosité et compassion). Il apparaîtra dans un contexte où Dieu se manifeste dans son attribut de générosité ou de compassion.
Valeur numérique : 26.

Adny se prononce "adonaye". C'est la forme sonore du nom précédent. Il est dit *chem adnout* ou *chem adny*. Il est interdit de le prononcer en vain.
Valeur numérique : 65.

Yah est un nom dérivé du tétragramme. On le retrouve dans la très célèbre formule *hallélouyah*, qui veut dire littéralement "donnez louange à Dieu". Formé de deux lettres, l'une masculine (le *yod*), l'autre féminine (le *hé*), il représente la force d'unité au sein du couple, des mondes d'en haut et des mondes d'en bas, du ciel et de la terre…
Valeur numérique : 15.

Il est intéressant de rapprocher cette valeur numérique de la constante du carré magique dit "de Saturne".

El : nom qui veut dire "Dieu", mais aussi "vers". Il vient souvent en complément d'un autre nom divin ou avec un adjectif ou un complément : "Maison de Dieu" (*bèt-El*), "Dieu grand", etc.
Valeur numérique : 31.

Eloha : nom dérivé du précédent ; il est construit sur la forme *el*, plus les deux dernières lettres du tétragramme *vav-hé*.
Valeur numérique : 42.

Elohim est le Dieu de la Création. C'est un des noms les plus usités dans la littérature biblique. Il manifeste les forces de la nature. Il dérive également du nom *el* mais inclut les deux autres lettres du tétragramme *yod-hé*, plus la lettre *mèm* qui lui donne un air de pluriel…
Valeur numérique : 86.

Ehyéh est le nom de Dieu qui se manifeste la première fois à Moïse lors de l'épisode du buisson ardent. Il signifie : "Je serai."
Valeur numérique : 21.

Chaddaï est un nom important qui règle l'équilibre des forces de la nature entre désordre et organisation.
Valeur numérique : 314.

El Chaddaï : nom dérivé du précédent.
Valeur numérique : 345.
Il faut remarquer l'importance de ce nom au regard du triangle sacré de Pythagore dont les côtés sont respectivement 3, 4, 5. Il a aussi la même valeur numérique que MoChéH, le nom de Moïse.
Le fait que Moïse fut un prince égyptien est d'une grande importance. Le nom Moïse viendrait en fait de la transmission secrète du "théorème de Pythagore" dont la présence est attestée en Égypte plusieurs millénaires avant les Grecs. À noter également que la constante du 345 se retrouve dans l'architecture de certaines pyramides.

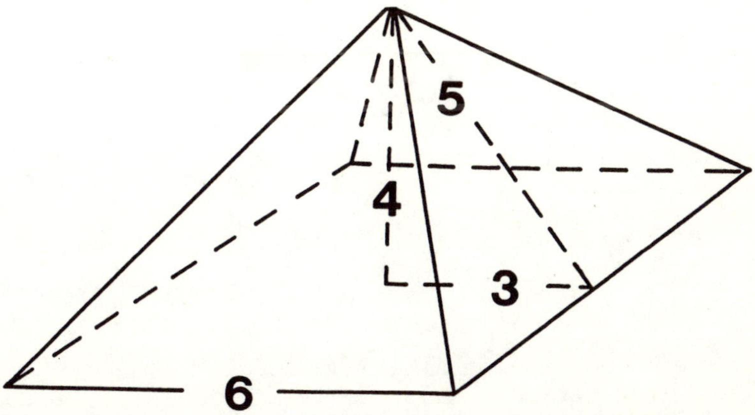

Schéma d'une pyramide construite selon les valeurs 3, 4 et 5 du triangle dit de Pythagore.

Tsevaot : “Dieu des armées”. *Tsava* désigne “l’armée”. Cette traduction porte à confusion, car elle donne à penser à un Dieu militaire. Il s’agit en fait en langage kabbaliste des armées des anges des sphères célestes, organisées en différents camps et légions. *Tsevaot* peut aussi être traduit par “armée de lettres” (*ot*). Ce serait donc le nom de la manifestation du divin dans le texte.
Valeur numérique : 499.

2

La transcendance de π

L'arbre peut devenir flamme ardente,
l'homme flamme parlante.
Friedrich Novalis

Le *tsimtsoum* ou le retrait

La théorie du *tsimtsoum* représente une des conceptions les plus surprenantes et les plus hardies de l'histoire de la kabbale. *Tsimtsoum* signifie originellement "contraction" ou "rétraction".

Rabbi Isaac Louria, un des plus grands kabbalistes de tous les temps, se posa les questions suivantes :

- Comment peut-il y avoir un monde si Dieu est partout ?
- Si Dieu est "tout en tout", comment peut-il y avoir des choses qui ne soient pas Dieu ?
- Comment Dieu peut-il créer le monde *ex nihilo*, s'il n'y pas de néant ?

Rabbi Isaac Louria répondit en formulant la théorie du *tsimtsoum*, selon laquelle le premier acte du Créateur ne fut pas de se révéler lui-même à quelque chose d'extérieur. Loin d'être un mouvement vers le dehors ou une sortie de son identité cachée, la première étape fut un repli, un retrait. Dieu se retira "de lui-même en lui-même" et, par cet acte, donna au vide une place en son sein, créant ainsi un espace pour le monde à venir.

Dieu ne put se manifester que parce qu'au préalable il se retira. Dieu laissa un vide, un espace appelé *hallal hapanouï*.
Les kabbalistes soulignent ce fait étonnant : l'espace du monde est un espace vide de Dieu, un espace athée, a-théologique.
Pour la kabbale, l'univers est né non pas parce que le Créateur a créé de l'être, quelque chose à partir de rien, mais parce que Dieu, infini, a laissé de la place, un vide à partir duquel la création a été rendue possible !
Au commencement était le vide… Cette remarque est fondamentale quand on la met en perspective avec la question du zéro !

Les forces qui maintiennent la possibilité de l'univers

La question qui se posa aux kabbalistes après qu'ils eurent établi la mise en place du vide originaire fut celle de la possibilité du maintien même de ce vide. Quelles forces à l'œuvre dans la Création font en sorte que l'infini rétracté reste à la périphérie de l'espace vidé et ne réinvestisse pas cet espace ? En un mot, quelles forces maintiennent le vide et permettent au monde de tenir et de subsister, comme vide ?

Pour répondre à ces questions, rabbi Isaac Louria imagina une force venant du vide lui-même, comme s'il existait dans le vide cosmique une voix répétant à l'infini : "Cela suffit : ne reviens pas !"

Le mystère du cercle et de la droite

D'un point de vue mathématique, le vide du cercle, son espace intérieur (la possibilité d'une superficie du cercle) est constitué par un certain rapport de la droite et du cercle.
Si l'on fait tourner une droite à partir de l'une de ses extrémités, elle dessine un cercle dont elle constitue le rayon. En tournant, le rayon maintient le cercle. Celui-ci n'existe qu'à partir de la droite qui constitue une force représentée par le rayon. Les mathématiciens grecs, en particulier Archimède, ont tenté de formuler de façon mathématique le rapport du cercle et du rayon qui maintient le vide autour de son centre. Ils trouvèrent un nombre qui recevra beaucoup plus tard en occident le nom de π, initiale du mot "périmètre". (Il est important de noter que bien que π soit une lettre grecque, cette appellation est donc très tardive.)

Le périmètre ou circonférence du cercle est alors obtenu par la formule :
(R représentant la longueur du rayon)

$$2\pi R$$

Et la surface du cercle par la formule :

$$\pi R^2$$

Le "mystère" du cercle, c'est donc la relation qui existe entre la droite et le cercle.
Cette relation est définie par π, un "nombre transcendant", dont on ne pourra jamais atteindre la valeur exacte, échappant à toute tentative de "définition" et d'enfermement dans des mesures figées, dont la valeur approchée est de 3,14 et la valeur rationnelle de 22/7 (22 septièmes).
Le nombre π est une porte sur l'infini, et c'est en cela qu'il entretient des liens importants avec l'imaginaire théologique.

3,141591653589793238461643383279502
884197169399375105810974944591307816
4061861089986180348253421170679821480
865132723066470938446

Pi et ses premières décimales.

Le nombre π et le nom *chaddaï*

Ainsi la création de l'espace du monde s'est-elle opérée par un retrait de l'infini et par une force maintenant la lumière de l'infini à la périphérie.
En hébreu, cette force du "ne reviens pas" porte le nom de *chaddaï*, mot qui veut dire "assez, cela suffit", abréviation de l'expression "celui qui a dit au monde cela suffit", *ché-daï*.
Chaddaï, c'est le nom de Dieu s'auto-limitant. C'est le nom de la limitation (en hébreu kabbaliste, cette limitation se dit le *din*) qui a pour but de rendre possible la Création et donc d'équilibrer l'entropie et l'expansion du monde (en hébreu *héssèd*).

Les spéculations métaphysiques des maîtres de la kabbale rejoignent ici les calculs des mathématiciens grecs. L'un d'eux, rabbi Yossef Gikatillia (co-rédacteur en Espagne du *Zohar* avec rabbi Moïse de Léon au XIIIe siècle), affirme dans son livre *Guinat egoz* que "le cercle se construit à partir du nom *chaddaï*". Il se réfère notamment à l'épisode qui clôt l'histoire du jardin d'Éden : un ange se tient à la porte et fait tournoyer une épée, traçant ainsi le cercle de l'univers (Genèse, chapitre III, verset 24).
Si l'on fait appel à la *guématria*, la valeur numérique de *chaddaï*, comme nous l'avons vu, est de 314 (*chin* = 300, *dalèt* = 4, *yod* = 10).

Coïncidence étonnante :
314 représente la valeur approchée de π,
multipliée par 100 !

Ce que Manitou (Léon Ashkénazi), l'un des derniers grands kabbalistes contemporains, commente de la manière suivante : "π est précisément le rapport des forces qui rend possible la délimitation dans le monde physique, délimitation qui existe par le nom *chaddaï* au niveau métaphysique."

La parole et le nombre π

La valeur rationnelle de π est 22/7. Ce nombre, pour les kabbalistes, renvoie à l'articulation des lettres de l'alphabet hébraïque (au nombre de 22) et du chiffre 7, dont le sens premier est pour la pensée biblique le rythme du temps.
Ainsi, π (22/7) signifie le rapport entre l'alphabet et le temps, autrement dit la parole. Celle-ci consiste en effet à mettre en mouvement l'alphabet grâce à la combinaison des lettres.

$$\textbf{Parole} = \frac{\textbf{22 lettres}}{7} = \frac{\textbf{alphabet}}{\textbf{temps}}$$

Mathématique, philosophique ou kabbaliste, les sens de π se rejoignent dans une direction commune : le rapport des forces qui rend possibles le vide et le monde comme vide. S'ouvre ici toute une perspective passionnante sur l'homme comme souffle parlant. Est-ce un hasard si π signifie alors en hébreu, "ma bouche" ?

L'harmonie du monde et le nombre π

Les kabbalistes se servent de nombreuses métaphores pour exposer leurs idées. On trouve dans la kabbale nombre d'allusions au feu, à l'arbre, à la terre et surtout à l'eau. L'eau est le symbole de la vie, du mouvement. Le fleuve apparaît dans certains textes comme l'image privilégiée pour dire la vie et surtout la transmission de génération en génération. On rencontre cette image du fleuve chez les prophètes, en particulier chez Ezéchiel. Il y a chez ces auteurs ce que l'on pourrait appeler une "métaphysique fluviale" et π n'est pas étranger à cette métaphysique.

Einstein, déjà, fut un des premiers à s'intéresser d'un point de vue physique au phénomène des méandres d'un fleuve. Le professeur Hans-Hendrik Stølum, spécialiste des sciences de la terre à l'université de Cambridge, a calculé le rapport entre la longueur des rivières, de leurs sources à leurs embouchures, incluant donc les méandres, et leurs longueurs réelles à vol d'oiseau, leurs longueurs mathématiques.

Hans-Hendrik Stølum a fait dans ce domaine une découverte extraordinaire. Bien que le rapport varie d'une rivière à l'autre, la valeur moyenne est légèrement supérieure à 3, c'est-à-dire que la longueur réelle est à peu près le triple de la distance directe. En fait, le rapport est à peu près de 3,14, proche ainsi de la valeur du nombre π.

$$\frac{\textbf{longueur réelle avec méandres}}{\textbf{longueur mathématique}} = 3,14$$

Ce rapport de π se retrouve le plus souvent dans les rivières qui coulent lentement à travers des plaines au relief très doux, comme au Brésil ou dans la toundra sibérienne.

En d'autres termes, on est tenté de proposer l'hypothèse suivante : le rapport qui existe entre, d'une part, une tendance à l'entropie, au déploiement et à l'expansion – connue sous le nom kabbaliste de *héssed* – et, d'autre part, une tendance à l'ordre et la limitation – le *din* – est de l'ordre de π.

Ou encore : le rapport qui existe entre le chaos et le cosmos tend à la valeur de π, c'est-à-dire 3,14 ou, en langage kabbaliste, *chaddaï*.

À méditer…

$$\frac{\textbf{chaos}}{\textbf{cosmos}} = 3,\ 14$$

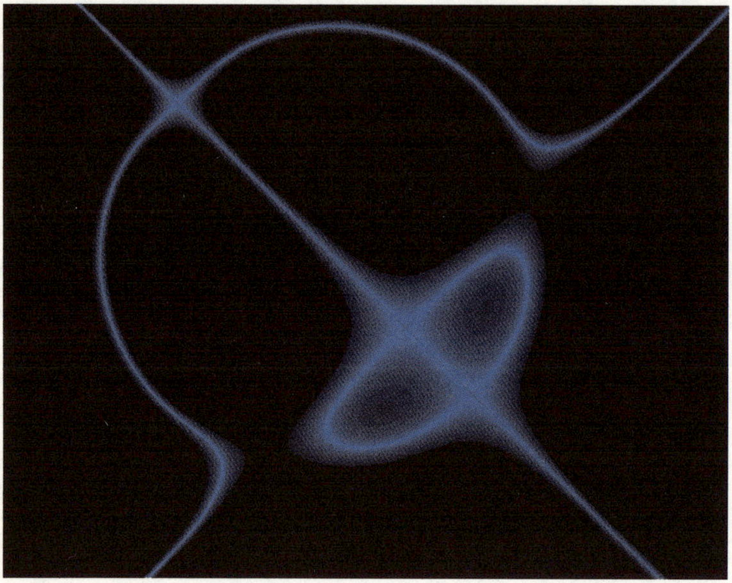

Brian Meloon, *Happy Hénon*, 1993.
Image obtenue par itération de l'application de Hénon.

3

Fermat et la kabbale
Les secrets du tétragramme

Je me tourne vers toi,
au lit ou dans la vie,
et je découvre que tu es faite d'impossible.

Je me retourne alors vers moi
et je vois la même chose.

C'est pour cela que bien qu'aimant
le possible, nous finirons par l'enfermer,
pour qu'il n'empêche plus cet impossible
sans lequel nous ne pouvons vivre ensemble.
Roberto Juarroz

Concerto pour quatre consonnes sans voyelles

Le nom YHVH est donné comme visible pur, quatre consonnes ineffables, sans voyelles. Nom fait pour être caché. Nom qui se retire en même temps qu'il se donne. Paradoxe essentiel affirmant une relation à Dieu irréductible à la connaissance qui thématise, définit ou synthétise. Par ce retrait dans le silence, la révélation conserve la transcendance de ce qui se manifeste. L'absence des voyelles, qui rend le nom imprononçable, crée une distance infranchissable supprimant la possibilité de tenir Dieu pour un objet. Le tétragramme est comme un trou dans le langage, à partir duquel le langage lui-même prend sens. Un nom écrit pour ne pas être énoncé selon ses propres lettres mais pour être commenté, traduit par d'autres lettres, d'autres noms.

Le nom offre l'impensable.

Voir le nom de quatre lettres, c'est s'abîmer dans le néant du sens, pénétrer dans une néantisation du savoir, faire l'expérience du vide.

Remarque sur les deux noms *yhvh* et *adny*

Commentant le verset 15 du troisième chapitre de l'Exode, *"Ceci est mon Nom pour toujours et ceci est ma mention pour les générations"*, le Talmud explique que le "nom" est le tétragramme YHVH que l'on nomme aussi *Chem-Havaya*, et que "la mention du nom", c'est le "nom du nom", dit *Chem-Adnout*, et qui s'écrit *aleph-dalèt-noun-yod*.

Il y a le "nom écrit" ineffable

YHVH (*Chem-havaya*).

Il y a le "nom dit", qui s'écrit

ADNY (*Chem-Adnout*).

La guématria simple du *chem-Havaya* (YHVH) est de 26 :

yod = 10
hé = 5
vav = 6
hé = 5

total 26

Le *chem-Adnout* est appelé le "palais du nom" *(hékhal)*. Il a une valeur numérique simple de 65.

aleph = 1
dalèt = 4
noun = 50
yod = 10

total 65

Arbre de lumière à sept branches écrit avec les lettres du Psaume 67,
couronné de l'inscription : "Le tétragramme est toujours devant mes yeux."
Présente dans le livre de prières et sur les murs de la synagogue,
cette illustration aide à méditer et à se concentrer sur la présence permanente de Dieu.

L'énigme du nombre 26

On peut se poser la question de la spécificité de la guématria du tétragramme *Yod-Hé-Vav-Hé,* qui est de 26.
Selon certains auteurs, en particulier le Baal Chem Tov, la méditation à partir de l'alphabet et des noms de Dieu consiste à avoir toujours présent à l'esprit le Tétragramme et sa valeur numérique 26, et à retrouver cette structure numérique dans toutes les autres lettres et si possible dans tous les objets de la nature.

Une découverte mathématique de Fermat qui pourrait révolutionner la kabbale…

Fermat remarqua un jour que 26 se trouve entre le nombre 25, nombre carré ($25 = 5^2 = 5 \times 5$) et le nombre 27, nombre cubique ($27 = 3^3 = 3 \times 3 \times 3$). Cherchant ainsi d'autres nombres se trouvant entre un carré et un cubique, il n'en découvrit aucun et se demanda si 26 n'était pas unique.
Plusieurs jours d'efforts intenses lui permirent de construire un raisonnement complexe qui montrait que 26 est, en effet, une exception, et qu'aucun autre nombre ne lui ressemble.

"Le nombre 26 est un nombre unique dans tout l'univers mathématique."

Pierre de Fermat

Fermat annonça cette propriété unique du 26 à la communauté scientifique, puis mit celle-ci au défi de le démontrer. Il admit qu'il en avait la preuve, mais la question qui se posait était de savoir si les autres avaient assez d'imagination pour l'égaler.
En dépit de la simplicité du postulat, la preuve est d'une difficulté formidable et Fermat prit un plaisir particulier à défier les mathématiciens anglais Wallis et Digby, qui durent s'avouer vaincus.
Le défi est maintenant lancé aux kabbalistes : comment traduire cette découverte en termes de guématria, et au-delà en termes mystiques.

La quatrième dimension

Mais quelle est l'importance de cette situation d'un nombre entre le 25 et le 27, entre un carré et un cube ?
D'un point de vue géométrique, le carré correspond à une surface et le cube, à un volume. Le 26 représenterait une dimension autre que la surface et le volume et, plus précisément, une dimension permettant de passer de la surface au volume !
Pour les mathématiciens, les puissances notent différents stades de développement de la matière dans l'espace.

Le point est noté "0"

La ligne est notée "1"

Le plan est noté "2"

Le volume est noté "3"

Le nombre 26 correspondrait à une quatrième dimension permettant le passage de la deuxième dimension à la troisième. Ne s'agit-il pas également du temps nécessaire pour passer du 0 au 1 et du 1 au 2 ?
On pourrait peut-être définir le kabbaliste comme quelqu'un qui, à propos de la propriété unique du tétragramme, écrit un jour, en note d'un des livres de kabbale qu'il est en train de lire ou d'écrire :

Cuius rei demonstrationem mirabilem sane detexi hanc marginis exiguitas non caperet.

Ce qui veut dire :
"J'ai une démonstration véritablement merveilleuse de cette proposition, que cette marge est trop étroite pour contenir."

"C'est la note marginale que Fermat écrivit dans la version latine de l'*Arithmetica* de Diophante d'Alexandrie qui vécut vers 250 avant notre ère.

> La spécialité de Diophante résidait dans les problèmes dont les solutions consistaient en nombres entiers et qu'on définit aujourd'hui comme les équations diophantines. Il passa sa carrière à Alexandrie à recueillir des problèmes connus et à en inventer de nouveaux, qu'il rassembla dans un traité intitulé *Arithmetica*. Des treize livres qui composent celui-ci, six seulement survécurent au Moyen Âge et inspirèrent les mathématiciens de la Renaissance et Pierre de Fermat. Les sept autres livres furent perdus dans des circonstances dramatiques… »
> (S. Singh, *Le Dernier Théorème…*, *op. cit.*, p. 77)

26, le cube et le sceau de Salomon

Ce nombre 26 se retrouve de manière intéressante dans deux figures géométriques, pour l'une dans sa structure même, pour l'autre dans l'organisation numérique dont elle peut être porteuse.

La première est le cube, dont l'ensemble des éléments donne une somme de 26. En effet, il comporte 8 (sommets), 6 (faces), et 12 (arêtes), trois nombres dont la somme est 26 :

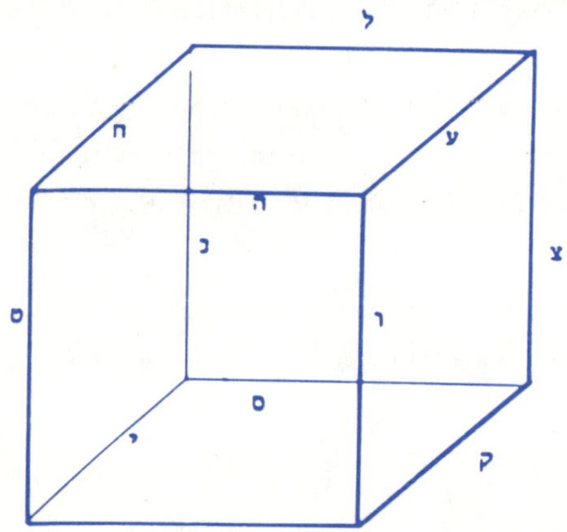

La seconde figure est le sceau de Salomon, une étoile à six branches dont les nombres portés par les sommets et les intersections sont organisés de telle façon que chaque ligne possède un total de 26 (voir page 275).

4

La Bible
Un document chiffré ?

Dans le pays où les hommes
ont toujours raison,
les fleurs ne s'épanouissent
pas au printemps.
Yehouda Amihaï

L'enquête de Michael Drosnin

"Le 1er septembre 1994, je me suis rendu en Israël, écrit Michael Drosnin (in *Le Code de la Bible*), et je me suis entretenu avec un ami intime du Premier ministre, Yitzhak Rabin, le poète Chaïm Guri. Je lui ai remis une lettre qu'il a immédiatement transmise au Premier ministre.

Voici ce que je lui disais dans cette lettre :

'Un mathématicien israélien a découvert dans la Bible un code secret qui semble révéler les détails d'événements qui se sont produits des milliers d'années après que la Bible eut été écrite.

La raison pour laquelle je vous en parle est que la seule fois que votre nom entier, Yitzhak Rabin, est codé dans la Bible, il croise les mots "l'assassin assassinera".

Il faut en tenir compte, parce que les assassinats d'Anouar al-Sadate, de John et de Robert Kennedy sont également codés dans la Bible, dans le

cas de Sadate avec le prénom et le nom de son assassin, la date du meurtre, le lieu et la manière dont le forfait a été commis.
Je pense que vous êtes en réel danger, mais que ce danger peut être évité.'

Le 4 novembre 1995 vint la terrible confirmation de cette prédiction, sous la forme d'une balle tirée par un homme qui se croyait investi d'une mission divine. C'était le meurtre codé dans la Bible il y a trois mille ans."

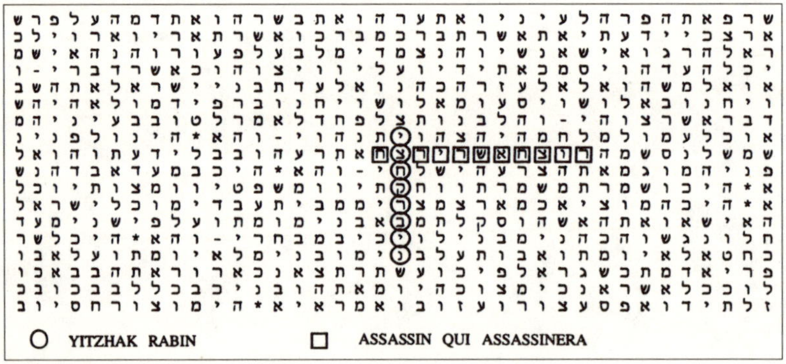

Texte de la Bible où se croisent le nom de Yitshak Rabin et "assassin qui assassinera".

Chronique d'une mort annoncée

L'assassinat de Rabin est-il la confirmation éclatante de la réalité d'un code de la Bible, le texte caché dans l'Ancien Testament qui révèle le futur ? Cette révélation repose sur des fondements scientifiques sérieux tant sur le plan mathématique que sur le plan de l'herméneutique biblique. De très nombreuses questions se sont posées à l'occasion de ces révélations, et nous donnons ici quelques éléments de réflexion qui permettront au lecteur de découvrir cet univers passionnant et mystérieux.

Drosnin écrit :

"Le code a été découvert par le Professeur Eliyahu Rips, expert international dans la théorie des groupes, le domaine des mathématiques sur lequel repose la physique quantique. Il a été confirmé par des mathématiciens réputés des universités Harvard et Yale et de l'Université hébraïque.

Il a été vérifié par un cryptographe du ministère de la Défense américaine. Il a été confirmé par trois "critiques" indépendants d'une revue de mathématiques américaine."

La mort de ces hommes politiques était annoncée dans le texte biblique (de gauche à droite : Robert, Kennedy, John F. Kennedy, Yitzhak Rabin et Anouar al-Sadate).

Selon les auteurs de ces recherches, l'assassinat de Rabin n'était pas le seul événement moderne que l'on ait retrouvé. En plus des assassinats de Sadate et de Kennedy, des centaines d'événements d'importance mondiale furent également codés dans la Bible, depuis la Seconde Guerre mondiale jusqu'au Watergate, de l'Holocauste à Hiroshima, du débarquement sur la Lune à la collision d'une comète avec Jupiter.

"Cela est insensé dans notre monde séculier, et étant donné que je ne suis pas religieux, je serais normalement parmi les premiers à rejeter ces conclusions comme l'expression d'une fièvre millénariste.
Il y a cinq ans que je sais cela, et depuis lors j'ai passé plusieurs semaines avec le mathématicien israélien, le professeur Rips, et j'ai vérifié le code tous les jours sur mon ordinateur. Je me suis entretenu avec le principal cryptographe du ministère de la Défense et je me suis rendu aux universités Harvard et Yale et à l'Université hébraïque pour m'entretenir avec trois des mathématiciens les plus célèbres. Ils ont tous confirmé qu'il y a un code dans la Bible qui révèle le futur. Je ne le croyais pas vraiment jusqu'à l'assassinat de Rabin… Le 4 novembre, il était mort !

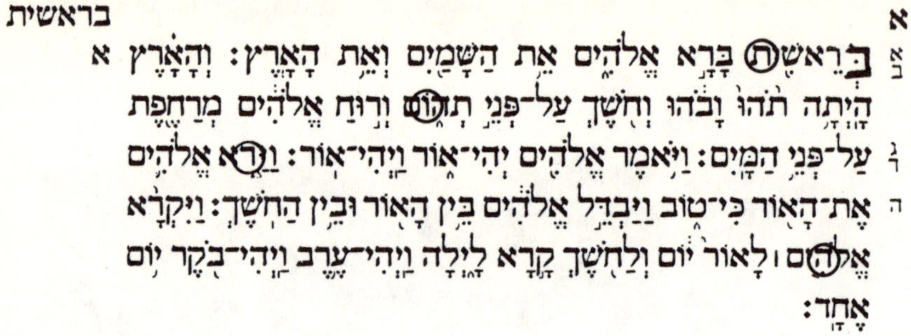

Premier verset de la Genèse.
Le mot "Torah" apparaît codé toutes les cinquante lettres.

Je ne sais donc toujours pas si l'assassinat aurait pu être évité. Je ne sais que ce que j'ai dit au Premier ministre dans ma lettre :
"*Personne ne peut vous dire si un événement qui est codé est prédéterminé ou si ce n'est qu'une possibilité. Personnellement, je pense que ce n'est qu'une possibilité, que la Bible a codé toutes les possibilités et que c'est nous qui déterminons l'issue effective des choses.*"

Les premières bases du code

Le code de la Bible a été trouvé dans la version originale en hébreu de l'Ancien Testament, la Bible telle qu'elle fut écrite à l'origine.
C'est un rabbin de Prague qui eut la première intuition du codage, il y a plus d'un demi-siècle. H. M. D. Weissmandel avait remarqué que si, dans le premier chapitre de la Genèse, l'on saute quarante-neuf lettres à partir du premier *tav*, on trouve un *vav*, puis après encore quarante-neuf lettres un *rèch* et après encore quarante-neuf autres lettres, on découvre un *hé*. Quatre lettres qui forment le mot "Torah". Les mêmes séquences donnent le même mot dans le livre de l'Exode.
Pour le *Livre des Nombres* et du *Deutéronome,* c'est en commençant par la lettre Hé que l'on trouve le mot "Torah" écrit à rebours comme en miroir.
En ce qui concerne le *Lévitique*, livre central du Pentateuque, la séquence n'est plus de quarante-neuf lettres mais de sept lettres. Après le premier *yod*, si l'on compte sept lettres, on trouve un *hé*, puis un *vav*, puis un *hé*. Quatre lettres qui écrivent le tétragramme sacré YHVH.

Equidistant Letter Sequences in the Book of Genesis

Doron Witztum, Eliyahu Rips and Yoav Rosenberg

Abstract. It has been noted that when the Book of Genesis is written as two-dimensional arrays, equidistant letter sequences spelling words with related meanings often appear in close proximity. Quantitative tools for measuring this phenomenon are developed. Randomization analysis shows that the effect is significant at the level of 0.00002.

Key words and phrases: Genesis, equidistant letter sequences, cylindrical representations, statistical analysis.

1. INTRODUCTION

The phenomenon discussed in this paper was first discovered several decades ago by Rabbi Weissmandel [7]. He found some interesting patterns in the Hebrew Pentateuch (the Five Books of Moses), consisting of words or phrases expressed in the form of equidistant letter sequences (ELS's)—that is, by selecting sequences of equally spaced letters in the text.

As impressive as these seemed, there was no rigorous way of determining if these occurrences were not merely due to the enormous quantity of combinations of words and expressions that can be constructed by searching out arithmetic progressions in the text. The purpose of the research reported here is to study the phenomenon systematically. The goal is to clarify whether the phenomenon in question is a real one, that is, whether it can or cannot be explained purely on the basis of fortuitous combinations.

The approach we have taken in this research can be illustrated by the following example. Suppose we have a text written in a foreign language that we do not understand. We are asked whether the text is meaningful (in that foreign language) or meaningless. Of course, it is very difficult to decide between these possibilities, since we do not understand the language. Suppose now that we are equipped with a very partial dictionary, which enables us to recognise a small portion of the words in the text: "hammer" here and "chair" there, and maybe even "umbrella" elsewhere. Can we now decide between the two possibilities?

Not yet. But suppose now that, aided with the partial dictionary, we can recognise in the text a pair of conceptually related words, like "hammer" and "anvil." We check if there is a tendency of their appearances in the text to be in "close proximity." If the text is meaningless, we do not expect to see such a tendency, since there is no reason for it to occur. Next, we widen our check; we may identify some other pairs of conceptually related words: like "chair" and "table," or "rain" and "umbrella." Thus we have a sample of such pairs, and we check the tendency of each pair to appear in close proximity in the text. If the text is meaningless, there is no reason to expect such a tendency. However, a strong tendency of such pairs to appear in close proximity indicates that the text might be meaningful.

Note that even in an absolutely meaningful text we do not expect that, deterministically, every such pair will show such tendency. Note also, that we did not decode the foreign language of the text yet: we do not recognise its syntax and we cannot read the text.

This is our approach in the research described in the paper. To test whether the ELS's in a given text may contain "hidden information," we write the text in the form of two-dimensional arrays, and define the distance between ELS's according to the ordinary two-dimensional Euclidean metric. Then we check whether ELS's representing conceptually related words tend to appear in "close proximity."

Suppose we are given a text, such as Genesis (G). Define an equidistant letter sequence (ELS) as a sequence of letters in the text whose positions, not counting spaces, form an arithmetic progression; that is, the letters are found at the positions

$$n, n+d, n+2d, \ldots, n+(k-1)d.$$

Eliyahu Rips is Associate Professor of Mathematics, Hebrew University of Jerusalem, Givat Ram, Jerusalem 91904, Israel. Doron Witztum and Yoav Rosenberg did this research at Jerusalem College of Technology, 21 Havaad Haleumi St., P.O.B. 16031, Jerusalem 91160, Israel.

Première page de l'article de Rips, Witztum et Rosenberg sur le codage du texte biblique de la Genèse.

"Déchiffrer l'énigme du cerveau de Dieu"

Le premier savant moderne, celui qui comprit la mécanique du système solaire et découvrit les lois de la gravité, Sir Isaac Newton, était certain qu'il y avait un code secret dans la Bible qui révélerait l'avenir. Il apprit l'hébreu et passa la moitié de sa vie à tenter de le trouver.

En fait, c'était pour Newton, selon son biographe John Maynard Keynes, une obsession. Quand Keynes devint directeur de l'université de Cambridge, il découvrit là les papiers que Newton avait emballés en 1696, quand il quitta son poste de principal. Keynes eut un choc.

Le million de mots que Newton coucha sur le papier ne portait pas principalement sur les mathématiques ou l'astrologie, mais sur la théologie ésotérique, révélant ainsi que le grand physicien croyait qu'il existait dans la Bible une prophétie cachée de l'histoire de l'humanité.

Newton, écrit Keynes, était certain que la Bible, en fait l'univers entier, était un cryptogramme rédigé par le Tout Puissant et voulait "déchiffrer l'énigme du cerveau de Dieu, l'énigme des événements passés et futurs divinement préconçus".

La découverte qui échappa à Sir Isaac Newton fut faite par Eliyahu Rips parce que ce dernier avait à sa disposition un outil inconnu de Newton, l'ordinateur. Le texte caché de la Bible était codé à l'aide d'une serrure à retardement qui ne s'ouvrirait que lorsque le premier ordinateur aurait été inventé.

Vérifications du code

Utilisant son propre logiciel, un ancien cryptographe du Pentagone, Harold Gans, intéressé par ces découvertes, reproduisit indépendamment les résultats des Israéliens.

Ce dernier reconnaîtra dans la conclusion de son rapport d'enquête :

> "Nous concluons que nos résultats corroborent les résultats publiés par Rips, Witztum et Rosenberg.
>
> L'évaluation du code de la Bible, dit-il, est pour moi un travail du même ordre que celui que je faisais au département de la Défense.
>
> D'abord, j'ai été sceptique à cent pour cent, dit Gans. J'ai pensé que tout ça était absurde. Je me suis mis en demeure d'infirmer le code et j'ai fini par le confirmer."

מספר האותיות בספר בראשית

האות	מספר הופעותיה
א	7634
ב	4332
ג	577
ד	1848
ה	6233
ו	6448
ז	478
ח	1844
ט	308
י	9035
כ	1774
ל	5275
מ	6110
נ	3785
ס	445
ע	2823
פ	1203
צ	1091
ק	1301
ר	4793
ש	1574
ת	4152
סה״כ	78,064

Nombre de chaque lettre hébraïque dans le livre de la Genèse.

Les possibilités de trouver par hasard l'information codée se trouvèrent, en fin de compte, réduites à une sur dix millions.
En dépit du scepticisme naturel des mathématiciens laïcs, personne ne put trouver d'erreur dans la démonstration mathématique. Personne ne put soulever d'objection à l'expérience qui demeurât sans réponse. Personne ne pu rejeter le fait déconcertant que la Bible était codée, et qu'elle révélait des événements qui s'étaient produits après que le livre eut été écrit.

La Bible est construite comme de gigantesques mots croisés. Elle comporte, du début à la fin, des mots codés qui nous racontent une histoire cachée. S'entrecroisant tout au long du texte connu de la Bible dans son intégralité de la version hébraïque de l'Ancien Testament se trouve un réseau complexe de mots et de phrases, une nouvelle révélation.
Il y a une Bible sous la Bible.

Scribes et compteurs : les *sofrim*

En fait, la découverte des codes, que ce soit celle de Rips-Witztum-Rosenberg ou celle de Weissmandel, ne fait que poursuivre une très ancienne recherche inaugurée par les derniers rédacteurs de la Bible qui en furent aussi les premiers commentateurs : les *sofrim*. Le mot *sofrim*, de la racine SFR qui signifie à la fois le “nombre”, le “livre” et le “récit”, a donné, en passant par le latin, le verbe *scribere*, “écrire” et le mot “scribe”, avec tous leurs dérivés comme “écrivain”.
Ces *sofrim* ou scribes vécurent au Ve siècle avant l'ère chrétienne ; ils organisèrent et fixèrent de manière relativement définitive, à la fois la forme graphique des lettres (forme assyrienne : *ktav achouri*) et le canon du texte biblique. Pour mettre en place cette forme définitive du texte, la première consiste à compter le nombre exact de lettres que contenait chacun des livres de la Bible et en particulier le *Pentateuque*…

La structure est en soi signifiante

Les rouleaux de la Tora jusqu'à aujourd'hui sont écrits sur du parchemin, à la main, avec un roseau taillé ou une plume d'oie. Un seul défaut dans la forme même invalide la lecture publique et liturgique. S'il manque une lettre, ou s'il y a une lettre ou un signe graphique en trop, ou si les espaces

de séparation (ouverts ou fermés) ne sont pas respectés, le livre est dit passoul, “inapte” à la lecture.
Rappelons une chose essentielle : les textes hébraïques n'inscrivent que les consonnes. C'est une écriture purement consonantique. Ni voyelles, ni ponctuation : seuls des espaces de séparation entre les chapitres et les espaces un peu plus grands entre les livres.
Les résultats de l'enquête des *sofrim* furent les suivants : ils dénombrèrent dans les cinq livres de Moïse :

- 669 paragraphes ;
- 5 845 versets ;
- 79 976 mots ;
- 304 805 lettres consonnes.

Ces chiffres sont donnés dans la majorité des éditions hébraïques. Il semble que le “comptage” était une pratique assez répandue à certaines époques de l'Antiquité. Diogène Laërce, par exemple, présentant l'œuvre d'Aristote, dit qu'elle contient 445 270 lignes.
Ils comptèrent aussi le nombre d'*aleph*, de *bèt*, etc.

Les lettres qui apparaissent le plus souvent sont le *aleph*, marque de l'unité et de l'unique Dieu, le *yod*, le *hé* et le *vav*, quatre lettres qui composent le tétragramme YHVH.

Le nombre total de mots de la Bible hébraïque (*Pentateuque*) étant pair, le cœur du livre est constitué par l'espace vide qui sépare les deux mots au milieu du livre, soit 39 988 mots de chaque côté.

39 988 **[cœur du livre]** 39 988

Le milieu du livre se trouve au chapitre 10, verset 16 du *Lévitique*, un verset qui dans sa traduction française semble parfaitement anodin. Le contexte concerne la mort des deux fils d'Aaron, le grand prêtre et frère de Moïse. Sont énoncées dans ce texte les prescriptions aux prêtres de manger les sacrifices dans un lieu saint, car les sacrifices sont appelés “choses saintes”.

Le verset 16 dit : “Quant au bouc expiatoire, Moïse fit des recherches à son sujet et voici qu’il avait été brûlé…”
La traduction passe complètement à côté de l’information que donne la structure du texte en hébreu : *Veét séir hahatat daroch darach Moché.* Mot à mot : “Et le bouc expiatoire cherché il a cherché Moïse.” Le mot *darach* est répété deux fois : *daroch darach*, “cherché il a cherché”. C’est entre ces deux mots identiques que se situe précisément le milieu de la Tora :

39988e mot : *daroch*/(milieu)/*darach* : 39989e mot

Enseignement d’une importance capitale : le “cœur du livre” est un vide séparant deux mots identiques qui signifient précisément : “interprétation”. Le mot *darach* – racine *dalèt-rèch-chin* –, signifie “interpréter” et a donné le mot *midrach*, qui désigne les divers recueils des interprétations rabbiniques de la Bible.
La répétition du verbe “interpréter” constitue le cœur du livre. Cela vient dire avec force, que l’herméneutique – l’interprétation et l’exégèse – ne vient pas après le livre, ne vient pas en second comme une possibilité aléatoire, mais fait partie du livre lui-même. En est le cœur même. Le livre, c’est déjà l’interprétation du livre !

Notre point de vue sur les codes de la Bible

Nous venons de le montrer, les fondements de ces codes sont ce qu’il y a de plus traditionnel.
Mais il est important de souligner que ces codes n’ont de valeur qu’en fonction de l’éthique de leur utilisation. Ces codes sont un outil d’exégèse, ni plus ni moins, une méthode d’investigation et d’analyse des textes, comme l’est l’analyse structurale, par exemple. Démontrer l’existence d’une structure ne suffit pas ! Comme donner la valeur numérique d’un mot ne suffit pas non plus. Il faut aller au-delà de ces informations et savoir comment les gérer, les interpréter, c’est-à-dire les ouvrir à la dimension d’une pensée vivante et intelligente. Les codes de la Bible dévoilent des thèmes et des périodicités, des récurrences, des rythmes, tout comme Ferdinand de Saussure, par exemple, montra que dans la poésie latine sont codés selon certains rythmes des noms de Dieux ou de héros.

Ces "mots sous les mots", comme les a intitulés Jean Starobinski, ne sont qu'une porte ouverte sur une réflexion ultérieure qui doit toujours venir pour que ces découvertes soient dignes de mériter le nom de pensée !
Si, comme il arrive parfois, ces codes sont utilisés à des fins de démonstration de *la Vérité* du texte biblique, et donc d'une certaine vérité théologique, dans une pseudo-intelligence de l'après-coup, nous considérons que nous tombons alors dans l'idéologie et la propagande, et ces découvertes perdent, à nos yeux, tout l'intérêt que nous pouvons leur accorder.

Interpréter, c'est forcément agir
sur la destinée des individus et du monde ;
c'est donner à ces destinées un cours nouveau,
en prendre l'absolue responsabilité et être prêt à en payer le prix.
Aussi, interpréter le Livre, c'est, d'abord, s'élever contre Dieu
afin de soustraire voix et plume à Son pouvoir.
Il faut nous défaire de la part divine qui est en nous
dans le but de rendre Dieu enfin à lui-même
et jouir de notre liberté d'homme.
EDMOND JABÈS

1 2 3 4 5 6 7 8 9

Cinquième livre

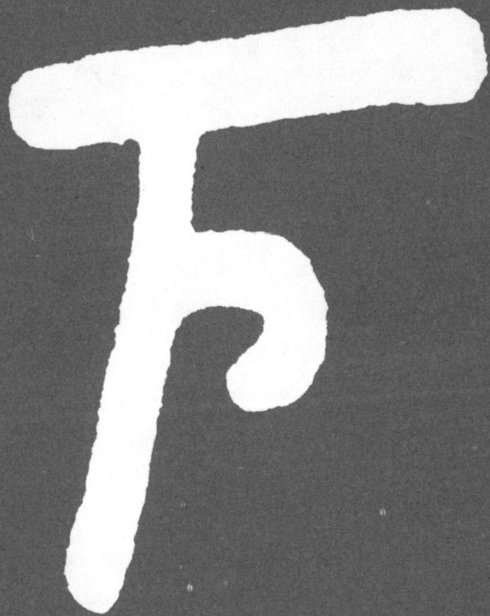

Annexes

Des idées et des hommes

5

Glossaire des noms communs

A

Abaciste : Personne utilisant l'abaque. Voir Algoriste.

Abaque : Table de calcul avec des jetons appelés *apices*.

Aléatoire : Le latin connaît déjà *aleatorius,* qui concerne le jeu, adjectif formé sur *alea,* qui désigne le jeu de dés. "Aléatoire" apparaît au XVIe siècle et signifie à l'époque "soumis au hasard". Ce n'est qu'au XIXe siècle qu'il prend le sens d'"incertain". En mathématiques, il apparaît au début du XXe siècle avec la formalisation du calcul des probabilités dans le terme variable aléatoire.

Aleph : Aleph est la première lettre de l'alphabet hébreu. Il représente le son "a", comme *alpha* en grec qui a la même origine phénicienne. Cette lettre fut utilisée par les Hébreux pour noter les nombres 1 et 1000. En 1811, Wronski, mathématicien mystique d'origine polonaise, s'en sert pour désigner certaines fonctions. Ce n'est qu'en 1895 que Cantor nomme les cardinaux transfinis avec cette lettre. Cette notation supplante celle de Peano.

Algèbre : Algèbre provient du mot arabe *al jabr,* que l'on retrouve dans le titre du livre de Al Khwarizmi Kitab *Al jabr wa muqabala.* Il signifie "remise en place". Dans cet ouvrage, cela consistait à changer de côté d'une équation les termes de signe négatif pour les rendre positifs. En Espagne, on pouvait lire autrefois sur les enseignes de certains guérisseurs *algebrista y sangredor.* Ceux-ci remettaient les os en place et pratiquaient les saignées. À la Renaissance, l'algèbre désigne une extension des méthodes de calculs, généralisées à des nombres éventuellement négatifs avec utilisation d'inconnues et de paramètres. Au début du XIXe siècle, l'algèbre est encore considérée comme une arithmétique avec des symboles. La construction des nombres complexes au début du XIXe siècle et celle des quaternions d'Hamilton en 1843 amènent à imaginer des hypernombres. Ces nouvelles structures deviennent trop éloignées de la conception que l'on a du nombre. On définit alors une nouvelle structure appelée algèbre. L'adjectif "algébrique", relatif à l'algèbre, remplace au XVIIIe siècle "algébraïque", apparu deux siècles plus tôt.

Algoriste : Nom donné au Moyen Âge aux personnes qui, pour faire les calculs, utilisaient les nouveaux chiffres indo-arabes. Ils étaient opposés aux abacistes qui utilisaient encore des tables (*abaques*) et des jetons (*apices*). On parle de la querelle des abacistes et des algoristes.

Algorithme : *Algorithmus* en latin médiéval, puis francisé en "algorithme". Déformation du nom du mathématicien persan Al Khwarizmi. La terminaison est influencée par le mot grec *arithmos,* "nombre", que l'on retrouve dans arithmétique et dans logarithme. Ce terme signifie un ensemble d'opérations nécessaires à suivre pour obtenir un certain résultat.

Apices : Petits jetons en bois ou en corne sur lesquels étaient notés des chiffres, ce qui permit d'introduire les chiffres indo-arabes en Occident au début du XIe siècle.

Arithmétique : Ensemble des savoirs ayant trait à l'étude des nombres entiers et des nombres qui s'en déduisent. Le mot grec *arithmos* (nombre) a donné *arthmétiké* en grec et *arithmetica* (science du nombre) en latin. Les Grecs différenciaient la logistique de l'arithmétique. La première était l'art du calcul, c'est-à-dire le maniement des opérations ; la seconde était plus théorique, nous dirions de nos jours "théorie des nombres". L'une est méprisée des grands esprits et surtout utilisée par les commerçants, c'est probablement pourquoi seul le second terme est parvenu jusqu'à nous.

Arithmo-géométrie : Savoir pythagoricien qui déduisait les propriétés arithmétiques de considérations géométriques, en particulier sur les nombres figurés.

Arithmologie : Utilisation du sens symbolique des nombres.

C

Cabale : Christianisation à la Renaissance de la Kabbale hébraïque traditionnelle, par synthèse avec les idées pythagoriciennes et platoniciennes redécouvertes grâce à la prise de Constantinople et à la fuite des savants byzantins vers l'Italie. Sur la définition de la Kabbale hébraïque, voir Kabbale.

Calcul : Pour les Romains, *calculus* désignait un caillou. Sans doute du grec *khalix,* de même sens, et non de *calx* (chaux), comme certains le pensent. Les petits Romains apprenaient à compter avec des cailloux. En latin classique, "compter" se disait *computare,* qui a donné l'anglais *computer* (ordinateur). En bas latin, on disait *calculare.* Or le français vient du bas latin et "calculer", attesté dès le XIVe siècle, signifiait à l'époque "déterminer à l'aide d'opérations". Un "calculateur" était au XVIe siècle "quelqu'un qui savait calculer". Deux siècles plus tard, le mot désignait "quelqu'un qui prépare ses coups" et, le siècle suivant, une "machine à calculer". Les "calculatrices" et les "calculettes" sont apparues récemment.

Cardinal : Le latin *cardo,* "gond" ou "pivot" d'une porte, a donné l'adjectif latin *cardinales.* Ce mot apparaît en français dès le XIIe siècle. Il qualifie ce qui sert d'appui, au sens propre comme au figuré. Par extension, il signifie bientôt "principal". Au XIIIe siècle, on parle déjà des quatre "vertus cardinales" (celles sur lesquelles repose la morale) et des quatre "points cardinaux". L'Église utilise alors ce mot pour désigner les prêtres les plus importants. L'adjectif cardinal ne s'utilise en mathématiques qu'au XVIIe siècle, lorsqu'on l'oppose à ordinal. Un nombre peut indiquer une quantité (nombre-de), une place ou être un idéalité numérique (c'est le nombre théorique, le nombre que l'on rencontre dans la "théorie des nombres"). Quand un nombre indique une place, un numéro d'ordre dans une série, c'est un nombre ordinal. Quand il n'est pas ordinal, le nombre est cardinal, qu'il indique une quantité ou qu'il soit nombre théorique. Le mois de janvier par exemple comporte 31 jours. Le nombre 31 indique le nombre total des jours de ce mois ; c'est donc un nombre cardinal. Si, par contre, nous considérons une expression comme "le 31 janvier", le nombre 31 n'est alors pas employé sous l'aspect cardinal. Il s'agit du "trente et unième" jour de janvier : il spécifie le rang d'un élément bien déterminé (en l'occurrence, le dernier) d'un ensemble comprenant trente et un jours ; c'est donc bien un nombre ordinal.

Carré long : Rectangle constitué de deux carrés accolés. Si le côté de ceux-ci vaut 1, la diagonale du carré long vaut $\sqrt{5}$.

Carré magique : Arrangement de n^2 nombres disposés dans les cases d'un carré de côté n, de telle sorte que les sommes partielles selon les lignes, colonnes ou diagonales soient toujours les mêmes, égales à ce qu'on nomme la constante du carré. On peut citer par exemple le carré magique dit "de l'Apocalypse", de taille 6 par 6, dans lequel toutes les valeurs sont des nombres premiers et dont la constante est 666, le nombre dit "de la Bête", cité par Jean dans l'Apocalypse.

Chaos : Le grec *khaos* désigne l'état de confusion qui règne dans l'Univers avant l'apparition des dieux. Les traducteurs de la Bible l'ont utilisé pour traduire le "tohu-bohu" des Hébreux, de sens analogue par rapport à leur dieu. Introduit en français, il dénomme ce qui revêt une grande confusion, en particulier un amas de roches. C'est aussi une absence de structure.

Chiffre : Curieusement, "chiffre" et "zéro" ont la même origine. Les Arabes accueillirent le zéro vers le IXe siècle sous le nom de *sifr,* qui signifie "vide" ou "nombre" (on retrouve la même racine en hébreu, SFR, prononcer *sefar,* qui a donné *mispar,* "le nombre"). Ce mot est transcrit *cifra.* Il est prononcé à l'italienne, *tchifra,* en latin médiéval. Les chiffres modernes apparaissent en France vers l'an 1000, sous l'influence du pape mathématicien Gerbert d'Aurillac. Cependant, ce n'est qu'à la Renaissance que leur emploi se généralise avec le développement du commerce et de l'imprimerie. Par extension, ces nouveaux symboles sont tous appelés "chiffres" en opposition aux notations latines.

Conjecture : Hypothèse mathématique que l'on peut vérifier mais que l'on ne peut pas démontrer ou qui n'a pas encore été démontrée.

Constante : Désigne en mathématique la somme des lignes, toujours identique, dans un carré magique.

Corps platoniciens : Voir Polyèdre régulier.

Cosmos : Nom utilisé par Pythagore pour désigner l'univers en tant qu'ensemble harmonieux compréhensible par le Nombre.

Crible d'Ératosthène : Procédé simple pour générer la suite des nombres premiers en barrant de 2 en 2, de 3 en 3, etc., les entiers successifs.

Cube : Du grec *kybos,* dont le sens s'est généralisé à tout objet de forme cubique, mais aussi ce qui est relatif au hasard. Par l'intermédiaire du latin, le mot "cube" apparaît en français à la fin du XIVe siècle. Il désigne bien sûr la figure géométrique. Platon y attachait l'élément Terre. Le cube est aussi une puissance d'un nombre élevé au cube, c'est-à-dire multiplier trois fois par lui-même, noté "n^3", exemple $2^3 = 2 \times 2 \times 2 = 8$

D

Décade sacrée pythagoricienne : C'est le nombre 10, résultat de la somme de la Tétraktys sacrée 1 + 2 + 3 + 4.

Décimal : Mot formé sur le latin *decimus,* "dixième". Au Moyen Âge, il qualifie ce qui est en rapport avec la dîme, impôt qui consistait à prélever un dixième des revenus. Décimer un troupeau, ou une armée, signifiait en tuer le dixième. "Décimal" tombe en désuétude en même temps que l'impôt correspondant. Suite à l'introduction de la notation actuelle des nombres non entiers à l'aide de chiffres placés avant et après un séparateur (de nos jours une virgule), l'adjectif décimal réapparaît vers 1680. Le besoin se fait sentir de donner un nom aux chiffres après la virgule. Le mot se substantive et on parle de décimale(s), par exemple des décimales du nombre π.

Diamètre : En grec, *diametros* désigne la diagonale (*diagonalis* chez les Romains). Il est formé sur *dia* (à travers) et *metron,* qui désignait la mesure mais aussi l'espace mesuré. Introduit en français, il s'applique d'abord au cercle, puis à la sphère à partir du XVIIe siècle.

Diophantien : Les équations diophantiennes doivent leur nom à Diophante, mathématicien syrien de culture grecque, qui vivait à Alexandrie au IIIe siècle de notre ère. Il rechercha les solutions entières d'un certain nombre d'équations. Son œuvre s'est vulgarisée au XVIIe siècle grâce à la traduction en latin de Bachet de Méziriac et à son utilisation par Fermat.

Dodécaèdre : Polyèdre régulier dont les faces sont douze pentagones. Platon en fait le modèle du Cosmos.

E

Équation : Pour les Romains, *aequatio* signifiait "égalisation", "répartition égale". Le latin médiéval utilise le mot "équation" dans le sens d'"égalité". Descartes, le premier, en 1637, utilise ce mot dans son acception mathématique actuelle. Son sens ne change pas depuis, même si les termes de l'équation considérée se diversifient dans leur nature. L'emploi du mot "équation" en chimie date du XIXe siècle. Le mot est utilisé en psychologie dans l'expression "équation personnelle", terme galvaudé de nos jours dans le langage courant.

F

Factorielle : Notée "n!" : il s'agit du produit de tous les nombres entiers jusqu'à "n" inclus. Exemple : 4! = 1 x 2 x 3 x 4 = 24. C'est le nombre de combinaisons d'un mot ou d'un nombre de n lettres ou chiffres différents.

Factorion : Voir Nombres narcissiques.

Femmes : Malgré d'horribles préjudices dans des temps plus anciens, plusieurs femmes se battirent contre les institutions et persévérèrent en mathématiques. Jusqu'au XXe siècle, rares étaient les femmes qui recevaient beaucoup d'instruction, et la voie vers des études plus poussées leur était généralement fermée. Beaucoup de ces femmes devaient s'opposer aux souhaits de leur propre famille si elles voulaient apprendre. Certaines durent même emprunter une fausse identité, étudier dans des conditions terribles et travailler dans l'isolement intellectuel. Par conséquent, très peu de femmes contribuèrent aux mathématiques. Beaucoup de ces femmes venaient de familles de mathématiciens. Emmy Noether, Hypatie, Maria Agnesi, comme d'autres, ne se marièrent jamais, en partie parce qu'il n'était pas socialement acceptable pour une femme de poursuivre une carrière mathématique, et donc les hommes étaient peu enclins à épouser ces jeunes filles si sujettes à controverse. La mathématicienne Sofia Kovalevskaïa fait exception à cette règle ; elle fit un mariage de convenance avec un homme qui consentait à une relation platonique. Pour Sofia et son mari, le mariage permettait d'échapper à leurs familles et de se concentrer sur leurs travaux respectifs. Le mariage offrait aussi à Sofia une plus grande liberté de voyager, car à cette époque, il était plus convenable de voyager à travers l'Europe pour une femme mariée que pour une célibataire.

Fibonacci (série de) : Suite régulière de nombres tels que chacun est la somme des deux précédents. Cette suite se compose des nombres 1, 1, 2, 3, 5, 8, 13, 21, 34, 55, 89, etc. Voir Nombre d'or.

Fraction : Ce mot est formé sur le latin tardif *fractio*, qui vient lui-même de *frangere*, qui signifie "briser". Au XIIe siècle, "fraction" ne s'emploie que dans la langue religieuse et signifie "rompre l'hostie". Le mot fraction apparaît en mathématiques chez Pelletier en 1549. Ce n'est qu'au XIXe siècle qu'il prend le sens de "partie d'une organisation". La fraction n'est d'abord pas vue comme un nombre. Pendant longtemps, "trois cinquième" signifie "trois parmi cinq", sans que soit conceptualisé le nombre que l'on note de nos jours 0,6.

G

Géométrie : Ensemble des savoirs ayant trait à l'étude des figures tracées dans le plan et l'espace.

Gogol : Très grand nombre s'écrivant 1 suivi de cent zéros.

Gogolplex : Carré d'un gogol. Il s'écrit avec 1 suivi de dix mille zéros.

Guématria ou guématrie : C'est l'ensemble des calculs qui sont possibles à partir de l'équivalence numérique des lettres de l'alphabet hébraïque. Chaque lettre hébraïque (et selon la numérologie, chaque lettre en général) étant un nombre, tout mot et toute phrase possèdent une valeur numérique. Le rapprochement de plusieurs mots qui ont la même valeur numérique et l'analyse de ces valeurs et de ces rapprochements constituent la Guématria. Voir Kabbale et Logo-rythme.

H

Hasard : Ce mot s'employait couramment dans les premiers échanges épistolaires au début du calcul des probabilités. Le mot arabe *az zar* désigne le jeu de dés. *Az* correspond à l'article *al,* dont la dernière lettre s'assimile parfois à la première lettre du mot. Le mot "hasard" entre en français et signifie "jeu de dés". Le sens d'"élément fortuit" date du XVIe siècle.

Hexagone : Polygone régulier à six côtés.

Hexagramme : *Gramma* désigne en grec la "chose tracée" et *hexa* signifie "six". Un hexagramme est un assemblage de six lettres. Ce mot a été introduit en mathématiques par Blaise Pascal. Il désigne la figure du célèbre théorème concernant six points, notés avec des lettres, inscrits dans une conique. C'est aussi une figure géométrique ayant la forme d'une étoile à six pointes constituée de deux triangles équilatéraux entrelacés signifiant l'union harmonieuse de ce qui est en bas et ce qui est en haut, du microcosme et du macrocosme. Est aussi appelée étoile de David ou sceau de Salomon dans les traditions ésotériques. Des nombres associés aux sommets et intersections de cette étoile donnent parfois une "étoile magique" où la somme des nombres de chaque ligne est identique à la somme des autres lignes (souvent 26) (voir Carré magique). On donne également ce nom à des combinaisons divinatoires chinoises.

Hypoténuse : Chez les Anciens, on plaçait l'angle droit d'un triangle rectangle en haut du schéma. Ceci explique la formation du mot "hypoténuse" sur le préfixe *hypo* (au dessous) et le verbe grec *teinein* (tendre). Ainsi, l'hypoténuse, pour les Grecs, retient les deux côtés de l'angle droit en les attrapant par en dessous. Le mot *hypotenusa* existait déjà en latin. Il est repris en français sous la forme "hypoténuse" dès le début du XVIe siècle avec les premiers écrits de géométrie en français.

Hypothèse : Ce mot est formé sur le suffixe grec *hypo* (au dessous) et le mot *thesis* (acte de poser). L'hypothèse est en quelque sorte ce qu'on pose en dessous. Le mot "supposition" est un calque latin d'hypothèse. Il est en effet formé sur le suffixe *sub* (au dessous) et le verbe *ponere* (poser). Pour les Grecs, l'hypothèse est le fondement du raisonnement, sa racine. Elle est placée symboliquement en dessous. "Hypothèse" entre dans le vocabulaire français à la Renaissance avec l'essor de l'étude des sciences.

I

Icosaèdre : Polyèdre régulier dont les faces sont formées par vingt triangles équilatéraux. Platon y attachait l'élément Eau.

Imaginaire : Du latin *imaginarius,* qui désigne des images simulées par l'esprit. René Descartes emploie, semble-t-il le premier, le terme imaginaire en 1637 dans la "Géométrie", appendice annexé au *Discours de la méthode.* Il utilise ce terme comme un mot du langage courant. Il explique qu'on peut imaginer des racines mais qu'elles ne correspondent pas à des quantités qui existent. Il faut attendre Euler en 1749 dans son article "Recherches sur les racines imaginaires des équations" pour en obtenir une définition : "On nomme quantité imaginaire celle qui n'est ni plus grande que zéro, ni plus petite que zéro, ni plus égale à zéro ; ce sera quelque chose d'impossible."

Impair : Nombre qui ne peut être divisé qu'en deux parties inégales ; exemple : "3", qui est le premier nombre impair parmi les entiers naturels. Par somme avec lui-même, l'impair génère son complémentaire, le pair, et se montre donc plus puissant que celui-ci. Exemple : 3 + 3 = 6 : 3 est impair, 6 est pair. Le principe de l'impair est le nombre trois. Selon les traditions ésotériques pythagoricienne et chinoise, les pairs sont féminins et les impairs sont masculins.

Incommensurable : Cet adjectif existait déjà en latin pour désigner "ce qui n'a pas de mesure commune". Il faut se souvenir qu'à la suite d'Eudoxe, les Anciens différenciaient "nombre" et "mesure" de "grandeur". Pour eux, une grandeur était par exemple une longueur, une surface, un volume ou un poids. Mesurer une grandeur consistait à la reporter, éventuellement mentalement, un certain nombre de fois pour obtenir la même mesure qu'un nombre entier de fois la grandeur étalon. Lorsque cela s'avérait possible, les grandeurs étaient commensurables entre elles. Dans le cas inverse, les grandeurs étaient incommensurables. Les pythagoriciens montrèrent que la diagonale d'un carré et son côté sont incommensurables. On doit sans doute à Diderot l'emploi d'"incommensurable" dans le langage courant pour désigner ce qui est trop grand pour être mesuré. C'est évidemment un faux sens.

Iso- : Le préfixe grec *iso-* sert à la construction de nombreux mots scientifiques depuis le début du XIXe siècle. Il provient de l'adjectif *isos,* qui signifiait "égal en nombre", puis, plus généralement, "égal".

Isocèle : En grec, *isoskelês* signifie "qui a deux jambes égales". Par extension, il qualifie un triangle qui a deux côtés égaux ou un nombre pair, c'est-à-dire qui peut se partager en deux nombres égaux.

K

Kabbale : Doctrine mystique hébraïque transmise traditionnellement de maître à disciple. Le mot signifie précisément "réception" et son but est de faire accéder l'homme aux secrets du monde terrestre et des mondes supérieurs par un savoir et une pratique obtenus par un ensemble de techniques d'interprétation des textes dont la Guématria. La Kabbale est à la fois une théologie, une philosophie de la vie, une mathématique et une géométrie du langage.

L

Logarithme : En définissant le premier les logarithmes en 1614, Neper leur a aussi donné leur nom. Ce mot est construit sur les mots grecs *logos* (dans le sens de rapport) et *arithmos* (nombre). Pour comprendre cette étymologie, il faut se rappeler que Neper définit le logarithme comme le rapport de la distance à parcourir de deux mobiles, l'un se déplaçant à vitesse constante et l'autre à vitesse proportionnelle à la distance restant à parcourir.

Logométrie : Mot que nous introduisons pour traduire la guématria et souligner que celle-ci est mesure du langage et non mesure de la réalité des objets physiques

Logo-rithme : Le terme de "logo-rithme" est introduit pour la première fois en mathématique récréationnelle par L. Sallows dans un article paru en 1994 ("The Lighter Side of Mathematics"). Sallows désigne par logo-rithme tout simplement le nombre de lettres qui composent un mot. Par exemple, le logo-rithme de "mathémathiques" est de "14". Pour Sallows, ces logo-rithmes interviennent dans la création de carrés magiques qui font intervenir des mots et pas simplement des chiffres et des nombres.

Logo-rythme ou logorythme : C'est une extension du sens de logorithme de Sallows. C'est tout d'abord le rapport essentiel qui existe entre les lettres et les nombres (comme dans la guématria par exemple), ce qui permet de poser des équivalences numériques entre différents mots et de réfléchir sur la proximité et l'articulation de leurs significations. C'est ensuite l'ensemble des manifestations vibratoires extérieures ou intérieures, captées et analysées, et dont la présence et l'efficacité dans la vie quotidienne ne sont que rarement mises en évidence et que "l'analyse logo-rythmique" permet justement de révéler.

M

Mathématiques : Le mot "mathématiques" nous vient du grec *mathema*, ou plutôt de son pluriel *mathemata*. Ce mot désignait aussi bien le fait d'apprendre que son résultat : la connaissance, la science. Sous l'influence de Platon et d'Aristote, pour qui les mathématiques sont un savoir fondamental, le mot se spécialise dans ce que nous appelons les mathématiques, au sens le plus large. Les Romains, puis les scolastiques désignent sous le nom d'*ars mathematica* tout ce qui concerne des grandeurs calculables. On parle au XVIIe siècle des mathématiques, sans doute avec l'idée que cette matière englobe des disciplines devenues différentes comme la géométrie, l'algèbre ou même des branches qu'on classerait de nos jours en physique. On trouve chez Auguste Comte le souci de marquer l'unité de la matière en parlant de la mathématique à une époque où la séparation avec la physique se fait plus nette. La première est basée sur des concepts abstraits alors que la seconde décrit notre monde. Cette idée reprend de la vigueur dans les années 1960 avec l'introduction des mathématiques dites modernes, qui se veulent détachées du réel.

N

Nombre : *Numerus* en latin indiquait à l'origine la quantité. Cependant, on l'utilise pour la traduction du mot *arithmos*. Ce dernier correspondait à peu près au mot latin mais désignait aussi ce que nous appelons un nombre entier. Introduit au XIIe siècle en ancien français, il conserve avant tout le sens latin. Il exprime une grande quantité. Une expression comme "en grand nombre" en provient. La première attestation du mot en mathématiques date du milieu du XIIe siècle pour parler du nombre d'or dans le sens de quantité parfaite. "Nombre" s'emploie alors de plus en plus pour désigner un entier. Le mot "numération" est de la même famille. Il provient du verbe latin *numerare* (compter, dénombrer) et apparaît en français en 1435. Aujourd'hui, on distingue "nombre" et "chiffre", ce dernier terme représentant les outils de la notation des nombres.

Nombre abondant : Nombre inférieur à la somme de tous ses diviseurs. Exemple : 12 est le premier abondant, en effet 1 + 2 + 3 + 4 + 6 = 16.

Nombre algébrique : Un nombre est algébrique s'il est la solution d'une équation algébrique à coefficients entiers. $\sqrt{2}$ l'est par exemple, puisqu'il est solution de $x^2 - 2 = 0$

Nombres amicaux : Couples de nombres tels que chacun d'eux se montre égal à la somme de tous les diviseurs de l'autre. Exemple : 220 et 284.

Nombre automorphe : Nombre qui, multiplié par lui-même, donne un produit qui le contient comme derniers chiffres. Exemple : 25 x 25 = 625. 5 et 6 sont les plus petits automorphes connus et possibles.

Nombre composé : Nombre qui n'est pas premier.

Nombre déficient : Nombre supérieur à la somme de tous ses diviseurs. Exemple : 8, en effet 1 + 2 + 4 = 7.

Nombre d'or : Valeur de la proportion qui résulte du partage d'un segment de droite d'une façon à la fois dissymétrique et harmonieuse. Il vaut 1,618.

Nombre figuré : Groupement selon une forme géométrique régulière (polygone ou polyèdre) d'unités dont la somme est la valeur du nombre figuré.

Nombre irrationnel : Peut se construire géométriquement (exemple : diagonale d'un carré) sans qu'il soit possible de l'exprimer par une valeur fractionnaire, si compliquée soit-elle. Les nombres irrationnels sont solutions d'équations algébriques de degré supérieur à 1.

Nombres jumeaux : Nombres premiers qui ne diffèrent que de deux unités. Exemple : 641 et 643.

Nombre linéaire : Nombre figuré construit sur la droite. Les nombres linéaires ne sont autres que la suite des entiers naturels : 1, 2, 3, 4, etc.

Nombres magiques : Série des nombres 2, 8, 20, 28, 50, 82, 126, qui gouvernent la structure des noyaux atomiques particulièrement stables.

Nombres narcissiques : Nombres égaux à la somme de leurs n chiffres chacun élevé à la puissance n. Exemples : $153 = 1^3 + 5^3 + 3^3$; $370 = 3^3 + 7^3 + 0^3$. Le plus grand nombre narcissique comporte 39 chiffres : 115 132 219 018 763 992 565 095 597 973 971 522 401. Chaque chiffre doit être élevé à la puissance 39 !

Nombre narcissique factoriel ou factorion : C'est un nombre qui est égal à la somme des factorielles des chiffres qui le composent. Le nombre 145 est un "factorion" car il peut s'écrire sous la forme : 145 = 1! + 4! + 5! Ou encore deux exemples minuscules de factorions : 1 = 1! et 2 = 2! Le plus grand factorion connu est 40 585. Il a été découvert en 1964 par R. Dougherty en utilisant une recherche par ordinateur. Il peut être écrit sous la forme 40 585 = 4! + 0! + 5! + 8! + 5!

Nombres naturels : L'expression "nombre naturel" apparaît vers 1675. C'est l'époque où les nombres négatifs sont complètement acceptés. Il est alors nécessaire de qualifier les nombres considérés comme plus conformes à la raison. C'est pourquoi certains les nomment naturels. D'autres préfèrent les considérer comme une partie des nombres et les appellent affirmatifs ou, plus tard, positifs, par opposition aux nombres nommés peu avant négatifs.

Nombres négatifs : Le mot "négatif" est issu de l'adjectif latin *negativus*, lui-même venu du verbe *negare*, qui signifiait nier. Il existe en français dès le XIIIe siècle dans le sens "qui sert à nier", puis "qui exprime la négation". Au XVIe siècle, un nombre inférieur à zéro est souvent appelé une quantité niée sans être considéré véritablement comme un nombre. Le mot négatif apparaît en mathématiques avec l'utilisation courante des nombres inférieurs à zéro. Il est attesté pour la première fois en 1638. Les nombres négatifs sont employés dès cette époque pour exprimer un débit. La différence entre la soustraction et la notion intrinsèque d'un nombre inférieur à zéro apparaît petit à petit à cette époque. Ces nouveaux nombres n'ont cependant pas encore totalement leur place dans l'esprit de ceux qui les manient. Ceci explique l'utilisation d'un terme à connotation négative pour les nommer. Celui-ci s'oppose à positif, c'est-à-dire qui repose sur quelque chose.

Nombre ondulant : Nombre de la forme abababababab, par exemple 696 969, 171 717. On trouve des décimales ondulantes dans la périodicité des nombres rationnels ; exemple : 135/11 = 12,2727272727272727...

Nombre ordinal : Correspond au classement, à l'ordre, au plus petit et plus grand. Exemples : septième, douzième.

Nombre parfait : Juste égal à la somme de tous ses diviseurs. Exemple : 28, en effet 1 + 2 + 4 + 7 + 14 = 28.

Nombre polyédral : Nombre figuré construit dans l'espace, en utilisant comme squelette support un des cinq polyèdres réguliers. Les nombres polyédraux furent étudiés systématiquement par Descartes.

Nombre premier : N'est divisible que par lui-même et l'unité.

Nombre rationnel : S'exprime sous forme du rapport de deux nombres entiers ; on l'appelle aussi nombre fractionnaire. Exemple : 21/8 ou 32/422.

Nombre transcendant : Nombre irrationnel qui n'est solution d'aucune équation algébrique à coefficients entiers ou fractionnaires ; π par exemple.

Nombre transfini ou infini actuel : Le premier est le nombre de tous les nombres entiers ; le second, le nombre de tous les points d'une ligne ; le troisième, le nombre de toutes les intersections une à une de toutes les courbes tracées dans le plan.

Nombre triangulaire : Nombre figuré construit sur le triangle. Les plus célèbres sont 10 (Tétraktys), 28 (nombre parfait), 153 (dans l'Evangile de Jean) et 666 (Bête de l'Apocalypse).

Nombres vampires : Il existe des "vampires" dans le monde des mathématiques, des nombres qui ressemblent aux nombres normaux mais portent une différence cachée. Ils sont en fait le produit de 2 nombres qui survivent quand on les multiplie, se battant dans le nombre vampire. Exemple : 27 x 81 = 2 187. Un autre nombre vampire est 1435, qui est le produit de 35 et 41. Les vrais vampires doivent respecter trois règles : avoir un nombre pair de chiffres ; chacun des deux nombres d'origine doit contenir la moitié des chiffres du vampire ; enfin, un vrai vampire ne peut être obtenu en rajoutant simplement des 0 à la fin de nombres, comme dans 270 000 x 810 000 = 218 700 000 000.

Numérologie : La numérologie est un art de l'interprétation des nombres pour les mettre en rapport avec le destin et ses variations. La numérologie requiert un savoir-faire et une grande subtilité pour ne pas tomber dans le piège, soit de la simplicité, soit de la non pertinence du propos. La grande majorité des numérologies existantes utilise comme support le nom et le prénom de la personne qui vient en "consultation numérologique" ainsi que diverses dates, comme la date de naissance de l'intéressé ou celle de ses parents, etc. En fait, tous les supports (personnels) sont valables, car la numérologie, dans son fondement, fonctionne sur un système d'associations d'idées dont les lettres et les nombres sont les courroies de transmission.

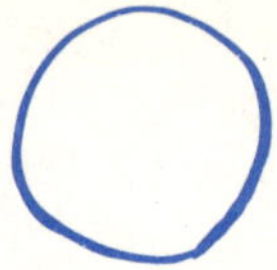

Octaèdre : Polyèdre régulier dont les faces sont huit triangles équilatéraux. Platon y attachait l'élément Air.

Ordinal : voir Cardinal.

Ordinateur : *Ordinator* existait déjà en latin. Il désignait celui qui met de l'ordre, qui règle les choses. Les premiers chrétiens l'utilisaient pour désigner celui qui dirige les cérémonies. C'est pourquoi on parle encore de l'ordination des prêtres. Le mot "ordinateur" est introduit en français vers 1600, avec des sens voisins, mais reste rare jusqu'en 1954. En 1955, Jacques Perret, ingénieur à IBM, ressuscite ce mot pour concurrencer avec le succès que l'on sait l'anglicisme *computer* formé sur le latin *computare* (calculer). On peut s'en réjouir, moins par le souci de conserver un mot français, que pour donner un sens plus large à la terminologie. Le rôle de l'ordinateur dépasse largement celui de calculateur ; il met en ordre et gère de multiples activités.

P

Pair : Composé de deux parties égales entre elles. Par somme avec lui-même, le pair ne peut générer que le pair. Le principe du pair est le nombre 2.

Pentacle : Talisman ayant la forme d'une étoile à cinq branches. Il symbolise le microcosme car sa forme suggère celle d'un être humain bras étendus et jambes écartées.

Pentagone : Polygone régulier à cinq côtés. Le mot *pentagonos* existait déjà en grec ancien. On retrouve le préfixe *penta-*, qui signifie cinq, dans "pentathlon" (compétition sportive de cinq épreuves) et "pentateuque" (les cinq premiers livres de la Bible).

Permutation : En latin, *permutare* signifiait "échange" et *permutatio* désignait un changement, une modification. Au Moyen Âge, la permutation était le troc ou le change. Vers le XVe siècle, son sens se spécialise dans le fait d'échanger deux éléments. Leibniz appelait variation ce que nous appelons de nos jours permutation. Au début du XIXe siècle, se rapprochant du sens latin, on appelle "permutation" en mathématique la modification de l'ordre de n lettres. Certains l'utilisent cependant dans le sens d'arrangement. On la rencontre souvent chez Lagrange, Cauchy et Galois, notamment lorsqu'ils travaillent sur les racines d'une équation polynomiale. Voir Tsérouf.

π dit Pi : Le mathématicien anglais William Jones utilise le premier en 1706 la lettre π pour désigner le rapport de la circonférence d'un cercle au diamètre. Jones écrivait en latin, langue dans laquelle la circonférence s'appelait *peripheria*. Cependant, il préféra utiliser l'initiale grecque de ce mot, plutôt que la lettre π comme le firent différents mathématiciens. Cette notation se généralisa lorsque Euler l'adopta en 1737, suivi de près par Nicolas Bernoulli.

Poly- : Le préfixe grec *poly-* découle du mot *polos* (nombreux). Il s'utilise dans la formation de nombreux mots scientifiques mais aussi dans le langage courant : pensez à "polyglotte" ou à "polygamie", issu du latin chrétien. En mathématiques, on le trouve dans "polynôme", "polyèdre", "polygone"...

Polyèdre : Le suffixe -èdre provient du mot grec *hedra* (base, face). Il se retrouve dans *cathedra*, la chaise à dossier qui a donné "chaire" (chaise) et "cathédrale" (le siège de l'évêché). Le mot "polyèdre" n'existait pas en grec ancien. C'est une création du XVIIe siècle. Sur le modèle de polyèdre ont été forgés des noms spécifiques correspondant au nombre de faces. *Poly-* a été remplacé par le nom des nombres en grec : *tetra* pour quatre, *octa* pour huit, *dodeca* pour douze et *icosa* pour vingt. Notons que l'on ne parle pas d'hexaèdre mais de cube.

Polyèdre archimédien : Volume dont les sommets sont situés sur une sphère et dont les faces sont des polygones réguliers aux arêtes de même dimension. Deux ou trois polygones différents sont utilisés. Il n'existe que treize polyèdres archimédiens.

Polyèdre étoilé : Volume déduit d'un polyèdre régulier par des procédés analogues à ceux qui permettent de passer des polygones réguliers aux polygones étoilés. Il existe ainsi un octaèdre étoilé, trois dodécaèdres étoilés et cinquante-neuf icosaèdres étoilés.

Polyèdre régulier : Volume dont tous les sommets sont situés sur une sphère et dont les faces, toutes identiques, sont des polygones réguliers. Il n'existe que cinq polyèdres réguliers.

Polygone : "Polygone" est formé du préfixe *poly-* (nombreux) et de *gonia* (angle, coin). La racine indo-européenne *gon* ou *gen* désigne à la fois ce qui a trait à la naissance et ce qui forme une courbure, un angle. On la retrouve, semble-t-il, dans "genou", mais aussi dans les noms des villes de Genève, Gênes et l'ancienne Orléans, Genabum. Ces trois villes se trouvent toutes en un lieu où la côte ou une rivière font un angle. L'adjectif *polygônos* (qui a beaucoup d'angles) existait déjà en grec ancien. Devenu *polygonius* en latin, le mot est emprunté en français dès qu'est revenu l'intérêt pour la géométrie. Le nom d'un polygone est obtenu en remplaçant dans ce mot le préfixe *poly-* par le nom grec du nombre correspondant. On parle ainsi de pentagone ou d'ennéagone. Seuls triangle et quadrilatère font exception.

Polygone étoilé : Figure géométrique plane déduite d'un polygone régulier quand on joint les sommets de 2 en 2, de 3 en 3, etc.

Polygone régulier : Figure géométrique constituée par les segments de droite joignant un ensemble de points régulièrement disposés sur un cercle. Exemples : triangle équilatéral, pentagone. Il existe une infinité de polygones réguliers.

Positif : L'expression "nombre positif" apparaît vers 1750. Elle est postérieure à "nombre négatif" et "nombre naturel". Les nombres supérieurs à zéro n'ont été nommés qu'en référence aux nombres négatifs. De plus, "positif" est l'antonyme de négatif seulement depuis cette époque. Au siècle précédent, on parlait de "nombres affirmatifs".

Postulat : Ce mot est introduit au XVIIIe siècle par des mathématiciens travaillant sur Euclide et son cinquième postulat. Il est forgé sur le verbe latin *postulare* (demander, souhaiter) et désignait une proposition, non nécessairement évidente, que l'on supposait sans pouvoir la démontrer. Il se différenciait à l'époque d'un "axiome", vérité évidente en soi mais qu'on ne pouvait démontrer. De nos jours, cette différence n'a plus de sens. Une théorie est basée sur des axiomes ; ils en sont le principe de base. Leur évidence est fonction de ce qu'elle est censée représenter et n'est plus du domaine de la théorie elle-même.

Produit : De *duire* qui signifiait "mener, conduire" ; "produire" voulait littéralement dire "mener en avant" et, par extension, "causer, amener". Le verbe prend son sens actuel avec le développement de la société marchande à la fin du Moyen Âge et à la Renaissance. À cette époque paraissent de nombreux ouvrages pour familiariser les commerçants, de plus en plus nombreux, à la manipulation des chiffres arabes. Le résultat d'une multiplication correspond souvent au nombre d'objets vendus multiplié par le coût unitaire. C'est ainsi le produit de la vente. Les deux termes de la multiplication y concourent, ils font le produit ; on les nomme les "facteurs".

Progression : Suite de nombres entiers générés de telle sorte que chacun est égal au précédent plus un entier constant (progression arithmétique) ou au précédent multiplié par un entier constant (progression géométrique). L'entier constant est appelé "raison" de la progression.

Q

Quadrature : En latin classique, l'adjectif *quadratus* signifiait "carré". "Quadrature" fut emprunté vers 1400 au bas latin *quadratura* pour désigner l'opération permettant de construire, à la règle et au compas, un carré de même aire qu'une figure délimitée par une courbe fermée. Ceci permet en particulier de calculer son aire. On parle déjà à cette époque de la "quadrature du cercle" comme de quelque chose d'impossible à réaliser. Il faut pourtant attendre 1881 et la démonstration de Lindemann de la transcendance de π pour justifier de son impossibilité. À la Renaissance et jusqu'à l'introduction du calcul intégral peu avant 1700, réaliser la quadrature d'une courbe signifiait calculer l'aire qu'elle englobe.

Quatre cent quatre-vingt-seize : Troisième des nombres parfaits après 6 et 28.

Quinze : Constante du plus petit carré magique. Valeur numérique du nom de Dieu écrit *yod-hé.*

R

Rapport : Comparaison de deux nombres résultant de leur soustraction (rapport arithmétique) ou de leur quotient (rapport géométrique).

Rationnel : "Rationnel" qualifie dans le langage courant "ce qui touche à la raison". Comme le mot "raison", il désigne ce qui touche au rapport de deux nombres. C'est ainsi que les fractions sont des nombres rationnels. Remarquons cependant que, dans les premières utilisations, les fractions n'étaient pas considérées comme des nombres en soi. Le mot "rationnel" indique lui aussi la relation entre deux nombres mais, sous sa forme d'adjectif, il désigne déjà un nombre. Dans notre esprit, 3/5 est synonyme de 0,6. Il ne nous fait pas penser à trois objets parmi cinq. En ceci 3/5 et 6/10 sont égaux, c'est-à-dire qu'ils désignent exactement la même chose. “Rationnel” apparaît en mathématiques vers 1550, en même temps que son antonyme irrationnel. Un nombre irrationnel est parfois appelé à cette époque un “nombre sourd”, c'est-à-dire vague, sens figuré pris par cet adjectif. Il semblerait que cette appellation soit une mauvaise traduction des mots “rationnel” et “irrationnel” en arabe à l'époque d'Al Khwarizmi, elle-même retraduite en latin.

Réduction novénaire ou réduction théosophique : Chaque fois que le total des chiffres d'un nombre atteint deux chiffres, on les réduit en les ajoutant. Exemple : 538 = 5 + 3 + 8 = 16 = 1 + 6 = 7. Ce procédé est aussi appelé réduction théosophique.

T

Tétraèdre : Polyèdre régulier dont les faces sont quatre triangles équilatéraux. Platon y attachait l'élément Feu.

Tétraktys : Résumée dans la formule du quatrième nombre triangulaire (10 = 1 + 2 + 3 + 4), la Tétraktys représente le Cosmos puisqu'elle synthétise l'unité, le pair (2), l'impair (3) et la mesure (4).

Trente-six : Trente-six est le carré du nombre 6, premier nombre parfait, produit des carrés des entiers 2 et 3, qui présentaient dans la tradition pythagoricienne un caractère sacré. Il existe dans la Kabbale une tradition de trente-six justes cachés sur lesquels repose le monde.

Triangle pythagoricien : Triangle rectangle dont les trois côtés sont mesurés par des nombres entiers. Le plus célèbre est le triangle 3-4-5, parfois appelé “isiaque” car il était connu des Égyptiens.

Tsimtsoum : Mot hébraïque qui, dans la Kabbale, désigne le retrait de Dieu avant la Création pour laisser une place au monde.

Tsérouf : Terme hébraïque qui désigne la combinatoire des chiffres ou des lettres. Exemple : 123, 321, 231, 213, etc.

V

Vide : Sous des formes diverses, l'adjectif “vide” (dans lequel on ne reconnaît plus l'ancêtre latin *vacuus*) est ancien dans notre langue. De même que le zéro n'est apparu que bien après les autres nombres, il faut attendre la première moitié du XXe siècle pour qu'apparaisse le besoin de nommer un ensemble sans élément.

Virgule : En latin, *virgula*, de même racine que le mot “verge”, désignait une petite branche. L'introduction de ce signe de ponctuation au XVIe siècle, nommé d'après sa forme, donne un nouveau sens au mot “virgule” qui éliminera bientôt le sens propre. On considère en général que les fractions décimales furent introduites par Stevin en 1585, même si l'on en trouve des rudiments plus tôt mais sans compréhension du problème. Les notations furent multiples pour désigner le séparateur entre la partie entière et la partie décimale. La première apparition de la virgule dans ce rôle date du début du XVIIe siècle, mais il faut attendre encore plus d'un siècle pour qu'elle s'impose sur le continent.

Z

Zéro : Chiffre qui par lui-même n'a aucune valeur, mais qui rend dix fois plus fort celui qui le précède. Les Hindous inventent le zéro au début du Moyen Âge. Il désigne d'abord l'absence d'objet, puis l'absence d'unité de dizaine ou de centaine dans la numérotation de position. Les mathématiciens arabes l'utilisent à leur tour et le nomment *sifr*, mot désignant le vide. Ce mot passe, d'une part, en latin médiéval (dans lequel sont écrits la plupart des textes scientifiques de l'époque) sous la forme de *cifra* et, d'autre part, en italien sous la forme de *zefiro*. Ce dernier entre en français sous la forme contractée de "zéro" en 1485. Utilisé pour désigner le 0 des nombres, il se met au XXe siècle à désigner plus généralement l'élément neutre de l'addition d'un corps, mais aussi les éléments qui annulent une fonction. On parle ainsi des zéros d'un polynôme. Zéro entre dans le langage courant pour désigner une attitude ou une personne totalement dépréciée. C'est cette acception du mot qui empêche sans doute la liaison dans la phrase des héros et des héroïnes.

Glossaire des noms propres

A

Agnesi, Maria (Milan, 1718 – *id.*, 1799) : Pendant son adolescence, elle étudia seule les mathématiques de Descartes, Newton, Leibniz et Euler. À vingt ans, elle publia un traité de philosophie. À la publication de son livre en 1748, elle est élue membre de l'Académie des sciences de Bologne. En 1749, le pape Benoît XIV lui décerna une médaille d'or et l'année suivante, il la nomma à l'Université de Bologne pour enseigner les mathématiques, une situation extrêmement rare, puisque très peu de femmes étaient même seulement autorisées à suivre des cours à l'université. Mais elle refusa ce poste pour consacrer les quarante-sept dernières années de sa vie à soigner des femmes malades et mourantes.

Archimède (Syracuse, - 287 – *id.*, - 212) : L'un des plus grands savants de l'Antiquité. Hiéron, roi de Syracuse, lui aurait confié le soin de déceler une fraude éventuelle dans la composition d'une couronne en or tout en prenant soin de ne pas altérer le précieux objet. Au cours d'un bain, ayant observé la diminution apparente du poids de son corps, Archimède découvrit avec le principe fondamental de l'hydrostatique un moyen de satisfaire le roi. C'est là qu'il poussa son fameux *eurêka* (j'ai trouvé) ! Bien que le général romain Marcellus eût ordonné qu'on l'épargnât, il fut tué lors de la prise de Syracuse par un soldat romain qui ne l'avait pas reconnu. Ce qui a fait dire à certains mathématiciens que le seul apport de la culture romaine à la science mathématique était la tête d'Archimède.

Aristote (Stagire, - 384 – Chalcis, - 322) : À l'âge de dix-huit ans, il vint à Athènes, fut l'élève de Platon et ne quitta l'Académie qu'à la mort du maître (- 348). En 343, Philippe de Macédoine l'appela près de lui comme précepteur de son fils Alexandre, alors âgé de treize ans. Six ans plus tard, à l'avènement d'Alexandre, il revint à Athènes fonder le Lycée.

C

Cantor, Georg (Saint-Pétersbourg, 1845 – Halle, 1918) : Mathématicien allemand. Fondateur de la théorie des ensembles, il étudia le concept d'infini, ce qui l'amena à en définir la puissance et à introduire une hiérarchie entre les infinis. Il définit les ensembles dénombrables, les ensembles dérivés, les nombres cardinaux et ordinaux transfinis et en construisit une arithmétique. Ses théories, révolutionnaires pour l'époque, provoquèrent une véritable crise des mathématiques et conduisirent à la révision de leurs fondements.

Copernic, Nicolas (Torun, 1473 – Frombork, 1543) : Astronome polonais. Son livre *De revolutionibus orbium caelestium libri sex* fut le premier traité d'astronomie héliocentrique capable de rivaliser avec le système de Ptolémée, exposé quatorze siècles plus tôt dans l'*Almageste.* Pour Copernic, le Soleil occupe le centre de l'univers. La Terre et les planètes parcourent des orbites circulaires autour du Soleil dans un mouvement uniforme. La Terre tourne sur elle-même en 24 heures. Au-delà des orbes planétaires se situe la sphère immobile des étoiles fixes.

D

Dedekind, Richard (Brunswick, 1831 – *id.,* 1916) : Mathématicien allemand. En 1850, il est admis à l'université de Göttingen où il suit les cours des mathématiciens Stern, Gauss et du physicien Weber. Il soutient devant Gauss, en 1852, une thèse de doctorat sur les intégrales eulériennes. En 1857, il est nommé professeur au Polytechnicum de Zurich et en 1862 professeur à l'école technique supérieure de Brunswick, où il restera jusqu'à sa mort. Ami de Cantor, il a contribué par la correspondance qu'il a échangée avec celui-ci à construire la théorie des ensembles.

Descartes, René (La Haye, 1596 – Stockholm, 1650) : Philosophe et scientifique français. Après une formation au collège des Jésuites de La Flèche, il s'engage dans diverses armées princières et parcourt l'Europe pendant plusieurs années. Puis il abandonne la carrière militaire. Il séjourna vingt ans en Hollande. Invité par la reine Christine de Suède, Descartes sera victime d'un refroidissement fatal. Son œuvre, qui a eu une influence considérable sur la pensée occidentale, touche de nombreux domaines : philosophie, mathématique, physique, médecine.

Diophante (IIIe ou IVe siècle) : Mathématicien grec de l'école d'Alexandrie, connu pour sa théorie novatrice des équations du premier et du second degré. Des treize livres de son *Arithmétique,* seuls les six premiers nous sont parvenus. Son influence sur les algébristes de la Renaissance a été considérable.

E

Erdös, Paul (Budapest, 1913 – Varsovie, 1996) : Ce mathématicien légendaire, l'un des plus prolifiques de l'histoire, avait une telle dévotion pour les mathématiques qu'il vécut comme un nomade, sans maison ni travail. Durant la dernière année de sa vie, à quatre-vingt-trois ans, il continua à brasser des théorèmes et donner des conférences, bousculant l'idée conventionnelle que les mathématiques sont un sport pour les jeunes. À ce sujet, Erdös dit un jour que le “premier signe de sénilité d'un homme est lorsqu'il oublie ses théorèmes, le second lorsqu'il oublie de fermer sa braguette, le troisième lorsqu'il oublie de l'ouvrir”.

Euclide (IIIe siècle av. J.-C.) : Géomètre, théoricien des nombres, astronome et physicien grec, célèbre pour son traité *Éléments de géométrie,* une extravagance en treize volumes qui est le plus ancien traité mathématique grec substantiel ayant survécu.

Euler, Leonhard (Bâle, 1707 – Saint-Pétersbourg, 1783) : Mathématicien suisse. Son œuvre, qui aborde toutes les branches des mathématiques de son époque, est considérable. Il est le mathématicien le plus prolifique de l'histoire. Élève du mathématicien Jean Bernouilli, il se lie d'amitié avec ses fils, Nicolas et Daniel, qu'il rejoint à Saint-Pétersbourg en 1727 à l'invitation de l'impératrice Catherine. Il meurt en 1783 d'une attaque d'apoplexie. Euler publia plus de huit mille livres et articles, presque tous en latin, sur tous les aspects des mathématiques pures et appliquées, de la physique et de l'astronomie.

F

Fermat, Pierre de (Beaumont-de-Lomagne, 1601 – Castres, 1665) : Mathématicien français. Issu d'une famille bourgeoise, il apprend très tôt le latin, le grec, l'espagnol, l'italien. En 1631, il achète une charge au parlement de Toulouse qui le conduit à siéger à Castres, à la Chambre de l'Édit, qui réunit parlementaires catholiques et protestants. Fermat est, avec Descartes, à l'origine de la géométrie analytique. Il a apporté une contribution substantielle à la théorie des nombres et peut être considéré comme un précurseur du calcul différentiel. Avec Pascal, il est à l'origine du calcul des probabilités. Ses travaux sont essentiellement connus par la correspondance qu'il a échangée avec Pierre de Carcavi et le Père Mersenne.

Fibonacci, Leonardo, dit Léonard de Pise (Pise, v. 1175 – *id.*, apr. 1240) : Voir le chapitre qui lui est consacré (p. 119-126).

G

Galilée (Pise, 1564 – Arcetri, 1642) : Astronome et physicien italien. Galileo Galilei est considéré comme l'un des fondateurs de la méthode expérimentale et de la dynamique. En laissant tomber des billes du haut de la tour de Pise, il découvre que tous les corps tombent à la même vitesse, puis détermine les lois générales de leur mouvement en utilisant un plan incliné. Il énonce la loi de composition des vitesses et le principe de l'inertie. En 1638, il établit que la trajectoire d'un projectile dans le vide est une parabole. On lui doit l'un des premiers microscopes. À l'aide de la lunette astronomique qu'il a construite à Venise en 1609, il s'est livré à l'observation du système solaire et de la voie lactée. Ayant adopté le système de Copernic, il fut interdit d'enseignement. L'ouvrage qu'il publia à Florence en 1632, dans lequel il confirmait les idées de Copernic, le conduisit devant le tribunal de l'Inquisition. Pour échapper à la prison, il dut abjurer devant le Conseil du Saint-Office en 1633. C'est à cette occasion, qu'il se serait écrié : "*Eppur' si muove!*" (Et pourtant elle tourne !)

Galois, Évariste (Bourg-la-Reine, 1811 – Paris, 1832) : Auteur de la théorie de Galois. Célèbre pour ses contributions à la théorie des groupes, Évariste Galois créa une méthode pour déterminer si une équation générale peut être résolue par des radicaux. Lorsqu'un jour il fut provoqué en duel, il accepta en sachant qu'il allait mourir. Se préparant à sa fin, il passa la nuit à noter fiévreusement ses idées mathématiques et ses découvertes aussi complètement qu'il le pouvait. Le jour suivant, Galois reçut une balle dans l'estomac. Il resta étendu sur l'herbe, sans aide. Il n'y avait pas de médecin pour le secourir, et le gagnant partit avec désinvolture, laissant Galois agoniser dans la douleur. Ce n'est qu'après 1848 que la théorie des groupes progressa suffisamment pour que ses découvertes soient appréciées. Sa réputation mathématique repose sur moins de cent pages de travail d'une grande originalité, publiées à titre posthume.

Gauss, Carl Friedrich (Brunswick, 1777 – Göttingen, 1855) : Il travailla dans des domaines très variés des mathématiques et de la physique, parmi lesquels l'algèbre, les probabilités, les statistiques, la théorie des nombres, l'analyse, la géométrie différentielle, la géodésie, le magnétisme, l'astronomie et l'optique. Son travail eut une immense influence dans de nombreux domaines. Lorsqu'il était enfant, sa grande précocité en mathématiques attira l'attention du Duc de Brunswick, qui finança ses études. Un cahier tenu en latin par Gauss dans sa jeunesse fut découvert en 1989, montrant que dès l'âge de quinze ans, il avait émis des conjectures comprenant de nombreux résultats remarquables, parmi lesquels le théorème des nombres premiers et des idées de géométrie non-euclidienne.

Germain, Sophie (Paris, 1776 – *id.*, 1831) : Sophie Germain apporta des contributions majeures à la théorie des nombres, à l'acoustique et à l'élasticité. À treize ans, elle lut un livre relatant la mort d'Archimède aux mains d'un soldat romain. Elle fut si émue par cette histoire qu'elle décida de devenir mathématicienne. Sophie obtint les notes de cours de nombreux cours de l'École polytechnique. Ayant lu celles d'analyse de Joseph-Louis Lagrange, elle utilisa le pseudonyme de M. Leblanc pour lui soumettre un article dont l'originalité et la profondeur poussèrent Lagrange à chercher désespérément son auteur. Lorsqu'il découvrit que “M. Leblanc” était une femme, son respect pour son travail n’en fut pas amoindri : il devint son parrain et son conseiller en mathématiques. Sophie prouva que si $x^5 + y^5 + z^5 = 0$, alors l’un des trois entiers relatifs x, y et z est divisible par 5. Le “théorème de Germain” fut un pas important vers la preuve du Grand Théorème de Fermat.

H

Hilbert, David (Königsberg, 1862 – Göttingen, 1943) : Mathématicien et philosophe allemand, souvent considéré comme le plus important mathématicien du XXe siècle. Il contribua à l’étude de l’algèbre, des corps de nombres, des équations intégrales, de l’analyse fonctionnelle et des mathématiques appliquées.

Hopper, Grace (New York, 1907 – Arlington, 1992) : Mathématicienne. Hopper enseigna les mathématiques à Vassar et travailla en 1944 avec le mathématicien Howard Aikin sur l’ordinateur Mark I de Harvard. À cette époque, elle inventa le terme “*bug*” pour une erreur informatique. (Le *bug* d’origine, qui signifie “punaise” en anglais, était en réalité un papillon de nuit qui avait provoqué une erreur matérielle dans le Mark I !) Elle quitta la Marine américaine avec le grade de commandant en 1966, mais continua à participer à la standardisation de ses langages de programmation. En 1991, elle reçut la Médaille nationale de la technologie.

Hypatie (Alexandrie, 370 – *id.*, 415) : Première femme mathématicienne, Hypatie était célèbre pour ses discours, les plus populaires de la civilisation occidentale, et pour sa capacité à résoudre les problèmes mieux que quiconque. Elle fut la première femme à apporter une contribution significative pour le développement des mathématiques. Fille du mathématicien Théon, elle se retrouva finalement à la tête de l’école platonicienne d’Alexandrie. Elle en vint à symboliser les idées scientifiques, que malheureusement les premiers chrétiens identifiaient au paganisme. Elle trouva la mort des mains d’une foule qui l’extirpa de son chariot et lui arracha la peau avec des coquilles d’huîtres.

K

Kovalevskaïa, Sofia Vassilievna (Moscou, 1850 – Stockholm, 1891) : Kovalevskaïa apporta des contributions de valeur à la théorie des équations différentielles et fut la première femme à obtenir un doctorat de mathématiques. Comme la plupart des autres génies mathématiques, Sofia tomba très jeune amoureuse des mathématiques. À onze ans, elle accrochait aux murs de sa chambre des papiers couverts de calculs. En 1869, Sofia partit à Heidelberg pour étudier les mathématiques, mais découvrit que les femmes ne pouvaient pas aller à l'université. Finalement, elle persuada la direction de l'université de la laisser assister officieusement au cours. Sofia attira immédiatement l'attention de ses professeurs par ses brillantes capacités en mathématiques. En 1871, elle se rendit à Berlin pour étudier avec le mathématicien Karl Weierstrass. En 1874, elle obtint son doctorat, *summa cum laude,* à l'université de Göttingen. Malgré son doctorat et les lettres de recommandation enthousiastes de Weierstrass, elle ne put cependant obtenir de poste académique, parce qu'elle était une femme.

L

Lambert, Johann Heinrich (Mulhouse, 1728 – Berlin, 1777) : Mathématicien et physicien français. En mathématiques, il est connu pour avoir établi l'irrationalité du nombre π en 1768 et fondé la trigonométrie sphérique en 1770. En physique, il est l'un des fondateurs de la photométrie.

Legendre, Adrien Marie (Paris, 1752 – *id.,* 1833) : Mathématicien français, dont l'œuvre la plus remarquable fut la création de la théorie des intégrales elliptiques. Il a tenté à plusieurs reprises de démontrer le cinquième postulat d'Euclide.

Lindemann, Ferdinand von (Hanovre, 1852 – Munich, 1939) : Mathématicien allemand qui a apporté une réponse définitive au problème de la quadrature du cercle en démontrant la transcendance du nombre π.

N

Nash, John F. (Bluefield, 1928) : Ce brillant mathématicien reçut en 1994 le Prix Nobel d'économie. Le travail de Nash récompensé par ce prix apparaissait presque un demi-siècle plus tôt dans sa mince thèse de doctorat, écrite à l'âge de vingt et un ans. En 1950, l'étudiant John Nash, diplômé de Princeton, formula un théorème qui permit au domaine de la théorie des jeux d'obtenir une grande influence dans l'économie moderne. En 1958, *Fortune* distingua Nash pour ses résultats en théorie des jeux, en géométrie algébrique et en théorie non linéaire, et le nomma “mathématicien le plus brillant de la jeune génération”. Il semblait destiné à une brillante carrière, mais en 1959, il fut interné et on diagnostiqua qu'il était schizophrène. Princeton et ses dirigeants soutinrent Nash et le laissèrent aimablement errer dans le département de mathématiques pendant presque trente ans. Il devint là un personnage silencieux qui griffonnait d'étranges équations sur les tableaux des bâtiments de mathématiques et cherchait des messages secrets dans les nombres. Malheureusement, le fils de Nash était lui aussi schizophrène, mais il était suffisamment versé dans les maths pour que l'Université de Rutgers lui accorde un doctorat.

Newton, sir Isaac (Woolsthorpe, 1642 – Londres, 1727) : Brillant mathématicien, physicien et astronome anglais. Lui et Gottfried Leibniz inventèrent le calcul différentiel indépendamment l'un de l'autre. Enfant posthume, né sans père le jour de Noël 1642, Newton avait, à guère plus de vingt ans, inventé le calcul différentiel, prouvé que la lumière blanche est un mélange de couleurs, expliqué l'arc-en-ciel, construit le premier télescope à réflexion, découvert la formule du binôme, introduit les coordonnées polaires et montré que la force qui fait tomber les pommes est la même que celle qui dirige le mouvement des planètes et provoque les marées. Newton était également un fondamentaliste dans sa lecture de la Bible ; il croyait à la réalité des anges, des démons et de Satan. Il souscrivait à une interprétation littérale de la Genèse et croyait que la Terre était vieille de seulement quelques milliers d'années. En fait, Newton passa une grande partie de sa vie à tenter de prouver que l'Ancien Testament est un récit fidèle de l'histoire. Il se comparait à un petit garçon “jouant sur la plage et s'amusant de temps en temps à chercher un galet plus lisse ou un coquillage plus joli que les autres, alors que le vaste océan de la vérité s'étendait inexploré devant (lui)”.

Noether, Emmy (Erlangen, 1882 – Bryn Mawr, 1935) : Mathématicienne qui fut décrite par Einstein comme “le génie créatif le plus significatif en mathématiques produit à ce jour depuis que les femmes ont accès aux études supérieures”. Elle est surtout connue pour ses contributions à l'algèbre abstraite et en particulier pour son étude des “conditions en chaîne des idéaux dans les anneaux”. De plus, en 1915, elle découvrit un résultat de physique théorique, parfois appelé Théorème de Noether. Ce résultat de base de la théorie générale de la relativité était loué par Einstein. Le travail de Noether sur la théorie des invariants conduisit à la formulation de plusieurs concepts de la théorie générale de la relativité d'Einstein. En 1933, malgré ses résultats superbes, les nazis provoquèrent son renvoi de l'université de Göttingen parce qu'elle était juive. Plus tard, elle donna des cours à l'Institut des études avancées de Princeton.

P

Pascal, Blaise (Clermont-Ferrand, 1623 – Paris, 1662) : Géomètre, probabiliste, physicien et philosophe français. Pascal et Fermat découvrirent la théorie des probabilités indépendamment l'un de l'autre. Pascal inventa aussi la première machine à calculer, étudia les sections coniques et trouva d'importants théorèmes en géométrie projective. Son père, un mathématicien, était responsable de son éducation. Blaise n'était pas autorisé à entamer un sujet avant que son père ne pense qu'il pouvait aisément le maîtriser. Du coup, à onze ans, il étudiait de lui-même en secret les vingt-trois premières propositions d'Euclide. À seize ans, il publia des essais sur les coniques, et Descartes refusa de croire qu'il s'agissait du travail d'un adolescent. En 1654, Blaise Pascal décida que la religion convenait mieux à ses goûts, aussi rejoignit-il sa sœur dans un couvent et abandonna les mathématiques et la vie en société.

Platon (Athènes, - 428 – *id.*, - 348) : Né dans les premières années de la guerre du Péloponnèse, Platon s'est éteint à plus de quatre-vingts ans, alors que Philippe de Macédoine avait déjà entrepris sa conquête de la Grèce. Ariston, son père, était un noble qui prétendait descendre du dernier roi légendaire d'Athènes. Issu d'une famille aristocratique, Platon fut, comme la plupart des jeunes gens de son milieu, l'élève des sophistes. Suivant l'exemple de son cousin Critias, de son oncle Charmide et de leur ami Alcibiade, il fut un disciple de Socrate. Platon doit sans doute à son maître de gymnastique le surnom de Platon ("le large"), son véritable nom étant Aristoclès. Selon Diogène Laërce, il se serait d'abord adonné à la peinture, à la poésie et à la tragédie avant de rencontrer Socrate vers l'âge de vingt ans. À cette occasion, il aurait brûlé tous ses poèmes. Les mathématiques tiennent une place privilégiée dans le système éducatif de Platon.

Poincaré, Henri (Nancy, 1854 – Paris, 1912) : Grand mathématicien, physicien, théoricien, astronome et philosophe français. Il fut à l'origine de la topologie algébrique et de la théorie des fonctions analytiques à plusieurs variables complexes. En mathématiques appliquées, il étudia l'optique, l'électricité, la télégraphie, la capillarité, l'élasticité, la thermodynamique, la théorie des potentiels, la théorie quantique, la théorie de la relativité et la cosmologie. Dans le domaine de la mécanique céleste, il travailla sur le problème à trois corps, et sur les théories de la lumière et des ondes électromagnétiques. Il est reconnu comme le co-découvreur, avec Albert Einstein et Hendrik Lorentz, de la théorie de la relativité restreinte. Dans ses recherches sur les orbites planétaires, Poincaré fut le premier à considérer la possibilité du chaos dans un système déterministe.

Ptolémée, Claude (Ptolémaïs Hermiu, v. 90 – Canope, v. 168) : Astronome, géographe et mathématicien grec d'Alexandrie. Il est le plus célèbre astronome de l'Antiquité. Sa grande *Syntaxe mathématique* (v. 140), l'*Almageste* des Arabes, rassemble l'ensemble des connaissances astronomiques de son temps. En s'inspirant des travaux d'Hipparque, Claude Ptolémée a développé un système géocentrique qui est resté en usage jusqu'au système héliocentrique de Copernic. Il fut sans doute le premier à tenter de démontrer le cinquième postulat d'Euclide à partir des quatre premiers. Ses recherches astronomiques l'ont amené à effectuer quelques avancées en trigonométrie.

Pythagore (VIe siècle av. J.-C.) : Voir le chapitre qui lui est consacré (p. 147-157).

R

Ramanujan, Srinivasa (Érode, 1887 – Kumbakonam, 1920) : Employé au service comptabilité de la poste de Madras, Ramanujan devint le plus grand génie des mathématiques de l'Inde et l'un des meilleurs mathématiciens du XXe siècle. Il apporta des contributions substantielles à la théorie analytique des nombres et travailla sur les fonctions elliptiques, les fractions continues et les séries infinies. Issu d'une famille pauvre et autodidacte en mathématiques, Ramanujan obtint une bourse de recherche à l'Université de Madras en 1903, mais il la perdit l'année suivante car il consacrait tout son temps aux mathématiques et négligeait les autres matières. Hardy, un professeur du Trinity College, l'invita à Cambridge après avoir lu un mémoire aujourd'hui historique que Ramanujan lui envoya, et qui contenait pas loin de cent théorèmes. Quelques années plus tard, affaibli par son végétarisme strict, Ramanujan tomba gravement malade de la tuberculose. Pourtant, ni les médecins ni sa famille ne purent le persuader d'arrêter ses recherches. Il retourna en Inde en février 1919 et mourut en avril 1920 à l'âge de trente-deux ans. Pendant cette période, il écrivit environ six cents théorèmes sur des feuilles volantes. Celles-ci ne furent découvertes qu'en 1976 par le professeur George Andrews de l'Université d'État de Pennsylvanie, qui les publia sous le titre *Les Cahiers perdus de Ramanujan.* De nombreuses formules du mathématicien occupent maintenant une place centrale dans les théories modernes des nombres algébriques.

Rasiowa, Helena (Vienne, 1917 – Varsovie, 1994) : Helena grandit à Varsovie et, à cette époque, l'invasion allemande de 1939 en Pologne lui rendait la poursuite des mathématiques très dangereuse. Elle persévéra cependant en vue de l'obtention de sa licence. En 1944, lorsque les Allemands écrasèrent le Soulèvement de Varsovie, sa thèse brûla avec toute sa maison. Elle survécut avec sa mère dans une cave recouverte des ruines du bâtiment. Sa thèse de doctorat de 1950 (*Traitement algébrique du calcul fonctionnel de Lewis et Heyting*), présentée à l'Université de Varsovie, portait sur l'algèbre et la logique. Rasiowa gravit régulièrement les échelons jusqu'au grade de professeur en 1967. Ses principales recherches portaient sur la logique algébrique et sur les fondements mathématiques de l'informatique. En 1984, elle développa des techniques qui sont maintenant centrales dans l'étude de l'intelligence artificielle.

Riemann, Bernhard (Hanovre, 1826 – Selasca, 1866) : Mathématicien allemand qui apporta d'importantes contributions à la géométrie, aux variables complexes, à la théorie des nombres, à la topologie et à la physique théorique. Ses idées concernant la géométrie dans l'espace eurent une grande influence sur la théorie de la relativité générale. Son nom est essentiellement associé à l'"hypothèse de Riemann", un célèbre problème non résolu concernant la fonction zêta, centrale pour l'étude de la répartition des nombres premiers.

Robinson, Julia (St. Louis, 1919 – Oakland, 1985) : Elle étudia la théorie des nombres et fut la première femme élue à l'Académie nationale des sciences américaine et la première femme présidente de l'American Mathematical Society.

T

Thalès de Milet (Milet, v. - 625 – *id., v.* - 546) : Désigné par Diogène Laërce comme l'un des Sept Sages, Thalès fut un homme à multiples facettes : marchand, diplomate, homme d'état, philosophe, mathématicien, ingénieur. Il semble avoir été au début de sa vie un commerçant avisé. Ayant acquis une grande fortune, il aurait eu dès lors toute liberté pour voyager et se consacrer entièrement à ses recherches. Au cours de ses périples, il acquit quelques connaissances d'algèbre et d'astronomie au contact des Babyloniens, et de géométrie en Égypte. De retour à Milet, il se rendit célèbre par de nombreux aspects de son talent. Selon l'historien grec Hérodote qui vécut au siècle suivant, il aurait prédit une éclipse de Soleil en - 585. Mais bien d'autres légendes courent à son sujet. Une nuit, alors qu'il cheminait le nez dans les étoiles, il ne vit pas le fossé qui s'ouvrait devant lui. Sa servante, qui avait assisté à la scène, le railla vertement. Depuis, cette histoire a traversé les âges et pris diverses formes, jusque chez La Fontaine (fable de *L'Astrologue qui se laisse tomber dans un puits*) : "Un Astrologue un jour se laissa choir/Au fond d'un puits. On lui dit : 'Pauvre bête,/Tandis qu'à peine à tes pieds tu peux voir,/Penses-tu lire au-dessus de ta tête ?' "

W

Wiles, Andrew (Cambridge, 1953) : Voir le chapitre qui lui est consacré (p. 227-230).

Bibliographie

ALLENDY René, *Le Symbolisme des nombres : essai d'arithmosophie,* Éditions traditionnelles, Paris, 1984.

BALL Walter William Rouse, *Récréations mathématiques,* J. Gabay, Sceaux, 1992 (fac-similé de l'édition Hermann, Paris, 1907).

BARUK Stella, *Doubles jeux : fantaisies sur des mots mathématiques,* Le Seuil, Paris, 2000.

BARUK Stella, *Dictionnaire de mathématiques élémentaires,* Le Seuil, Paris, 1992.

BAUDET Jean, *Nouvel Abrégé d'histoire des mathématiques,* Vuibert, Paris, 2002.

BERTEAUX Raoul, *La Symbolique des nombres,* Edimaf, Paris, 1998.

BINDEL Ernst, *Les nombres et leurs fondements spirituels,* Éditions anthroposophiques romandes, Genève, 1985.

BREZIS Haïm, *Un Mathématicien juif,* entretiens avec Jacques Vauthier, Beauchesne, Paris, 1999.

BRUTER Claude Paul, *La Construction des nombres,* Ellipses, Paris, 2000.

CHABOCHE François-Xavier, *Vie et mystère des nombres,* Albin Michel, Paris, 1976.

DELAHAYE Jean-Paul, *Le Fascinant Nombre Pi,* Éditions Pour la science, Paris, 1997.

DUVILLIÉ Bernard, *Sur les traces de l'Homo mathematicus,* Ellipses, Paris, 1999.

FÉVRIER James G., *Histoire de l'écriture,* Payot, Paris, 1948.

FERMIER Jean-Daniel, *ABC de la numérologie chinoise de Lo-Chou,* J. Grancher, 1993.

FERNANDEZ Bastien, *Le Monde des nombres,* Le Pommier, 2000.

FREITAS Lima de, *515, le lieu du miroir : art et numérologie,* Albin Michel, Paris, 1993.

GHYKA Matila Costiescu, *Le Nombre d'or,* La Nouvelle Revue Française, Gallimard, Paris, 1931.

GOBERT M.-H., *Les Nombres sacrés et l'origine des religions,* Stock, Paris, 1998.

GOLD Robert, *Dieu et le nombre Pi,* Éditions Otniel Bène Kénane, Jérusalem, 1997.

GUEDJ Denis, *L'Empire des nombres,* "Découvertes", Gallimard, Paris, 1996.

GUEDJ Denis, *Le Théorème du perroquet,* Le Seuil, Paris, 1999.

HAKENHOLZ Christian, *Nombre d'or et mathématique,* Chalagam, Marseille, 2001.

HAUCHECORNE Bertrand, *Les Mots et les Maths,* Ellipses, Paris, 2003.

IFRAH Georges, *L'Histoire universelle des chiffres,* 2 tomes, "Bouquins", Robert Laffont, 1994.

IFRAH Georges, *Les Chiffres ou l'histoire d'une grande invention*, Robert Laffont, Paris, 1985.

JOUVEN Georges, *Les Nombres cachés : ésotérisme arithmologique*, Dervy, Paris, 1978.

LAHY Georges, dit VIRYA, *Paroles de nombres*, Lahy, Roquevaire, 2003.

LAURA Marc, *Extraits littéraires et empreintes mathématiques*, Hermann, Paris, 2001.

LE LIONNAIS François, *Les Nombres remarquables*, Hermann, Paris, 1983.

LÉVY Tony, *Figures de l'infini : les mathématiques au miroir des cultures,* Le Seuil, Paris, 1987.

MANKIEWICZ Richard, *L'Histoire des mathématiques,* Le Seuil, Paris, 2001.

MOLK Jules (sous la direction de), *Encyclopédie des sciences mathématiques pures et appliquées,* J. Gabay, Sceaux, 1991.

NANCY Jean-Luc, *L'il y a du rapport sexuel,* Galilée, Paris, 2001.

NOËL Émile (entretiens présentés par), *Le Matin des mathématiciens*, Belin, Paris, 1985.

PÉRÉ-CHRISTIN Évelyne, *L'Escalier : Métamorphoses architecturales*, Alternatives, Paris, 2001.

PÉZENNEC Jean, *Promenades au pays des nombres*, Ellipses Marketing, Paris, 2002.

PICKOVER Clifford A., *Oh, les nombres !*, Dunod, Paris, 2001.

PICKOVER Clifford A., *Oh, encore des nombres !*, Dunod, Paris, 2002.

RACHLINE François, *De zéro à epsilon,* First, Paris, 1991.

SEIFE Charles, *Zéro, la biographie d'une idée dangereuse*, J.-C. Lattès, Paris, 2002.

SESIANO Jacques, *Une Introduction à l'histoire de l'algèbre*, Presses polytechniques et universitaires romandes, Lausanne, 1999.

SINGH Simon, *Histoire des codes secrets : de l'Égypte des pharaons à l'ordinateur quantique,* J.-C. Lattès, Paris, 1999.

SINGH Simon, *Le Dernier Théorème de Fermat*, Hachette, "Pluriel", Paris, 1999.

STEWART Ian, *L'Univers des nombres*, Belin, Paris, 2000.

TATE Georges, *L'Orient des croisades*, Gallimard, Paris, 1991.

WARUSFEL André, *Les Nombres et leurs mystères*, Le Seuil, Paris, 1961.

Remerciements

Ce livre est le fruit de recherches que j'ai entreprises il y a déjà plus d'une quinzaine d'années. J'en ai publié les résultats au fur et à mesure dans mes différents ouvrages. La matière de ce livre a d'abord été l'objet d'enseignements divers, cours universitaires, conférences, colloques, séminaires qui furent l'occasion de discussions avec mes enfants, mes élèves, mes collègues, mes amis et tous mes compagnons d'études.
Que tous trouvent l'expression de ma chaleureuse amitié et de ma profonde reconnaissance...
Merci aussi à tous ceux qui, par leur efficacité et leur enthousiasme, ont rendu possibles toutes ces belles rencontres studieuses.
Ce livre, comme tous les précédents, doit beaucoup à l'enseignement et aux conseils de mon père le grand rabbin Jacques Ouaknin (je salue au passage son coup de foudre pour les carrés et les étoiles magiques) et aux encouragements attentifs, joyeux et dynamiques de ma mère Éliane Sophie Ouaknin (saluant au passage sa passion pour le parc Borelli). Que tous deux trouvent ici le plaisir et le bonheur que j'ai de pouvoir leur rendre un modeste hommage d'admiration et d'affection.
Ce grand voyage dans l'univers des chiffres n'aurait pas été possible sans tous les chercheurs qui m'ont précédé. Bien qu'ils soient tous présents dans la bibliographie, je voudrais dire ma dette à certains d'entre eux qui, par leurs ouvrages, à la fois de recherches spécialisées et ceux destinés à un plus large public, ont réussi à me transmettre (mathématiques donc !) la passion de ces chiffres et nombres. Je pense particulièrement à Georges Ifrah, dont la monumentale *Histoire universelle des chiffres* offre au lecteur et au chercheur tous les éléments nécessaires à la compréhension et l'approfondissement du sujet. Je pense aussi aux ouvrages de Denis Guedj, dont le talent de pédagogue et de conteur m'a ouvert les oreilles et les yeux dans ce domaine si difficile que sont les mathématiques et leur histoire plus que bimillénaire. Dans un de ses livres au titre énigmatique, *Le Théorème du perroquet,* j'ai découvert, émerveillé comme les enfants héros de ce conte épistémologique, tous les méandres de l'évolution des formes, des idées, des formules et des hommes qui ont donné vie au cours des siècles à ces créatures étranges mais si attachantes que sont les chiffres et les nombres. Qu'ils soient ici tous deux salués et remerciés pour leur magnifique travail et pour la joie qu'ils m'ont offerte.
Ce livre n'aurait pu se faire sans les talents et le savoir-faire de toute l'équipe des éditions Assouline : Valérie Tougard, Julie David, Mathilde Dupuy d'Angeac, Nelly Riedel, Francesca Alongi, Thierry Guihard et Christine Claudon. Qu'ils soient tous très chaleureusement remerciés pour leur disponibilité.
Enfin, j'exprime ici ma très profonde et chaleureuse amitié à Martine et Prosper Assouline qui, comme toujours, avec une patience sans faille et un art éditorial toujours aussi créatif, ont permis à ce livre de voir le jour.

Crédits photographiques

Page 22 : © Sami Briss ; page 31 : d'après M.-A. Dubois de Jancigny, *L'Univers pittoresque,* Hachette, Paris, 1846 ; page 33 : © BNU Strasbourg ; page 40 : d'après *Moor's Hindu Pantheon,* W. O. Simpson, s.d. ; pages 74 et 83 : © G. Dagli Orti, Paris ; page 77 : © British Library ; page 82 : © Rue des Archives/The Granger Collection NYC ; page 97 : © BNF, Paris ; page 98 : © Rue des Archives, Paris ; page 104 : © The Art Archive ; page 112 : © AKG, Paris ; page 114 : d'après Robert Recorde, *The Ground of Artes* ; page 115 : © Giraudon/Bridgeman Art Library ; page 118 : © Bettmann/ Corbis ; page 123 : © Bibliothèque Nationale de Florence ; page 133 : © The Art Archive ; page 144 : © Photo RMN/Ch. Larrieu ; page 148 : © Bettmann/Corbis ; page 151 : © Sophie Bassouls/Corbis Sygma ; page 157 : © Photo RMN/J.-G. Berizzi ; page 173 : © Bettmann/Corbis ; page 226 : © Rue des Archives/ The Granger Collection NYC ; page 229 : Pr. Peter Goddard/Science Photo Library/Cosmos Paris ; page 230 : © Archivo Iconografico, S.A./Corbis ; page 237 : © AKG, Paris ; page 238 : © The Art Archive/Museo del Prado Madrid/Album/Joseph Martin ; page 240 : © AKG, Paris ; page 268 : © AKG, Paris ; page 278 : Giraudon/Bridgeman Art Library ; page 306 : © The Art Archive/Bodleian Library Oxford ; page 316 : © Erich Lessing/AKG, Paris ; page 348 : The Geometry Center ; page 357 : © Bettmann/Corbis.

Les images dont l'attribution n'est pas mentionnée proviennent de sources non identifiées. Toutes les recherches ont été entreprises afin d'identifier les ayants droit ; les erreurs ou omissions signalées à l'éditeur seront corrigées lors de prochaines éditions.